G. Nägler / F. Stopp

Graphen und Anwendungen

Graphen und Anwendungen

Eine Einführung für Studierende der
Natur-, Ingenieur- und Wirtschaftswissenschaften

Von Prof. Dr. Günter Nägler
und Prof. Dr. Friedmar Stopp

 B. G. Teubner Verlagsgesellschaft
Stuttgart · Leipzig 1996

Das Lehrwerk wurde 1972 begründet und wird herausgegeben von:
Prof. Dr. Otfried Beyer, Prof. Dr. Horst Erfurth,
Prof. Dr. Christian Großmann, Prof. Dr. Horst Kadner,
Prof. Dr. Karl Manteuffel, Prof. Dr. Manfred Schneider,
Prof. Dr. Günter Zeidler

Verantwortlicher Herausgeber dieses Bandes:
Prof. Dr. Horst Erfurth

Autoren:
Prof. Dr. rer. nat. habil. Günter Nägler
Prof. Dr. rer. nat. habil. Friedmar Stopp
Hochschule für Technik, Wirtschaft und Kultur Leipzig (FH)

Gedruckt auf chlorfrei gebleichtem Papier.

Die Deutsche Bibliothek – CIP-Einheitsaufnahme

Nägler Günter:
Graphen und Anwendungen : eine Einführung für Studierende der Natur-, Ingenieur- und Wirtschaftswissenschaften / Günter Nägler ; Friedmar Stopp. – Stuttgart ; Leipzig : Teubner, 1996
    (Mathematik für Ingenieure und Naturwissenschaftler)
    ISBN 3-8154-2084-9
NE: Stopp, Friedmar:

Das Werk einschließlich aller seiner Teile ist urheberrechtlich geschützt. Jede Verwertung außerhalb der engen Grenzen des Urheberrechtsgesetzes ist ohne Zustimmung des Verlages unzulässig und strafbar. Das gilt besonders für Vervielfältigungen, Übersetzungen, Mikroverfilmungen und die Einspeicherung und Verarbeitung in elektronischen Systemen.

© B. G. Teubner Verlagsgesellschaft Leipzig 1996

Printed in Germany
Druck und Bindung: Druckhaus „Thomas Müntzer" GmbH, Bad Langensalza
Umschlaggestaltung: E. Kretschmer, Leipzig

Vorwort

Dieses Lehrbuch wendet sich an Studierende der Natur-, Ingenieur- und Wirtschaftswissenschaften, deren Studienplan *Graphentheorie* vorsieht, sowie insbesondere auch an Mathematiker und Informatiker.

Zu Beginn werden typische Motivbeispiele für Graphen angegeben und einige mathematische Grundlagen zusammengestellt.

Anschließend werden Graphen definiert, Grundbegriffe eingeführt und verschiedene Darstellungen von und Operationen auf Graphen erörtert. Insbesondere wird auf die Realisierung von Graphen auf Computern eingegangen. Dazu dient die Datenstruktur Graph.

Ein Abschnitt befaßt sich ausführlich mit der speziellen und wichtigen Klasse der Bäume und ihrer Anwendung als Suchstruktur.

Im weiteren werden Optimierungsprobleme auf bewerteten Graphen formuliert, mit Anwendungsbeispielen illustriert und Algorithmen zu ihrer Lösung angegeben. Diese Optimierungsprobleme nennt man üblicherweise Abstands- und Stromprobleme. Stromprobleme mit einem freien Parameter und ein erweitertes Netzplanmodell sollen hier besonders erwähnt werden. Einige Standardprobleme des Operations Research werden graphentheoretisch eingeordnet und behandelt.

Abschließend wird eine Methode dargestellt, um auf Computern Graphen mit vorgegebenen Eigenschaften zu erzeugen. Dazu sind vorbereitend einige Anzahlformeln und weitere Darstellungen von Graphen angegeben, die auch ohne die vorgesehene Anwendung interessant und nützlich sind.

Die meisten Algorithmen werden nach ihrer Beschreibung auch als Pascal-Prozeduren notiert, so daß der Leser nach dem Hinzufügen eigener Ein- und Ausgabe-Prozeduren Rechnungen anstellen kann. Etwa 140 Beispiele und Aufgaben ermöglichen ein selbständiges Weiterarbeiten. Lösungshinweise und Lösungen komplettieren das Buch.

Leipzig, Februar 1996

Günter Nägler
Friedmar Stopp

Inhalt

1	**Einführung**	9
1.1	Zur Entwicklung der Graphentheorie	9
1.2	Einführende Beispiele	10
1.3	Aufgaben: Modellierung mit Graphen	14
2	**Grundlagen**	15
2.1	Graphen und Matrizen	15
2.1.1	Matrizenrechnung	15
2.1.2	Matrizen für Graphen	16
2.1.3	Tripelalgorithmus	19
2.1.4	Aufgaben: Graphen und Matrizen	22
2.2	Komplexität von Algorithmen und Problemen	23
2.2.1	Ordnungssymbole O und o	23
2.2.2	Asymptotische Gleichheit	24
2.2.3	Zeitkomplexität von Algorithmen	25
2.2.4	Komplexität von Problemen	27
2.2.5	Aufgaben: Komplexität	28
3	**Graphen**	29
3.1	Definition des Graphen	29
3.2	Listendarstellung des Graphen	32
3.3	Die Datenstruktur Graph	35
3.4	Grundbegriffe	40
3.5	Aufgaben	47
4	**Bäume und Gerüste**	49
4.1	Definition, Darstellung und Eigenschaften von Bäumen und Gerüsten	49
4.2	Bäume als Suchstrukturen	53
4.2.1	Binärbäume als Datenstrukturen	55
4.2.2	B-Bäume	62
4.3	Stützgerüste zur Zyklen- und Cozyklenerzeugung	70
4.4	Aufgaben	77
5	**Optimierung auf Graphen mit einer Bogenbewertung**	79
5.1	Voronoi-Diagramm und Minimalgerüst	79
5.2	Erreichbarkeit und Wegminierung	86
5.3	Matchings	97
5.4	Aufgaben	101

6	**Stromprobleme**	103
6.1	Strom und Spannung	103
6.2	Minimalkosten-Stromprobleme	110
6.2.1	Problemstellung und Anwendungen	110
6.2.2	Mathematische Grundlagen des Lösungsalgorithmus	115
6.2.3	Algorithmus zur Lösung des Problems 6.1	119
6.2.4	Beispiele, Aufgaben, unzulässige Lösungen	124
6.3	Maximalflußproblem	128
6.4	Minimalkosten-Stromproblem mit einem freien Parameter	131
6.5	Aufgaben	140

7	**Potentialprobleme**	141
7.1	Minimalkosten-Potentialproblem	141
7.2	Klassische Netzplantechnik	145
7.3	Erweitertes Netzplanmodell	148
7.4	Aufgaben	153

8	**Testgraphen**	154
8.1	Einführung	154
8.2	Anzahlformeln	156
8.2.1	Numerierte und unnmumerierte Graphen	156
8.2.2	Digraphen mit n Knoten und m Bögen	159
8.2.3	Zusammenhängende Digraphen	161
8.2.4	Digraphen mit gegebener Dichte	163
8.2.5	Ungerichtete Graphen und Bäume	165
8.2.6	Aufgaben: Einführung Testgraphen	169
8.3	Erzeugung von Testgraphen	170
8.3.1	Gleichverteilte Testgraphen	170
8.3.2	Fast immer endliche Verfahren	170
8.3.3	Sukzessiv erzeugte Adjazenzlisten	174
8.3.4	Prozeduren für die Erzeugung von Graphen	177
8.3.5	Aufgaben: Erzeugung von Graphen	179

Lösungen der Aufgaben ... 180

Literatur ... 189

Sachwortverzeichnis ... 190

Liste der Prozeduren

AdListe 156, 187
AdMatrix 154, 187
Anzahl 155
Auswahl 155

Baum 177
BBaum.Suche 65
Binaerbaum.Suche 56

Digraph 179
Distanz 181

Glgwcht 124
Graph.ABg1 38
Graph.AK 48
Graph.AnzZushgdKomp 88
Graph.AnzStzshgdKomp 183
Graph.BFS 88
Graph.CZFaktor 77
Graph.DFS 87
Graph.EBg1 181
Graph.InitCZ 77
Graph.InsertBg 39, 47
Graph.IstBg 38, 47
Graph.InzBg1 39, 181
Graph.Match 100
Graph.nABg 38
Graph.nEBg 181
Graph.nInzBg 39, 181
Graph.SetzWrz 53
Graph.TauschGrstBg 75, 76

Knoten 175

Liste 175

Markiere 84

Netz.c(k) 120
Netz.MinKostStrom 123
Netz1.Dijkstra 184
Netz1.InitGrstT 109
Netz1.KuerzstWeg 95
Netz1.MinGrst 85

Stern 181

Pruefer 168

Rotation 60

Tripel 21

Ungraph 188

Wahl 178

yBeweg 123

1 Einführung

1.1 Zur Entwicklung der Graphentheorie

Die Graphentheorie ist eine moderne und junge mathematische Disziplin. Sie wird heute als ein wichtiges Teilgebiet der diskreten Mathematik aufgefaßt.

Die erste Arbeit erschien 1736 von L. Euler über das Königsberger Brückenproblem (Beispiel 1.1), die erste systematische Darstellung der Graphentheorie erschien im Jahre 1936 in Leipzig und wurde von dem ungarischen Mathematiker D. König verfaßt.

Es gibt viele Wurzeln der Graphentheorie in naturwissenschaftlichen und technischen Gebieten. Starke Impulse stammen von G. R. Kirchhoff und seinen Arbeiten über elektrische Netze. Die nach ihm benannten Knoten- und Maschenregeln sowie Begriffe wie Strom, Potential und Spannung finden sich in der Terminologie wieder (Beispiel 1.2).

Durch F. A. Kekulé wurden die Theorie chemischer Verbindungen begründet und die Darstellung von Molekülen durch die bekannten Diagramme eingeführt. Für diese Darstellungen wurde erstmalig 1878 der Name *Graph* in der Literatur benutzt.

Im Jahre 1878 stellte A. Cayley das Vierfarbenproblem (Beispiel 1.3) öffentlich dar. Dieses klassische mathematische Problem wurde mittels umfangreicher Computerberechnungen gelöst und hat 100 Jahre lang die Entwicklung der Graphentheorie äußerst fruchtbar beeinflußt.

Der nach 1945 einsetzenden rasanten Entwicklung der Computertechnik und des Operations Research verdankt die Graphentheorie erneut wichtige Impulse und Anwendungen. Viele Probleme mit einem ökonomischen Hintergrund werden als Optimierungsaufgaben auf Graphen formuliert und gelöst (Beispiel 1.4). Typische Beispiele dafür sind die Bestimmung kürzester Wege in Verkehrsnetzen sowie das selbständige Gebiet der Netzplantechnik

Schließlich stellen Graphen sehr geeignete Objekte in der Komplexitätstheorie dar. Dieses Teilgebiet der theoretischen Informatik befaßt sich mit der Klassifizierung von Algorithmen und Problemen bezüglich ihrer Schwierigkeit bei Lösungsversuchen. Es hat die gesamte Graphentheorie, insbesondere die Entwicklung von Algorithmen, wesentlich beeinflußt.

1.2 Einführende Beispiele

In den folgenden Beispielen werden verschiedene Aspekte des Modellierens mit Graphen und ganz unterschiedliche Aufgabenstellungen erläutert. Die wenigen vorkommenden Begriffe werden zunächst anschaulich eingeführt und benutzt. Die zugehörigen Definitionen folgen in den nächsten Abschnitten.

Beispiel 1.1 In der Stadt Königsberg fließen der alte und der neue Pregel zusammen und umschließen eine Insel. Hier befanden sich früher sieben Brücken (Bild 1.1a). L. Euler stellte die Frage, ob es einen Rundgang gibt, bei dem man jede Brücke genau einmal überquert und zum Ausgangspunkt zurückkehrt (*Eulersches Brückenproblem*).

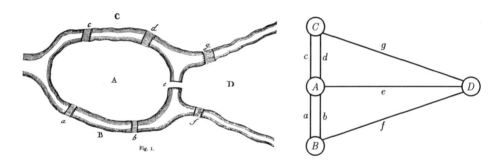

Bild 1.1a Skizze aus L. Eulers Werken   Bild 1.1b Ein zugehöriger Graph

Die Lageskizze wird durch folgende Abstraktion vereinfacht: Der Insel A und den Ufern B, C, D werden Punkte (*Knoten*) und den Brücken $a, ..., f$ werden Linien (*Kanten*) zwischen diesen Punkten zugeordnet. Das dadurch entstehende Abbild heißt *Graph* (Bild 1.1b).

Der gesuchte Rundgang entspricht im Graphen einem geschlossenen *Weg* mit der Eigenschaft, jede Kante genau einmal zu enthalten. Solche Wege heißen *Eulersche Kreise*. Im Beispiel existiert offenbar kein solcher Eulerscher Kreis, das Problem ist also unlösbar. Dies ist seit 1736 bekannt.

Wird die Anzahl der mit einem Knoten x verbundenen Kanten als *Grad* $d(x)$ des Knotens bezeichnet, so gilt die heute als Eulerscher Satz bezeichnete Aussage: Der Graph besitzt einen Eulerschen Kreis genau dann, wenn jeder Knoten einen geraden Grad hat. Im Beispiel sind aber alle Grade gleich 3.

Ein anderes Problem ergibt sich, wenn ein geschlossener Weg gesucht wird, der jeden Knoten genau einmal enthält. Dies ist im Beispiel etwa durch a-c-e-g sofort anzugeben. Solche Wege heißen *Hamiltonsche Kreise*.

Beispiel 1.2 Im Bild 1.2 ist ein Graph dargestellt, in dem die Verbindungen zwischen den $n = 6$ Knoten nur in Richtung der $m = 12$ Pfeile durchlaufen werden dürfen. Solche Graphen heißen *gerichtete* Graphen, die Verbindungen (Pfeile) heißen *Bögen*.
Folgende Aufgabe steht an: Vom Knoten 1 zum Knoten 6 soll ein Gut transportiert werden, das in den Knoten 2, 3, 4 und 5 nur umgeladen werden darf, d.h., dort muß die einfließende Menge mit der ausfließenden Menge übereinstimmen (Knotenregel).

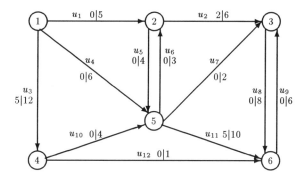

Bild 1.2 Beispiel zum Maximalflußproblem

Außerdem soll die über den Bogen u_k zu transportierende Menge, gemessen als *Flußwert* $\varphi(u_k)$, zwischen einer unteren Schranke α_k und einer oberen Schranke β_k liegen: $\alpha_k \leq \varphi(u_k) \leq \beta_k$ für $k = 1, ..., 12$.
Diese Schranken sind in der Form $\alpha_k \mid \beta_k$ im Bild 1.2 an jedem Bogen angegeben. Ziel ist es, die größtmögliche Menge von 1 nach 6 zu transportieren. Eine Lösung dieses *Maximalflußproblems* ist:

$$\varphi(u_1) = \varphi(u_2) = \varphi(u_8) = 5, \; \varphi(u_3) = 5, \; \varphi(u_4) = 6, \; \varphi(u_{10}) = 4,$$
$$\varphi(u_{11}) = 10, \; \varphi(u_{12}) = 1 \text{ und } \varphi(u_5) = \varphi(u_6) = \varphi(u_7) = \varphi(u_9) = 0.$$

Die Knotenregeln und die Ungleichungen sind erfüllt. Es fließt von 1 nach 6 die Menge 16. Eine größere Menge ist nicht möglich, denn zerschneidet man die Bögen u_1, u_4, u_{10} und u_{12}, so zerfällt der Graph in zwei *Komponenten*. Und: Von der Komponente mit den Knoten 1 und 4 kann zur Komponente mit den Knoten 2, 3, 5 und 6 wegen der angegebenen oberreren Schranken (5, 6, 4, 1 mit der Summe 16) für die zerschnittenen Bögen höchstens die Menge 16 fließen.
In diesem Beispiel sind außer der Struktur des Graphen weitere Bewertungen (hier $\alpha \mid \beta$) gegeben. Mit Optimierungsproblemen in *bewerteten* Graphen befassen sich die Abschnitte 5, 6 und 7.

12   1 Einführung

Beispiel 1.3 Von englischen Kartographen stammt das 1878 von A. Cayley veröffentlichte *Vierfarbenproblem*: Ist es richtig, daß die Länder einer jeden Landkarte mit höchstens vier Farben so gefärbt werden können, daß benachbarte Länder stets verschieden gefärbt sind?
Solche Färbungen sind bei administrativen Landkarten üblich. Unterstellt wird für obiges Problem, daß jedes Land zusammenhängend ist, also keine Exklaven existieren (Bild 1.3a).

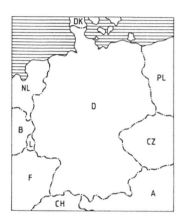
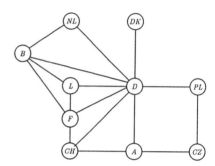

Bild 1.3a Kartenskizze   Bild 1.3b Ein zugehöriger Graph

Werden den 10 Ländern des Beispiels 10 Knoten und jeder gemeinsamen Grenze eine Kante zwischen den entsprechenden Knoten zugeordnet, so entsteht der Graph des Bildes 1.3b. Statt der Länder sind jetzt Knoten zu färben. Wegen der Lage von *B*, *D*, *F* und *L* zueinander sind mindestens vier Farben notwendig. Diese reichen im Beispiel auch aus, wenn z.B. *NL* wie *F*, *CH*, *CZ* und *DK* wie *B* sowie *A* und *PL* wie *L* gefärbt werden.
Seit langem war bekannt, daß solche Färbungen mit höchstens fünf Farben möglich sind. Der Beweis, daß wie im Beispiel immer vier Farben ausreichen, gelang erst später. Dieses Ergebnis ist von geringer praktischer Bedeutung im Gegensatz zu vielen anderen Aufgaben und Lösungen in diesem Buch. Jedoch hat das Vierfarbenproblem wesentlich zur Entwicklung der Graphentheorie beigetragen. Färbungsprobleme werden hier nicht weiter dargestellt, siehe [Ai].

Beispiel 1.4 Das *Travelling salesman problem* (Problem des Handlungsreisenden) ist zugleich ein klassisches Graphproblem und ein Standardproblem des Operations Research. Es ist leicht zu beschreiben:
Ein Handlungsreisender soll eine Rundreise (*Tour*) durch n Städte bei bekannten Entfernungen zwischen den Städten organisieren. Es wird eine Rundreise mit der kleinsten Gesamtlänge (*optimale* Tour) gesucht.

Üblicherweise werden die Entfernungen in Form einer Tabelle (wie in jedem Atlas) angegeben. Im Beispiel werden die Städte Berlin, Düsseldorf, Hamburg, Hannover, Leipzig, München und Stuttgart (und ihre Straßenentfernungen in km) genommen.

Ort	B	D	HH	H	L	M	S
B	--	572	284	282	179	584	634
D	572	--	427	292	558	621	419
HH	284	427	--	154	391	782	668
H	282	292	154	--	256	639	526
L	179	558	391	256	--	425	465
M	584	621	782	639	425	--	220
S	634	419	668	526	465	220	--

Ordnet man diesen $n = 7$ Städten die Knoten und den möglichen Verbindungen die Kanten eines Graphen zu, so hat dieser Graph $m = n(n-1)/2 = 21$ Kanten, weil jede Stadt mit jeder anderen Stadt verbunden ist. Dies ist zugleich die Höchstanzahl von Kanten (mehrere Verbindungen zwischen den Städten soll es nicht geben). Solche Graphen heißen *vollständige* Graphen. Ein Bild des Graphen ist unübersichtlich und lohnt wegen der vielen Kanten nicht.
Jeder Tour entspricht in diesem vollständigen Graphen ein Hamiltonscher Kreis (geschlossener Weg, der jeden Knoten genau einmal enthält).
Die Anzahl solcher Kreise ergibt sich folgendermaßen: Denkt man sich die Knoten von 1 bis n numeriert, so läßt sich jeder Hamiltonsche Kreis durch ein n-Tupel $(i_1, i_2, ..., i_n)$ aller Knotennummern schreiben und umgekehrt. Es kann $i_1 = 1$ gesetzt werden (Festlegung des Ausgangspunktes der Tour), die restlichen Knotennummern lassen sich auf $(n-1)!$ verschiedene Weisen anordnen (Anzahl der Permutationen von $n-1$ Elementen). Da es auf die Richtung der Tour nicht ankommt, ist noch durch 2 zu teilen.
Im Beispiel gibt es somit $(n-1)!/2 = 6!/2 = 360$ solche Kreise, die aufgezählt werden müßten, um die optimale Tour zu erhalten. Dieses Vorgehen ist nicht praktikabel, weil diese Anzahl exponentiell (wie eine e-Funktion) mit n wächst. Es wird sich zeigen, daß für dieses Problem nur Näherungsverfahren weniger Aufwand erfordern (siehe 2.2).
Als optimale Tour ist hier B-HH-H-D-S-M-L-B mit der Länge 1973 km zu finden.

Beispiel 1.5 *Bäume* mit einer *Wurzel* kommen z.B. als Stammbäume für Königshäuser, Rennpferde oder Zuchtvieh vor. Die Form eines Graphen ist von vornherein gegeben. Bezeichnungen (z.B. Vater, Sohn) aus dieser Anwendung sind in der Graphentheorie wiederzufinden.
Bäume spielen als solche und als Teil (*Gerüst*) beliebiger Graphen eine ausgezeichnete Rolle. Insbesondere kann die Organisation von Datenbeständen (mit den typischen Operationen Lesen, Eintragen, Löschen) durch geeignete Bäume beschrieben werden (siehe Abschnitt 4).

1.3 Aufgaben: Modellierung mit Graphen

Aufgabe 1.1 Es seien $M = \{a, b, c\}$ und $P(M)$ die Potenzmenge von M. Die Elemente von $P(M)$ werden den Knoten eines Graphen zugeordnet. In diesem Graphen soll die Mengenenthaltensrelation $\subseteq$ der Elemente von $P(M)$ durch Bögen dargestellt werden. Ein Bogen wird gelegt, wenn sich die Elemente von $P(M)$ um ein Element von M unterscheiden. Man zeichne einen solchen Graph!

Aufgabe 1.2 Für den Informationsfluß eines Betriebes mit 5 Abteilungen Ai gelte: A1 und A2 sowie A2 und A3 informieren sich gegenseitig; A1 und A2 informieren A4 und A4 informiert A3; A5 wird von A3 und A4 informiert. Man stelle diesen Informationsfluß als Graph dar!

Aufgabe 1.3 Im Graphen des Bildes 1.4 suche man a) einen Hamiltonschen Kreis und b) einen Eulerschen Kreis.

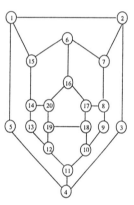

Bild 1.4 Graph zu Aufgabe 1.3

Aufgabe 1.4 Für den Graphen des Bildes 1.5 löse man das Maximalflußproblem für Knoten Q nach Knoten S. Welche Bögen sind der Engpaß?

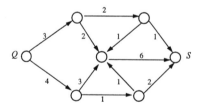

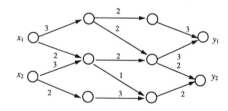

Bild 1.5 Graph zu Aufgabe 1.4   Bild 1.6 Graph zu Aufgabe 1.5

Aufgabe 1.5 Ein Unternehmen produziert an den zwei Standorten x_1 und x_2 das gleiche Gut. Über ein Verteilernetz mit oberen Schranken wird das Gut an die Niederlassungen y_1 und y_2 geliefert (Bild 1.6). Lagerung ist nur in den Niederlassungen möglich. Wieviel kann maximal produziert werden?

2 Grundlagen

In diesem Abschnitt wird kurz über Matrizen und Komplexität von Algorithmen und Problemen sowie ihren Zusammenhang mit Graphen berichtet.

2.1 Graphen und Matrizen

2.1.1 Matrizenrechnung

Eine *Matrix* A ist bekanntlich ein rechteckiges Schema (Tabelle, zweidimensionales Array) von m Zeilen und n Spalten mit mn Elementen a_{ij}, $i = 1, ..., m$ und $j = 1, ..., n$. Das geordnete Paar (m, n) heißt *Typ* der Matrix. Die im folgenden verwendeten Matrizen sind quadratisch vom Typ (n, n).

Matrizen lassen sich bekanntlich elementweise vergleichen, addieren, subtrahieren und mit einem Faktor multiplizieren, d.h., es gilt

$A = B$, $C = A \pm B$ und $D = \lambda A$ genau dann, wenn
$a_{ij} = b_{ij}$, $c_{ij} = a_{ij} \pm b_{ij}$ und $d_{ij} = \lambda a_{ij}$ für alle i, j gilt; $\lambda \in \mathbf{R}$.

Für das Produkt $P = (p_{ij}) = AB$ der Matrix A mit der Matrix B ist festgelegt:

$p_{ij} = a_{i1} b_{1j} + a_{i2} b_{2j} + ... + a_{in} b_{nj}$ für alle i, j.

Im folgenden wird die weitere Matrizenoperation $\otimes$ („Stern") eingeführt, die gleiche Eigenschaften wie die gewöhnliche Matrizenmultiplikation hat.

Definition 2.1 $Q = (q_{ij}) = A \otimes B$, *wenn für alle i, j gilt:*
$q_{ij} = \min (a_{i1} + b_{1j}, a_{i2} + b_{2j}, ..., a_{in} + b_{nj})$.

Beispiel 2.1 Für die Matrizen A und B sind $P = AB$ und $Q = A \otimes B$ angegeben:

$$A = \begin{pmatrix} 2 & -3 & 1 \\ 0 & 10 & 8 \\ 6 & -7 & 5 \end{pmatrix}, \quad B = \begin{pmatrix} 4 & 2 & 11 \\ 1 & 0 & 3 \\ 4 & 8 & -2 \end{pmatrix}, \quad P = \begin{pmatrix} 9 & 12 & 11 \\ 42 & 64 & 14 \\ 37 & 52 & 35 \end{pmatrix}, \quad Q = \begin{pmatrix} -2 & -3 & -1 \\ 4 & 2 & 6 \\ -6 & -7 & -4 \end{pmatrix}.$$

Z.B. ist $p_{21} = 0 \cdot 4 + 10 \cdot 1 + 8 \cdot 4 = 42$, $q_{21} = \min (0 + 4, 10 + 1, 8 + 4) = 4$.

Das Produkt von n Faktoren A im gewöhnlichen Matrizenprodukt wird bekanntlich mit A^n bezeichnet, das $\otimes$-Produkt soll analog dazu mit $A^{[n]}$ bezeichnet werden.

2.1.2 Matrizen für Graphen

Die Adjazenzmatrix A ist eine erste analytische Darstellung von Graphen. Sie läßt mit Hilfe der beiden Matrizenprodukte AB und $A \otimes B$ einfache Untersuchungen zu, die im folgenden angegeben werden.
Die n Knoten des gerichteten Graphen werden mit $x_1, ..., x_n$ bezeichnet. Es wird vorausgesetzt, daß es keine parallelen Bögen und keine Schleifen (gleicher Anfangs- und Endknoten des Bogens) gibt. Solche Graphen heißen *schlicht*.

Definition 2.2 $A = (a_{ij})$ heißt A d j a z e n z m a t r i x *des Graphen,
wenn $a_{ij} = 1$ gilt, falls ein Bogen von x_i nach x_j führt, und $a_{ij} = 0$ sonst gilt.
$\underline{A}$ heißt* m o d i f i z i e r t e A d j a z e n z m a t r i x, *wenn*
$\underline{a}_{ij} = a_{ij}$ *für* $a_{ij} \neq 0$, $\underline{a}_{ij} = 0$ *für* $i = j$ *und* $\underline{a}_{ij} = \infty$ *für* $a_{ij} = 0$ *und* $i \neq j$ *gilt.*

Beispiel 2.2 Der Graph des Bildes 2.1 besitzt die angegebene Adjazenzmatrix A.

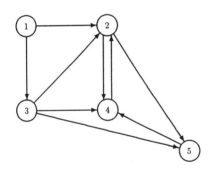

$$A = \begin{pmatrix} 0 & 1 & 1 & 0 & 0 \\ 0 & 0 & 0 & 1 & 1 \\ 0 & 1 & 0 & 1 & 1 \\ 0 & 1 & 0 & 0 & 0 \\ 0 & 0 & 0 & 1 & 0 \end{pmatrix}$$

Bild 2.1 Schlichter gerichteter Graph mit 5 Knoten

Satz 2.1 *Für die Elemente der Matrix* $A^l = (a_{ij}^{(l)})$ *gilt*:
$a_{ij}^{(l)} =$ *Anzahl der von x_i nach x_j führenden Wege der Länge l.*

Ein *Weg* von x_i nach x_j ist eine Bogenfolge, in der die Bögen alle in derselben Richtung, beginnend bei x_i und endend bei x_j, durchlaufen werden. Die Anzahl der Bögen heißt *Länge* des Weges. x_j heißt von x_i aus *erreichbar*, wenn ein Weg existiert.

Beweis: Es wird eine vollständige Induktion nach l durchgeführt. Für $l = 1$ gilt die Aussage wegen der Bedeutung der Elemente der Adjazenzmatrix A. Für l wird die Aussage als richtig vorausgesetzt (Induktionsannahme). Dann gilt:
Die Matrix $A^{l+1} = A^l A$ hat die Elemente $a_{ij}^{(l+1)} = \sum_{k=1}^{n} a_{ik}^{(l)} a_{kj}$. Ein solcher Summand ist ungleich Null, wenn der erste Faktor $a_{ik}^{(l)} \neq 0$ und der zweite Faktor $a_{kj} = 1$ ist. Also existiert ein Weg von x_i nach x_k der Länge l und ein Bogen von x_k nach x_j, insgesamt ein Weg der Länge $l+1$. Die Summe ist die Anzahl aller solcher Wege. □

Beispiel 2.3 Für den Graphen des Beispiels 2.2 ist

$$A^2 = \begin{pmatrix} 0 & 1 & 0 & 2 & 2 \\ 0 & 1 & 0 & 1 & 0 \\ 0 & 1 & 0 & 2 & 1 \\ 0 & 0 & 0 & 1 & 1 \\ 0 & 1 & 0 & 0 & 0 \end{pmatrix}, A^4 = \begin{pmatrix} 0 & 3 & 0 & 3 & 2 \\ 0 & 1 & 0 & 2 & 1 \\ 0 & 2 & 0 & 3 & 2 \\ 0 & 1 & 0 & 1 & 1 \\ 0 & 1 & 0 & 1 & 0 \end{pmatrix};$$

z.B. bedeutet $a_{14}^{(4)} = 3$, daß es 3 Wege der Länge 4 von Knoten 1 nach 4 gibt. Dies sind die Wege 1-3-2-5-4, 1-2-4-2-4 und 1-3-4-2-4 (siehe Bild 2.1).

Das letzte Beispiel zeigt, daß auch Umwege zugelassen sind. Offenbar ist es sinnvoll, nach dem *kürzesten Weg* zu fragen, falls überhaupt ein Weg zwischen den betrachteten Knoten existiert. Dazu dient die folgende Matrix D.

Definition 2.3 $D = (d_{ij})$ heißt (s p e z i e l l e) D i s t a n z m a t r i x *des Graphen, wenn $d_{ij} = 0$ für $x_i = x_j$,*
$d_{ij} = d = $ *Länge eines kürzesten Weges von x_i nach x_j und*
$d_{ij} = \infty$, *falls kein Weg von x_i nach x_j existiert.*

Die Distanzmatrix (auch: Abstands- oder Entfernungsmatrix) D läßt sich aus der modifizierten Adjazenzmatrix $\underline{A}$ (und damit aus A) mit der $\otimes$-Multiplikation berechnen. Es wird dabei $\underline{A}^{[1]} = \underline{A}$ gesetzt.

Satz 2.2 *Ist s die kleinste Zahl mit $\underline{A}^{[s]} = \underline{A}^{[s+1]}$, dann gilt $D = \underline{A}^{[s]}$.*

Beweis: Es ist $s \leq n-1$, weil ein kürzester Weg in einem Graphen mit n Knoten höch-

18   2 Grundlagen

stens die Länge n-1 haben kann und damit gilt $D = A^{[n-1]}$. Ist $s < n-1$, so schließt man durch wiederholte Verwendung von $A^{[s+2]} = A^{[s+1]} \otimes A = A^{[s]} \otimes A = A^{[s+1]}$. □

Beispiel 2.4 Wird statt mit $s = 1, 2, 3, 4, ...$ mit $s = 2^t = 1, 2, 4, 8, ...$ wie in diesem Beispiel gerechnet, so reduziert sich der Rechenaufwand. Die Rechnung läßt sich im Falkschen Schema (wie beim Matrizenprodukt) anordnen.
Für den Graphen aus Bild 2.1 werden $\underline{A}$ und $\underline{A}^{[2]} = \underline{A}^{[4]} = D$ angegeben. Natürlich wurde dabei $\infty \pm a = \infty$ gesetzt.
Ein Element $d_{ij} = \infty$ besagt, daß x_j von x_i aus nicht erreichbar ist (kein Weg existiert).

$$\underline{A} = \begin{pmatrix} 0 & 1 & 1 & \infty & \infty \\ \infty & 0 & \infty & 1 & 1 \\ \infty & 1 & 0 & 1 & 1 \\ \infty & 1 & \infty & 0 & \infty \\ \infty & \infty & \infty & 1 & 0 \end{pmatrix}, \quad D = \begin{pmatrix} 0 & 1 & 1 & 2 & 2 \\ \infty & 0 & \infty & 1 & 1 \\ \infty & 1 & 0 & 1 & 1 \\ \infty & 1 & \infty & 0 & 2 \\ \infty & 2 & \infty & 1 & 0 \end{pmatrix}$$

Die modifizierte Adjazenzmatrix $\underline{A}$ wird jetzt verallgemeinert zur Bewertungsmatrix C (auch Kosten- oder Bogenlängenmatrix genannt), die jedem Bogen eine nichtnegative reelle Zahl zuordnet.

Definition 2.4 *Die Matrix* $C = (c_{ij})$ *heißt* B e w e r t u n g s m a t r i x *des Graphen, wenn* $c_{ij} = 0$ *für* $x_i = x_j$,
$c_{ij} \geq 0$, *falls ein Bogen von x_i nach x_j existiert und*
$c_{ij} = \infty$ *sonst gilt.*

Durch C ist wie durch A und $\underline{A}$ die Struktur des Graphen festgelegt. Zusätzlich sind mit den Matrixelementen c_{ij} Einheitskosten, Entfernungen, Wahrscheinlichkeiten oder andere Bogenbewertungen gegeben. Die Länge eines Weges wird jetzt allgemeiner mit der Summe der Bewertungen seiner Bögen festgelegt. Nun kann analog zur speziellen Entfernungsmatrix D eine Entfernungsmatrix K definiert und aus C mittels $\otimes$ berechnet werden.

Definition 2.5 *Die Matrix* $K = (k_{ij})$ *heißt* D i s t a n z m a t r i x *des Graphen, wenn* $k_{ij} = 0$ *für* $x_i = x_j$,
$k_{ij} = k =$ *Länge eines kürzesten Weges, falls Weg von x_i nach x_j existiert,*
$k_{ij} = \infty$, *falls kein Weg existiert.*

Satz 2.3 *Ist s die kleinste Zahl mit $C^{[s]} = C^{[s+1]}$, dann gilt $K = C^{[s]}$.*

Beispiel 2.5 Für den Graphen des Beispiels 2.2 (Bild 2.1) seien die in C angebenen weiteren Vorgaben gültig. Dann ergibt sich $C^{[2]} = C^{[4]} = K$ wie angegeben.
Das Element $k_{24} = 3$ bedeutet, daß ein kürzester Weg mit der Länge 3 existiert. Dies ist der Weg 2-5-4, der tatsächlich kürzer ist als der Bogen von 2 nach 4.

$$C = \begin{pmatrix} 0 & 9 & 4 & \infty & \infty \\ \infty & 0 & \infty & 5 & 2 \\ \infty & 6 & 0 & 7 & 8 \\ \infty & 3 & \infty & 0 & \infty \\ \infty & \infty & \infty & 1 & 0 \end{pmatrix}, \quad K = \begin{pmatrix} 0 & 9 & 4 & 11 & 11 \\ \infty & 0 & \infty & 3 & 2 \\ \infty & 6 & 0 & 7 & 8 \\ \infty & 3 & \infty & 0 & 5 \\ \infty & 4 & \infty & 1 & 0 \end{pmatrix}$$

2.1.3 Tripelalgorithmus

In den obigen Berechnungen wurden die Längen kürzester Wege zwischen *allen* Knoten des Graphen, aber nicht die zugehörigen Wege selbst ermittelt. Diese wurden in den Beispielen den Bildern entnommen. Mit dem folgenden Matrizenverfahren lassen sich auch solche Wege berechnen. Interessieren nur die kürzesten Wege von *einem* festen Knoten zu *allen* anderen Knoten oder sogar nur zu *einem* anderen festen Knoten, so gibt es geeignetere Verfahren (siehe Abschnitt 5).

Definition 2.6 *Die Matrix $U = (u_{ij})$ heißt* V o r l ä u f e r m a t r i x*, wenn gilt:*
$u_{ij} = i$, *wenn ein Bogen von x_i nach x_j existiert,*
$u_{ij} = i$ *für $i = j$ und $u_{ij} = 0$ sonst.*
Die Matrix $W = (w_{ij})$ heißt W e g e m a t r i x*, wenn gilt:*
$w_{ij} = $ *Knotennr. des Vorläufers zu x_j auf einem kürzesten Weg von x_i nach x_j,*
$w_{ij} = 0$, *falls kein solcher Weg existiert.*

Die Matrix U ist aus der Bewertungsmatrix C sofort zu ermitteln, die Matrix W soll zusammen mit K im folgenden *Tripelalgorithmus* berechnet werden. Zu beachten ist, daß gemäß Definition 2.6 in U und W Knotennummern stehen.

Beispiel 2.6 Zum Graphen des Beispiels 2.5 (Bild 2.1) mit den dort angegebenen Matrizen C und K ergeben sich die folgenden Matrizen U und W (W wurde noch nicht errechnet, sondern dem Bild 2.1 entnommen).

$$U = \begin{pmatrix} 1 & 1 & 1 & 0 & 0 \\ 0 & 2 & 0 & 2 & 2 \\ 0 & 3 & 3 & 3 & 3 \\ 0 & 4 & 0 & 4 & 0 \\ 0 & 0 & 0 & 5 & 5 \end{pmatrix}, \quad W = \begin{pmatrix} 1 & 1 & 1 & 3 & 2 \\ 0 & 2 & 0 & 5 & 2 \\ 0 & 3 & 3 & 3 & 3 \\ 0 & 4 & 0 & 4 & 2 \\ 0 & 4 & 0 & 5 & 5 \end{pmatrix}.$$

Es bedeutet z.B. $w_{45} = 2$, daß der Vorläufer zu Knoten 5 der Knoten 2 ist und wegen $w_{25} = 4$ der Vorläufer zu Knoten 2 der Knoten 4 ist. Folglich ist 4-2-5 ein kürzester Weg vom Knoten 4 zum Knoten 5 mit der Länge $k_{45} = 5$. Dagegen bedeutet $w_{51} = 0$, daß kein Weg von Knoten 5 nach Knoten 1 existiert.

Im folgenden Algorithmus werden die Matrizen K und W über eine Matrizenfolge $C^{(v)} = (c_{ij}^{(v)})$ und $U^{(v)} = (u_{ij}^{(v)})$ aus $C^{(0)} = C$ und $U^{(0)} = U$ berechnet. Weil in den Vorschriften stets drei Knoten eine Rolle spielen, heißt dieser Algorithmus auch *Tripelalgorithmus*. Wie üblich ist n die Anzahl der Knoten.

Satz 2.4 $C^{(v)}$ *und* $U^{(v)}$ *werden für* $v = 1, ..., n$ *wie folgt berechnet*:
$c_{ij}^{(v)} = c_{ij}^{(v-1)}$ *für* $i = v$ *oder* $j = v$,
$c_{ij}^{(v)} = \min (c_{ij}^{(v-1)}, c_{iv}^{(v-1)} + c_{vj}^{(v-1)})$ *sonst*;
$u_{ij}^{(v)} = u_{vj}^{(v-1)}$, *wenn* $c_{ij}^{(v)} < c_{ij}^{(v-1)}$ *gilt, und* $u_{ij}^{(v)} = u_{ij}^{(v-1)}$ *sonst*.
Dann gilt: $K = C^{(n)}$ *und* $W = U^{(n)}$.

Ein Beweis mittels vollständiger Induktion nach v ist z.B. in [Neu] zu finden.
Im Schritt v wird versucht, durch Aufnahme des Knotens x_v die bis dahin ermittelten kürzesten Wege von x_i nach x_j weiter zu verkürzen. Sofort einzusehen und bei der Berechnung nützlich zu verwenden ist: Für alle v gilt $k_{ii} = c_{ii}^{(v)} = 0$ und $w_{ii} = u_{ii}^{(v)} = i$ sowie $k_{ij} = c_{ij}^{(v)} = \infty$ und $w_{ij} = u_{ij}^{(v)} = 0$, falls kein Weg von x_i nach x_j existiert.

Beispiel 2.7 Für die Bewertungsmatrix C aus Beispiel 2.5 und der dazu im Beispiel 2.6 angegebenen Vorläufermatrix U ergibt sich hier $C^{(1)} = C$, $U^{(1)} = U$ und damit:

$$C^{(2)} = \begin{pmatrix} 0 & 9 & 4 & 14 & 11 \\ \infty & 0 & \infty & 5 & 2 \\ \infty & 6 & 0 & 7 & 8 \\ \infty & 3 & \infty & 0 & 5 \\ \infty & \infty & \infty & 1 & 0 \end{pmatrix}, \quad C^{(3)} = \begin{pmatrix} 0 & 9 & 4 & 11 & 11 \\ \infty & 0 & \infty & 5 & 2 \\ \infty & 6 & 0 & 7 & 8 \\ \infty & 3 & \infty & 0 & 5 \\ \infty & \infty & \infty & 1 & 0 \end{pmatrix}, \quad C^{(4)} = \begin{pmatrix} 0 & 9 & 4 & 11 & 11 \\ \infty & 0 & \infty & 5 & 2 \\ \infty & 6 & 0 & 7 & 8 \\ \infty & 3 & \infty & 0 & 5 \\ \infty & 4 & \infty & 1 & 0 \end{pmatrix};$$

$$U^{(2)} = \begin{pmatrix} 1 & 1 & 1 & 2 & 2 \\ 0 & 2 & 0 & 2 & 2 \\ 0 & 3 & 3 & 3 & 3 \\ 0 & 4 & 0 & 4 & 2 \\ 0 & 0 & 0 & 5 & 5 \end{pmatrix}, \quad U^{(3)} = \begin{pmatrix} 1 & 1 & 1 & 3 & 2 \\ 0 & 2 & 0 & 2 & 2 \\ 0 & 3 & 3 & 3 & 3 \\ 0 & 4 & 0 & 4 & 2 \\ 0 & 0 & 0 & 5 & 5 \end{pmatrix}, \quad U^{(4)} = \begin{pmatrix} 1 & 1 & 1 & 3 & 2 \\ 0 & 2 & 0 & 2 & 2 \\ 0 & 3 & 3 & 4 & 3 \\ 0 & 4 & 0 & 4 & 2 \\ 0 & 4 & 0 & 5 & 5 \end{pmatrix}.$$

Z.B. sind $c_{14}^{(2)} = \min(c_{14}^{(1)}, c_{12}^{(1)} + c_{24}^{(1)}) = \min(\infty, 9+5) = 14$ und damit $u_{14}^{(2)} = u_{24}^{(1)} = 2$. Eine weitere Rechnung ergibt die für das Beispiel schon bekannten Matrizen K und W. Natürlich ist für diesen Algorithmus die folgende Procedure *Tripel* nützlich.

Procedure **Tripel** *(n : integer; var C, U, K, W: matrix);*
var i, j, v: integer;
begin
K:=C; W:=U;
for v:=1 to n do
   if k[i,v]<maxint then
      for j:=1 to n do
         if (k[v,j]<maxint) and (k[i,v]+k[v,j]<k[i,j]) then
            begin k[i,j]:=k[i,v]+k[v,j]; w[i,j]:=w[v,j]; end;
end;

Als letzte Darstellung eines Graphen durch Matrizen soll die Inzidenzmatrix erwähnt werden, die neben den Matrizen A, $\underline{A}$ und C existiert. Den Zeilen von I sind die Knoten x_i und den Spalten von I sind die Bögen u_k zugeordnet (eine festgelegte Numerierung wird vorausgesetzt). Die Matrix I ist also vom Typ (n, m).

Definition 2.7 *Die Matrix $I = (m_{ik})$ heißt* I n z i d e n z m a t r i x *des Digraphen, wenn gilt:*
$m_{ik} = -1$ *und* $m_{jk} = 1$, *wenn der Bogen u_k von x_i nach x_j verläuft und*
$m_{ik} = 0$ *sonst.*

In jeder Spalte von I stehen nur zwei Einträge $\neq 0$. Die Anzahl der Einträge -1 in der Zeile i ist die Anzahl der in x_i beginnenden Bögen, die Anzahl der Einträge +1 in der Zeile j ist die Anzahl der in x_j endenden Bögen. Mit I und ihren Eigenschaften (Rang, lineare Unabhängigkeit der Spaltenvektoren) lassen sich Strukturaussagen des Digraphen ermitteln und Beweise von Optimalitätskriterien führen.

Beispiel 2.8 Der Graph des Bildes 1.2 mit 6 Knoten und 12 Bögen hat die folgende Inzidenzmatrix vom Typ (6, 12):

$$I = \begin{pmatrix} -1 & -1 & -1 & -1 & 0 & 0 & 0 & 0 & 0 & 0 & 0 & 0 \\ 1 & 0 & 0 & 0 & -1 & 1 & 0 & 0 & 0 & 0 & 0 & 0 \\ 0 & 1 & 0 & 0 & 0 & 0 & 1 & -1 & 1 & 0 & 0 & 0 \\ 0 & 0 & 1 & 0 & 0 & 0 & 0 & 0 & 0 & -1 & 0 & -1 \\ 0 & 0 & 0 & 1 & 1 & -1 & -1 & 0 & 0 & 1 & -1 & 0 \\ 0 & 0 & 0 & 0 & 0 & 0 & 0 & 0 & -1 & 0 & 1 & 1 \end{pmatrix}$$

2.1.4 Aufgaben: Graphen und Matrizen

Aufgabe 2.1 Welche Bedeutung haben Zeilen- und Spaltensumme einer Adjazenzmatrix A eines gerichteten Graphen? Welche Eigenschaft hat A für einen ungerichteten Graphen?

Aufgabe 2.2 Wie lassen sich die Elemente von $B_l = E + A + A^2 + ... + A^l$ deuten?

Aufgabe 2.3 Man zeige an einem Beispiel, daß i.allg. $A \otimes B \neq B \otimes A$ gilt.
Man zeige, daß das Assoziativgesetz $(A \otimes B) \otimes C = A \otimes (B \otimes C)$ gilt!

Aufgabe 2.4 Für den durch die folgende Adjazenzmatrix A gegebenen Graphen bestimme man B_2 (siehe Aufgabe 2.1) und die Distanzmatrix D sowie einen kürzesten Weg vom Knoten 1 zum Knoten 5.

$$A = \begin{pmatrix} 0 & 0 & 1 & 1 & 0 & 0 \\ 1 & 0 & 0 & 0 & 1 & 1 \\ 1 & 0 & 0 & 1 & 0 & 1 \\ 0 & 1 & 1 & 0 & 0 & 0 \\ 0 & 1 & 0 & 0 & 0 & 0 \\ 1 & 0 & 0 & 1 & 1 & 0 \end{pmatrix}, C = \begin{pmatrix} 0 & \infty & 12 & 5 & \infty \\ 0 & 0 & 3 & 16 & \infty \\ \infty & \infty & 0 & 2 & 8 \\ \infty & 4 & 11 & 0 & \infty \\ 9 & \infty & \infty & \infty & 0 \end{pmatrix}, \underline{C} = \begin{pmatrix} 0 & 1 & 6 & 9 & \infty \\ 3 & 0 & 4 & \infty & 10 \\ \infty & \infty & 0 & \infty & 5 \\ 9 & 3 & 8 & 0 & 4 \\ 9 & 9 & \infty & \infty & 0 \end{pmatrix}.$$

Aufgabe 2.5 Für den durch die obige Bewertungsmatrix C gegebenen Graphen bestimme man die Distanzmatrix K sowie einen kürzesten Weg vom Knoten 4 zum Knoten 5.

Aufgabe 2.6 Man bestimme mittels Tripelalgorithmus Distanz- und Wegematrix K und W zu obiger Bewertungsmatrix $\underline{C}$.

2.2 Komplexität von Algorithmen und Problemen

Das Verhalten einer Funktion $f(x)$ für $x \to \infty$ (oder $x \to x_0$) kann sehr verschieden sein: Es kann Konvergenz gegen einen Grenzwert, bestimmte oder unbestimmte Divergenz vorliegen. Soll dieses Verhalten genauer beschrieben werden, so zieht man eine möglichst einfache und bekannte Vergleichsfunktion $g(x)$ heran und untersucht den Quotienten $f(x)/g(x)$. Für diesen Vergleich sind die Ordnungssymbole und die asymptotische Gleichheit üblich.

2.2.1 Ordnungssymbole O und o

Die Landauschen Ordnungssymbole O („Groß-oh") und o („Klein-oh") dienen dem Vergleich insbesondere des Wachstums oder Nullwerdens von Funktionen bei $x \to \infty$ (oder $x \to x_0$). In der Informatik werden sie zur Abschätzung des Zeitaufwandes von Algorithmen benutzt, oft ist dann $x = n$ eine diskrete Variable.

> **Definition 2.8** *Gilt die Ungleichung*
> $$|f(x)| \le M |g(x)|$$
> *für i r g e n d e i n e Konstante $M > 0$ und alle $x > x_M$, so schreibt man*
> $$f(x) = O(g(x)), \quad x \to \infty.$$
> *Gilt obige Ungleichung für j e d e Konstante $M > 0$ (also auch für beliebig kleine) und alle $x > x_M$, so schreibt man*
> $$f(x) = o(g(x)), \quad x \to \infty.$$

Offensichtlich gilt: Aus $f(x) = o(g(x))$ folgt $f(x) = O(g(x))$; $f(x) = O(1)$ heißt, daß $f(x)$ beschränkt ist; $f(x) = o(1)$ heißt, daß $f(x)$ gegen Null strebt.

Beispiel 2.9 Es seien $P(x)$ und $Q(x)$ Polynome vom Grad p bzw. q. Dann ergibt die Untersuchung der rationalen Funktion $P(x)/Q(x)$ für $x \to \infty$ sofort:

$P(x) = o(Q(x))$ für $p < q$, $P(x) = O(Q(x))$ für $p = q$ und
$Q(x) = o(P(x))$ für $p > q$ und $x \to \infty$.

Weiter ist z.B. $P(x) = O(x^p)$, $x \to \infty$. Diese Beziehung drückt aus, daß der Summand x^p das Wachsen von $P(x)$ für $x \to \infty$ bestimmt.

Beispiel 2.10 Die sechs Funktionen

$$f_1(x) = \ln \ln x, \ f_2(x) = \ln x, \ f_3(x) = x, \ f_4(x) = x \ln x, \ f_5(x) = x^2, \ f_6(x) = e^x$$

sind so beschaffen, daß für $x \to \infty$ jede folgende Funktion stärker als jede vorhergehende Funktion gegen Unendlich strebt (Nachweis mittels Grenzwertregel). Es gilt also $f_k(x) = o(f_i(x))$, $x \to \infty$ und $i > k$.

Satz 2.5 $O(g) \pm O(g) = O(g)$, $O(g) \pm o(g) = O(g)$, $o(g) \pm o(g) = o(g)$,
$O(g_1)O(g_2) = O(g_1 g_2)$, $O(g_1)o(g_2) = o(g_1 g_2)$, $o(g_1)o(g_2) = o(g_1 g_2)$,
$(O(g))^\alpha = O(g^\alpha)$, $(o(g))^\alpha = o(g^\alpha)$, $\alpha > 0$.

Beweis: Alle Gleichungen werden mit den Definitionen von O und o und den Rechenregeln für Ungleichungen bewiesen. □

Eine Division ist i.allg. nicht möglich. Weiter ist zu beachten, daß O- und o-Beziehungen als Abkürzungen für Ungleichungen von links nach rechts gelesen werden.

Beispiel 2.11 Es wird der Aufwand $A(n)$ für die Berechnung eines Funktionswertes $P(x_0)$ eines Polynoms vom Grad n

$$P(x) = a_n x^n + a_{n-1} x^{n-1} + \ldots + a_2 x^2 + a_1 x + a_0, \; a_n \neq 0,$$

ermittelt. Dieser Aufwand werde durch die Anzahl der Additionen und Multiplikationen gemessen und ist von n abhängig. Hier ist also $x = x_0$ fest, und es wird $A(n)$ für $n \to \infty$ untersucht.
a) Berechnet man jeden Summanden von $P(x)$ für $x = x_0$ einzeln und addiert anschließend, so sind $n + (n-1) + \ldots + 2 + 1 = n(n+1)/2$ Multiplikationen und n Additionen zur Berechnung von $P(x_0)$ notwendig, insgesamt also $A_1(n) = n(n+3)/2$ Operationen.
b) Benutzt man die bekannte Formel von Horner, so ist

$$P(x_0) = b_0 \text{ und } b_i = a_i + b_{i+1} x_0, \; i = n-1, \ldots, 0 \text{ sowie } b_n = a_n$$

(Rechnung mit Horner-Schema möglich!). Hier ergeben sich n Additionen und n Multiplikationen für die Berechnung von $P(x_0)$, also ist $A_2(n) = 2n$.
c) Die beiden Ergebnisse lassen sich gröber mit $A_1(n) = O(n^2)$ und $A_2(n) = O(n)$ für $n \to \infty$ beschreiben. Jetzt ist nur noch die *Größenordnung* des Wachsens mit n ausgedrückt. Natürlich ist b) günstiger.

2.2.2 Asymptotische Gleichheit

Ein besserer Vergleich zwischen $f(x)$ und $g(x)$ ist möglich, wenn der Quotient $f(x)/g(x)$ für $x \to \infty$ (oder $x \to x_0$) einen Grenzwert $\neq 0$ besitzt.

> **Definition 2.9** *Gilt $f(x)/g(x) \to 1$ für $x \to \infty$, so schreibt man $f(x) \sim g(x)$, $x \to \infty$.*

Das $\sim$ Symbol wird als *asymptotisch gleich* gelesen. Ist der Grenzwert $G \neq 1$ und zugleich $G \neq 0$, so wird statt $g(x)$ die Funktion $Gg(x)$ genommen.

Beispiel 2.12 Es seien $P(x)$ und $Q(x)$ zwei Polynome vom gleichen Grad p mit den Hauptkoeffizienten $a \neq 0$ und $b \neq 0$, d.h.

$$P(x) = ax^p + \ldots + a_0, \quad Q(x) = bx^p + \ldots + b_0.$$

Dann ist $bP(x) \sim aQ(x)$ für $x \to \infty$, weil $bP(x)/aQ(x) \to 1$ für $x \to \infty$ gilt.

Beispiel 2.13 Eine nichttriviale asymptotische Gleichheit ist die bekannte Stirlingsche Formel (siehe z.B. [TB I]):

$$n! \sim \sqrt{2n\pi}\, n^n\, e^{-n}, \quad n \to \infty.$$

Asymptotische Gleichungen lassen sich i.allg. nicht addieren und subtrahieren. Aber die folgenden Regeln ergeben sich unmittelbar aus der Definition 2.9.

> **Satz 2.6** *Ist $f \sim g$ und $h \sim k$ für $x \to \infty$, so gelten die Beziehungen $fh \sim gk$, $f/h \sim g/k$ und $f^\alpha \sim g^\alpha$, $x \to \infty$.*

2.2.3 Zeitkomplexität von Algorithmen

Die *Laufzeit* eines Algorithmus für ein vorliegendes Problem der Graphentheorie ist sein wichtigstes Qualitätsmerkmal. Von untergeordneter Bedeutung sind dagegen die Länge eines zugehörigen Programmes und sein Speicherplatzbedarf. Diese Laufzeit ist nicht am Einzelbeispiel und am Computer zu messen, sondern in Abhängigkeit von typischen Eingabeparametern (z.B. Grad n eines Polynoms, Anzahl n der Knoten eines Graphen) und für einen fiktiven Computer zu ermitteln.

Dazu dient das RAM-Modell (Random Access Machine, siehe z.B. [TB II]). Von den idealisierten Eigenschaften der RAM sind besonders wichtig, daß jede elementare arithmetische Operation (Grundrechenart), jede logische Operation (Vergleich,

Test u.a.), jeder Transport eines Registerinhaltes in eine Speicherzelle und umgekehrt und jeder Sprungbefehl eine Zeiteinheit dauert und die Maschine sequentiell (also nicht parallel) und deterministisch (Ablauf der Operationen eindeutig bestimmt) arbeitet. Kurz: Zur Bestimmung der Laufzeit eines Algorithmus ist das „Auszählen" der genannten Operationen notwendig. Dies wird wie folgt präzisiert.

Liegt für einen Algorithmus eine konkrete Eingabe p vor, so ist die Laufzeit $t(p)$ durch die RAM eindeutig bestimmt. Liegt dagegen eine Menge P möglicher Eingaben vor, so ist $t(p)$ für alle $p \in P$ abzuschätzen in Abhängigkeit von typischen Eingabegrößen. Es ist am gebräuchlichsten, für diese Abschätzung den schlechtesten Fall (*worst case*) für p zu unterstellen. Für manche Algorithmen ist dieser schlechteste Fall zugleich der Normalfall, bei anderen werden dafür pathologische Beispiele konstruiert.

Definition 2.10 *Als* Z e i t k o m p l e x i t ä t *(worst-case-Laufzeitkomplexität) eines Algorithmus bezeichnet man die Größe* $t(P) = \max \{ t(p) \mid p \in P \}$.

Für die Angabe von $t(P)$ wird das Ordnungssymbol O benutzt, dies vereinfacht die Bestimmung von $t(P)$ beträchtlich. Aus diesen Angaben lassen sich keine konkreten Rechenzeiten ermitteln. Bei Graphen ist die Eingabe meist durch natürliche Zahlen (z.B. Knotenanzahl n) zu beschreiben, deshalb wird statt $t(p)$ auch $t(n)$ benutzt.

Definition 2.11 *Ein Algorithmus heißt* e f f i z i e n t, *wenn die Zeitkomplexität* $t(n)$ *durch ein Polynom in n beschränkt ist:* $t(n) = O(n^\alpha)$, $n \to \infty$, $\alpha > 0$.

Man spricht in diesem Fall von polynomialen Algorithmen. Ist sogar $\alpha = 1$, so liegt ein linearer Algorithmus vor, der sich nicht mehr verbessern läßt, weil das Lesen der Eingabe wenigstens diese Größenordnung hat. Ein effizienter Algorithmus ist erstrebenswert, aber leider nicht immer möglich (Beispiel 2.16).

Beispiel 2.14 Die Berechnung eines Funktionswertes $P(x_0)$ eines Polynoms $P(x)$ vom Grad n mit zwei verschiedenen Methoden (Algorithmen) wurde im Beispiel 2.11 untersucht. Der worst case liegt vor, wenn *alle* Koeffizienten a_i ungleich Null sind. Die Lese-, Speicher- und Schreiboperationen erfordern einen Zeitaufwand von $O(n)$, so daß die im Beispiel 2.11 ermittelten Angaben die Zeitkomplexitäten sind. Es gilt: a) $t_1(n) = O(n^2)$, b) $t_2(n) = O(n)$, $n \to \infty$.
Beide Algorithmen sind effizient, der zweite ist nicht mehr zu verbessern.

Beispiel 2.15 Algorithmen für das Speichern und Lesen eines durch seine Adjazenzmatrix A beschriebenen Graphen besitzen die Zeitkomplexität $O(n^2)$, weil bei n Knoten die n^2 Elemente von A eingegeben werden müssen (durch die üblichen zwei geschachtelten Programmschleifen).
In den meisten Anwendungen ist die Bogenanzahl m aber wesentlich kleiner als n^2, die Matrix A enthält viele Nullen, deren Eingabe unnötig ist. Deshalb werden Listendarstellungen (siehe 3.2) bevorzugt, deren Zeitkomplexität nur $O(n+m)$ ist.
Für beide Varianten handelt es sich um effiziente Algorithmen.

Beispiel 2.16 M sei eine Menge mit n Elementen, und $P(M) = \{A \mid A \subseteq M\}$ sei die zugehörige Potenzmenge (Menge aller Teilmengen von M). Bekanntlich hat $P(M)$ $a = 2^n$ Elemente. Sollen diese Elemente gelesen und gespeichert werden, so ist die Zeitkomplexität eines zugehörigen Algorithmus $O(2^n)$.
Wegen $n^\alpha = o(2^n)$ für $n \to \infty$ und jedes $\alpha > 0$ existiert mit Sicherheit kein effizienter Algorithmus für diese Aufgabe.

Beispiel 2.17 Es wird die Zeitkomplexität für die Berechnung der Distanzmatrix D aus $\underline{A}$ (Satz 2.2, Beispiel 2.4) bestimmt. Der worst case tritt offenbar für $s = n-1$ ein. Für die Berechnung von $\underline{A}^{[s]}$ werden $O(n^2)$ Operationen gebraucht.
a) Werden die $\otimes$-Potenzen $\underline{A}^{[s]}$ für $s = 1, 2, ..., n-1$ gebildet, so ergibt sich die Zeitkomplexität $O(n^3)$, $n \to \infty$.
b) Werden diese Potenzen nur für $s = 1, 2, 4, ..., 2^t$ gebildet, so ergibt sich wegen $n-1 = 2^t$ oder $t = \operatorname{ld}(n-1)$ die bessere Zeitkomplexität $O(n^2 \ln n)$, $n \to \infty$. Dabei wurde $\operatorname{ld} n = \ln n / \ln 2$ benutzt.
c) Für die Bestimmung der Distanzmatrix K aus C gelten analoge Überlegungen, d.h., es ergeben sich ebenfalls die Zeitkomplexitäten $O(n^3)$ oder $O(n^2 \ln n)$.

2.2.4 Komplexität von Problemen

Existiert für ein Problem ein effizienter Algorithmus (Beipiel 2.14), so ist dies wegen des Zeitaufwandes für seine Lösung in aller Regel günstig. Solche Probleme heißen *leicht*, andere Probleme (Beispiel 2.16) heißen *hart*. Damit ist eine grobe Einteilung der Probleme bezüglich ihrer Schwierigkeit (Komplexität) gegeben.

Diese Problematik wird eingehend in der Komplexitätstheorie (Teilgebiet der theoretischen Informatik) untersucht. Als Grundlage dient die 1936 definierte Turing-Maschine [TB II]. Es ist bekannt, daß ein Algorithmus für die RAM genau dann effizient ist, wenn er für eine deterministische Turing-Maschine effizient ist.

In der Graphentheorie interessieren besonders die *Klassen* **P** und **NP** (Probleme, die auf einer deterministischen bzw. *nicht*deterministischen Turing-Maschine mit einem effizienten Algorithmus lösbar sind). Natürlich gilt $\mathbf{P} \subseteq \mathbf{NP}$. Die Frage, ob $\mathbf{P} \subset \mathbf{NP}$

oder **P** = **NP** gilt, ist ein ungelöstes zentrales Problem der Komplexitätstheorie. Es wird **P** ⊂ **NP** als richtig vermutet.

In **NP** gibt es besonders schwierige Probleme, die zur Klasse **NPC** (NP-vollständig, NP-complete) zusammengefaßt werden. Ein Problem P aus **NP** gehört zur Klasse **NPC**, wenn gilt: Gibt es einen effizienten Algorithmus für P auf einer deterministischen Turing-Maschine, dann folgt **P** = **NP**. Wegen der Vermutung **P** ⊂ **NP** sind effiziente Algorithmen für solche Probleme nicht zu erwarten und deshalb bis jetzt zur exakten Lösung nur exponentielle Algorithmen bekannt. Folglich werden für diese Probleme *Näherungsverfahren* angegeben. Aber es gibt für jedes Näherungsverfahren stets ein Beispiel mit fester vorgegebener Abweichung vom optimalen Zielwert. Deshalb ist eine zweite übliche Vorgehensweise bei Problemen aus **NPC** die der *Klasseneinteilung* bzw. *-einschränkung*. Diese beiden Gesichtspunkte sind bei der Lösung graphentheoretischer Probleme wichtig und zu beachten.

Die Klassifizierung der Entscheidungs- und Optimierungsaufgaben geschieht in der Komplexitätstheorie mittels Transformation der Probleme ineinander und ist weitgehend bekannt. Dazu existieren Übersichten [Ga/Jo].

Beispiele für Probleme aus **P** sind lineare Optimierungsprobleme, die Eingabe der Adjazenzmatrix A eines Graphen (Beispiel 2.15) und das Maximalflußproblem (Beispiel 1.2). Zur Klasse **NPC** gehören die ganzzahlige lineare Optimierung, das Problem der Existenz eines Hamiltonschen Kreises und damit auch das Travelling salesman problem (Beispiel 1.4). Zu keiner der genannten Klassen gehört das Problem des Beispieles 2.16, denn die Nichtexistenz eines effizienten Algorithmus ist dort nachgewiesen.

2.2.5 Aufgaben: Komplexität

Aufgabe 2.7 Man gebe ein Beispiel dafür an, daß a) O-Beziehungen nicht dividiert werden können und b) asymptotische Gleichungen nicht addiert werden können!

Aufgabe 2.8 Man beweise: a) $O(g) \pm o(g) = O(g)$ und b) $(O(g))^\alpha = O(g^\alpha)$.

Aufgabe 2.9 a) Man gebe zur Operation $Q = A \otimes B$ (Definition 2.1) eine Pascal-Procedure *Stern* an! b) Man ermittle die Zeitkomplexität für die Berechnung von Q. c) Man gebe eine Pascal-Procedure *Distanz* zur Berechnung von K (Satz 2.3) aus C unter Nutzung von *Stern* an!

Aufgabe 2.10 Man gebe die Zeitkomplexität des Tripelalgorithmus (siehe Satz 2.4 und Procedure *Tripel*) an!

3 Graphen

3.1 Definition des Graphen

Unsere Vorstellung von einem Graphen ist die eines gezeichneten Gebildes aus Knoten, die durch Linien oder Pfeile verbunden sind. Von diesem zeichnerischen Gebilde interessiert uns im allgemeinen jedoch nur der strukturelle Aspekt der Beziehungen zwischen den Knoten, den der Graph vermittelt.

> **Definition 3.1** $G = [K, Bm, Ad]$ heißt endlicher g e r i c h t e t e r G r a p h, wenn K und Bm endliche Mengen sind und Ad eine Abbildung ist, die jedem Element aus Bm eindeutig ein geordnetes Paar von Elementen aus K zuordnet.
> $K = \{Kn_1, Kn_2, ..., Kn_n\}$ heißt K n o t e n m e n g e des Graphen.
> $Bm = \{Bg_1, Bg_2, ..., Bg_m\}$ heißt B o g e n m e n g e des Graphen.
> $Ad: Bm \rightarrow K \times K$ heißt A d j a z e n z a b b i l d u n g des Graphen.
> Ist $[Kn, Kn']$ das Knotenpaar, das durch die Adjazenzabbildung Ad dem Bogen Bg zugeordnet wird, also $Ad(Bg) = [Kn, Kn']$, so nennen wir
> Kn den A n f a n g s k n o t e n (AK) des Bogens Bg,
> Kn' den E n d k n o t e n (EK) des Bogens Bg,
> Kn, Kn' a d j a z e n t e K n o t e n,
> Bg E i n g a n g s b o g e n von Kn'
> und A u s g a n g s b o g e n von Kn und schließlich
> Bg i n z i d e n t sowohl mit Kn als auch mit Kn'.
> $Ad(Bg) = [Kn, Kn']$ kann durch $AK(Bg) = Kn$ und $EK(Bg) = Kn'$ ersetzt werden.

Ein Bogen wird durch einen Pfeil von seinem Anfangsknoten zu seinem Endknoten veranschaulicht (Bild 3.1).

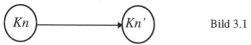
Bild 3.1

Ist die Abbildung Ad umkehrbar eindeutig, d.h., ist auf ein geordnetes Knotenpaar $[Kn, Kn']$ höchstens ein Bogen aus Bm abgebildet, so nennen wir den Graphen *schlicht*. Ein schlichter gerichteter Graph wird auch als *Digraph* bezeichnet (von dem englischen „directed graph"). Er ist einfach eine Veranschaulichung des wichtigen mathematischen Begriffs der Relation, genauer, einer zweistelligen Relation Bm in der Menge K, $Bm \subseteq K \times K$. Ein allgemeiner gerichteter Graph ist eine Verallgemeinerung der Relation. Die Verallgemeinerung besteht darin, daß wir nicht nur Mengen von Paaren betrachten, sondern auch gleiche Paare als verschiedene Bögen zulassen. Solche Bögen *Bg* und *Bg'* mit gleicher Adjazenz, *Ad(Bg)=Ad(Bg')*, wollen wir als *parallele Bögen* bezeichnen. Parallele Bögen sind zu unterscheiden von Gegenbögen. Gilt *Ad(Bg) = [Kn, Kn']* und *Ad(Bg') = [Kn', Kn]*, so heißt *Bg Gegenbogen* von *Bg'* und natürlich auch *Bg'* Gegenbogen von *Bg*. Ein schlichter Graph enthält keine parallelen Bögen, aber er kann beliebig Bogenpaare enthalten, die zueinander Gegenbögen sind. Ein Paar von Bögen, die zueinander Gegenbögen sind, wollen wir als *Kante* des Graphen bezeichnen, durch (*Kn, Kn'*) = (*Kn', Kn*) symbolisieren und durch eine ungerichtete Linienverbindung zwischen den Knoten *Kn* und *Kn'* graphisch veranschaulichen.

Ist ein Graph vollständig symmetrisch, d.h. existiert zu jedem seiner Bögen auch der Gegenbogen, so heißt er *ungerichteter Graph*. Der ungerichtete Graph wird im allgemeinen nur durch Kanten veranschaulicht. Er ist aber in unserer Auffassung ein Spezialfall des gerichteten Graphen. Ein ungerichteter Graph ist in gleicher Weise Verallgemeinerung der symmetrischen Relation wie es der gerichtete hinsichtlich der beliebigen Relation ist.

Beispiel 3.1 Stellen wir uns einen Graphen als Straßennetz vor, so entspricht einem Knoten eine Straßenkreuzung, einem Bogen eine Einbahnstraße mit einer Fahrspur, parallelen Bögen entsprechen Einbahnstraßen mit mehreren Fahrspuren, Kanten entsprechen Straßen mit je einer Fahrspur in jeder Fahrtrichtung, und parallelen Kanten entsprechen Straßen mit mehreren Fahrspuren (gleiche Anzahl) in jeder Fahrtrichtung. Eine Straße mit zwei Fahrspuren in der einen Richtung und drei Fahrspuren in der Gegenrichtung könnte durch zwei parallele Kanten und einen zusätzlichen Bogen in der Gegenrichtung dargestellt werden.

Ein Bogen *Bg* mit *AK(Bg) = EK(Bg)* wird als *Schlinge* bezeichnet. Wir werden im allgemeinen schlingenfreie Graphen betrachten.
Die Menge der Eingangsbögen eines Knotens *i* wollen wir durch **EBg(i)** und die Menge der Ausgangsbögen mit **ABg(i)** bezeichnen. **EBg(i)** ∪ **ABg(i)** ist die Menge aller Bögen, die mit dem Knoten *i* inzidieren. Ihre Notation wollen wir durch **InzBg(i) = (-EBg(i))** ∪ **ABg(i)** festlegen. Dabei soll **-EBg(i)** bedeuten, daß alle Bogennummern dieser Menge mit dem Minuszeichen versehen werden, wodurch die Eingangsbögen von den Ausgangsbögen unterschieden werden können. Diese Festlegung wird noch sinnvoller, wenn wir die Abbildungen *AK(Bg)* und *EK(Bg)* wie folgt erweitern:

Definition 3.2   *AK(-Bg) = EK(Bg), EK(-Bg) = AK(Bg), Bg* ∈ ***Bm***.

3.1 Definition des Graphen 31

Mit dieser Erweiterung führen wir negative *Bogenbenennungen* ein: Für $Bg \in$ ***Bm*** bezeichnet -*Bg* weiterhin den Bogen *Bg,* aber das Minuszeichen symbolisiert eine Durchlaufrichtung durch den Bogen oder eine Orientierung in Bezug auf andere Bögen einer Bogenmenge.

Die Anfangsknoten der Bögen aus ***EBg(i)*** wollen wir als *direkte Vorgängerknoten des Knotens i* bezeichnen. Entsprechend sind die Endknoten der Bögen aus ***ABg(i)*** *direkte Nachfolgerknoten des Knotens i,* und alle Knoten, die mit Bögen aus ***InzBg(i)*** inzidieren und verschieden von *i* sind, also alle direkten Vorgänger und Nachfolger von *i,* mögen *Nachbarknoten des Knotens i* heißen. Mit der getroffenen Vorzeichenfestlegung gilt: Für $k \in$ ***InzBg(i)*** ist *EK(k)* ein Nachbarknoten von *i.*

Grundvoraussetzung für eine effiziente Arbeit in Graphen ist, daß man schnell sowohl für einen gegebenen Bogen die durch ihn verbundenen Knoten angeben kann, als auch zu jedem gegebenen Knoten die mit ihm inzidenten Bögen oder seine Nachbarn.

Wir haben den Graphen als mathematische Struktur in der Form eines Tripels definiert. Hinter dieser Struktur steht die graphische Veranschaulichung durch ein gezeichnetes Gebilde aus Knoten/Punkten und diese verbindende Pfeile (für Bögen) oder Linien (für Kanten).

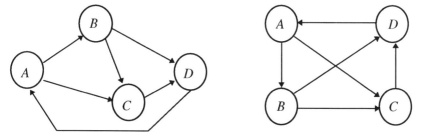

Bild 3.2 Zwei verschiedene Darstellungen desselben Graphen

Bild 3.2 zeigt, daß dieselbe Struktur in ganz verschiedener Weise graphisch dargestellt werden kann. Die Wahl der zeichnerischen Darstellung ist sicher durch den zu veranschaulichenden Zweck bestimmt. Beispielsweise kann bei sogenannten *bipartiten Graphen* - das sind Graphen, deren Knotenmenge man so in zwei nichtleere Teilmengen zerlegen kann, daß jeder Bogen von einem Knoten der einen Teilmenge zu einem Knoten der anderen Teilmenge führt - die in Bild 3.3 gewählte Darstellung zweckmäßig sein.

Sehr häufig wird man bestrebt sein, den Graphen mit möglichst wenig Überschneidungen von Bögen darzustellen, weil diese mit Knoten verwechselt werden könnten. Dieses Problem führt zur Frage, ob der Graph *planar* ist, d.h. überschneidungsfrei in der Ebene dargestellt werden kann. Der Leser erahnt aus diesen Bemerkungen sicher, daß sich hier ein großer Bereich von Fragen der graphischen Darstellung eröffnet, mit dem wir uns aber nicht beschäftigen wollen.

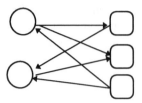

Bild 3.3 Ein bipartiter Graph

3.2 Listendarstellungen des Graphen

Wir haben einen Graphen als Struktur aus zwei Mengen und einer sie verbindenden Abbildung definiert. Dies entspricht der praktischen Arbeit mit größeren Graphen bzw. deren Bearbeitung mit Computern: Notiert wird zunächst die Knotenmenge durch Aufzählung ihrer Elemente. Wir geben also eine Liste der Knotenbezeichnungen an. Damit erhält jeder Knoten eine Nummer, seine Platznummer in dieser Liste. Wir können zur Vereinheitlichung und zur übersichtlicheren Handhabung auch festlegen, daß die Knoten eines Graphen einfach durch die ganzen Zahlen 1, 2, ..., n ($n = |K|$, die Mächtigkeit der Knotenmenge) bezeichnet werden. Für eine Menge ist es typisch, daß die Reihenfolge der Auflistung beliebig gewählt werden kann. Für unsere fortlaufende Knotennumerierung können wir $n!$ verschieden angeordnete Knotenbezeichnungslisten zugrundelegen.

Von den Bögen interessiert vor allem die Adjazenz, die sie vermitteln. Wir legen ebenfalls eine Liste an, die sogenannte *Bogenliste*, in der zu jedem Bogen sein Anfangs- und sein Endknoten aufgeführt sind. Mit einer solchen Liste erhält nun auch jeder Bogen eine Nummer k mit $1 \leq k \leq m$ ($m = |Bm|$, Mächtigkeit der Bogenmenge). Während wir bei den Knoten unterstellen, daß sie paarweise verschieden sind und somit die Frage Menge oder Liste unerheblich ist, liegt bei den Bögen die Sache anders: Durch die Nummer, die jeder Bogen erhält, werden parallele Bögen unterscheidbar. Da "äußere" Bogenbezeichnungen wenig interessieren, legen wir fest, daß *B* eine Liste oder Folge geordneter Knotenpaare ist. Damit können wir einen Graphen unter Verzicht auf die explizite Angabe der Adjazenzabbildung einfach als Paar $G = [K, B]$ definieren.

Ersetzen wir *K* durch die Menge der natürlichen Zahlen 1, 2, ..., n, so läßt sich der gerichtete Graph mit n Knoten durch eine Liste *B* aus m geordneten Paaren der Zahlen 1, 2, ..., n beschreiben.

Unterstellen wir, daß zwei solcher Listen vorliegen. Wie können wir überprüfen, ob sie den gleichen Graphen beschreiben? Zunächst können wir eine gewisse Vergleichbarkeit herstellen, indem wir jede der Listen nach aufsteigenden Nummern

3.2 Listendarstellungen des Graphen

der Anfangsknoten und zusätzlich nach aufsteigenden Nummern der Endknoten sortieren. (Man nennt eine solche Sortierung auch *lexikographische Ordnung*.) Sind beide Listen unterschiedlich, so folgt daraus leider noch nicht, daß sie unterschiedliche Graphen beschreiben, sondern das sogenannte *Isomorphieproblem* der Graphentheorie verlangt offensichtlich, daß wir in einer der beiden Listen alle $n!$ möglichen Permutationen der Knotennummern vornehmen und nach jeder Permutation neu sortieren. Erst wenn keine dieser $n!$ Bogenlisten mit der zweiten Bogenliste übereinstimmt, sind wir sicher, daß beide Listen unterschiedliche Strukturen beschreiben.

Zu diesen Vergleichbarkeitsfragen folgen im Abschnitt 8.2.1 weitere Überlegungen. Das Isomorphieproblem soll uns hier ebensowenig beschäftigen wie die Probleme der zeichnerischen Darstellung. Wir sehen jedoch, daß die Struktur Graph, so einfach sie uns auch erscheint, doch so komplex ist, daß die optische Identifizierung gezeichneter Gebilde keineswegs trivial ist und auch der Vergleich der sie beschreibenden Listen durch den Computer mit wachsender Größe auf zunehmende Rechenzeitprobleme stößt.

Halten wir fest, daß eine einfache Art der Beschreibung eines endlichen gerichteten Graphen darin besteht, eine Liste geordneter Paare der Zahlen 1, 2, ..., n anzugeben und eventuell dazu eine Liste von n Bezeichnungen, durch die jedem Knoten ein "äußerer" Name zugeordnet wird.

Die oben angeführte Sortierung der Bogenliste ist für den allgemeinen Gebrauch nicht wichtig. Wir haben sie nur im Zusammenhang mit dem Isomorphieproblem angeführt, um zu zeigen, daß die Bogennumerierung eindeutig fixiert werden kann, wenn die Knotennumerierung festgelegt ist - abgesehen von der Willkür in der Reihenfolge paralleler Bögen.

Im Abschnitt 8.3 wird gezeigt, daß für spezielle Zwecke auch andere Listendarstellungen zweckmäßig sein können.

Beispiel 3.2 Den Graphen des Bildes 3.2 können wir nun wie folgt beschreiben:
K = [A, B, C, D], wodurch ausgedrückt wird, daß den Knotenbezeichnungen A, B, C, D in dieser Reihenfolge Nummern 1, 2, 3, 4 zugeordnet werden, und
B = [*[1,2], [1,3], [2,3], [2,4], [3,4], [4,1]*].
In der Handhabung der zwei unterschiedlichen Bezeichnungen der Knoten, einer "äußeren" und einer "inneren" Numerierung, wollen wir Flexibilität vereinbaren. Wenn wir am Beispiel argumentieren, so dürfte die direkte Beschreibung durch
B = [*[A,B], [A,C], [B,C], [B,D], [C,D], [D,A]*] übersichtlicher sein.
Die Bezeichnungen *AK(k)* bzw. *EK(k)* für den Anfangs- bzw. den Endknoten des k-ten Bogens der Bogenliste möge in beiden Bezeichnungsvarianten gelten. Für das Beispiel aus Bild 3.2 ist also *AK(1)*=1, *EK(1)*=2, *AK(2)*=1, *EK(2)*=3, *AK(3)*=2, *EK(3)*=3 usw. Bei der Betrachtung von Beispielen werden wir auch Mischformen wie *AK(1)*=A, *EK(1)*=B, *AK(2)*=A, *EK(2)*=C, *AK(3)*=B, *EK(3)*=C usw. benutzen und meinen, daß hieraus kaum Irritationen erwachsen können.

Wir haben gesehen (Definitionen 2.2 und 2.7), daß es für Graphen zwei naheliegende Darstellungen durch Matrizen gibt. Zunächst muß vermerkt werden, daß bei der Beschreibung eines Graphen durch die *Adjazenzmatrix* die Bögen nicht numeriert sind. Das führt zu Problemen, wenn man ihnen Bewertungen zuordnen möchte. Bei einer Bogenbewertung für schlichte Graphen - etwa eine Bogenlänge - ersetzt man einfach die Adjazenzmatrix durch die Bewertungsmatrix (Definition 2.4). Gibt es aber mehrere Bewertungen, so müßte man z.B. mehrere Matrizen verwenden, und in jedem Fall der Bewertung entstehen Probleme, wenn parallele Bögen existieren. Die Adjazenzmatrix hat n^2 Elemente, von denen jedes einen Informationsgehalt von einem Bit besitzt, wenn wir schlichte Graphen voraussetzen. Insgesamt braucht sie somit einen Speicherplatz von $n^2/8$ Byte mit 1 Byte = 8 Bit. Zum Vergleich wollen wir $n=500$ unterstellen. Das ist für Netze der praktischen Anwendung eine reale Größenordnung, die nicht besonders hoch ist. Ein schlichter gerichteter Graph mit 500 Knoten kann theoretisch $m=500 \cdot 499$ Bögen besitzen. Allerdings gilt in den meisten Anwendungen $m=O(n)$, und es ist realer, bei $n=500$ mit $m=2000$ zu kalkulieren. Bei diesen Zahlen würde die Adjazenzmatrix also 31250 Byte Speicherplatz erfordern. Im Vergleich dazu die Bogenliste: 2000 Bögen je $2 \cdot 2$ Byte, also 8000 Byte, wobei wir für eine ganze Zahl ein "Wordformat" mit 2 Byte Speicherbedarf (also für Zahlen zwischen 0 und $2^{16}-1$) unterstellt haben. Nun muß allerdings gesehen werden, daß die Organisation des schnellen Inzidenzzugriffs Zusatzmaßnahmen erfordert, die den Speicherplatzbedarf etwa verdoppeln, so daß wir mit 16000 Byte Speicher für eine Listenspeicherung (Arrayimplementierung) bei den gewählten Werten für m und n rechnen müssen. Trozdem ist offensichtlich die Listenspeicherung speichergünstiger, denn ihr Bedarf wächst mit $O(n)$, gegenüber $O(n^2)$ Speicherplatzbedarf für die Adjazenzmatrix, und im Bereich größerer praktischer Aufgaben ist der Unterschied bereits relevant.
Die zweite Seite jeder Speicher-/Darstellungstechnik ist der Zugriff:
a) Die Durchmusterung aller Bögen erfordert die Durchmusterung aller Matrixelemente, also $O(n^2)$ Operationen.
b) Ist Knoten i gegeben, und *InzBg(i)* ist zu durchlaufen, so braucht man $O(n)$ Operationen, nämlich für den Durchlauf durch die i-te Zeile sowie durch die i-te Spalte der Matrix.
Auch diese Zugriffsüberlegungen sprechen also gegen eine praktische Verwendung der Adjazenzmatrix. Generell gilt, daß die Matrixform eigentlich der Flexibilität der Graphstruktur widerspricht. Andererseits unterstützt die Matrix gelegentlich Beweise, Überlegungen und Formulierungen und sollte nicht gänzlich aus dem Paradigma der Graphen entfernt werden.
Noch ungünstiger als unsere Einschätzung der Adjazenzmatrix fällt die der *Inzidenzmatrix* aus. Die Inzidenzmatrix ist nichts anderes als eine aufwendige Schreibweise der Bogenliste, die dann günstig ist, wenn man im Rahmen theoretischer Überlegungen mit Bogenvektoren und im Matrizenkalkül operiert. Für jedes ihrer Elemente müssen wir mit 2 Bit Speicher rechnen, folglich mit $m \cdot n/4$

Byte für die ganze Matrix. Die oben gewählten Zahlen ergeben damit einen Speicherplatzbedarf von 250000 Byte, der mit $O(m \cdot n)$, also theoretisch mit $O(n^3)$, mindestens aber mit $O(n^2)$, wächst. Um die adjazenten Knoten eines Bogens zu benennen, braucht man $O(n)$ Operationen, und um *InzBg(i)* aufzuzählen, braucht man $O(m)$ Operationen.

Mit der Inzidenzmatrix hat man jedoch eine gute Übersicht über die Mengen
EBg(i) = { j | m_{ij}= 1 }, *ABg(i)* = { j | m_{ij}= -1 } und
InzBg(i) = { -j | m_{ij}= 1 } ∪ { j | m_{ij}= -1 }.
Auf diese Tatsache bezieht sich die Übungsaufgabe 3.1.

3.3 Die Datenstruktur Graph

Es wurde bereits angesprochen, daß die Bearbeitung praktischer Aufgaben sehr schnell in Größenordnungen führt, die ohne Computer kaum zu bewältigen sind, und wir wollen dem zukünftig bei der Ausarbeitung von Algorithmen Rechnung tragen. Dazu müssen wir die Fragen der Darstellung von Graphen noch etwas stärker unter dem Blickwinkel ihrer Speicherung im Computer betrachten.
Für unsere Arbeit mit Graphen ist es wichtig, daß wir
a) alle Knoten sukzessiv durchmustern können,
b) alle Bögen sukzessiv durchmustern können,
c) zu einem vorgegebenen Bogen den Anfangs- und den Endknoten kennen,
d) zu einem vorgegebenen Knoten alle
 - *nach innen inzidenten,* d.h hineinführenden Bögen,
 - *nach außen inzidenten,* d.h. hinausführenden Bögen,
 - alle überhaupt inzidenten Bögen
durchmustern können.
Für diese notwendigen Operationen verlangen wir Methoden, deren Arbeitsweise für uns nicht von unmittelbarem Interesse ist. Die Arbeitsweise ist damit veränderbar, wenn es Gründe gibt, die konkrete Speichertechnik zu wechseln.
Als bevorzugte Darstellungs-/Speichertechnik haben wir die durch zwei Listen gewählt, eine Liste der Knotenbezeichnungen und eine Bogenliste.
Datenstrukturen für Listen können in verschiedener Weise implementiert werden, mindestens zwei Grundprinzipien sind zu unterscheiden:
a) Die sogenannte *Array-Implementierung*, bei der ein eindimensionales Array die Listenelemente aufnimmt,
b) die sogenannte verkettete Speicherung, die man in der Sprache Pascal meist als *Pointer-Implementierung* realisiert, bei der jedes Listenelement zusammen mit einer Adressierung des nächsten Listenelementes in einer "Zelle" gespeichert wird.

3 Graphen

Unabhängig von der Art der Implementation stellt eine Datenstruktur *Liste* dem Benutzer Methoden zur Verfügung, die ihm gestatten, eine Liste neu anzulegen, zu erweitern bzw. zu aktualisieren und in ihr beliebig vorwärts und rückwärts zu blättern. Da wir erstens hier kein volles Listeninstrumentarium brauchen und zweitens glauben, dem Leser das Verständnis der eigentlichen Algorithmen zu erleichtern, wenn wir mit Knoten- bzw. Bogennummern arbeiten, werden wir die folgende Datenstruktur *Graph* uns auf Arraylisten abgestützt denken. Dabei mögen *maxN* und *maxM* die vereinbarten Größen dieser Felder bezeichnen, also die maximal mögliche Knoten- bzw. Bogenanzahl angeben.

Der Datenstruktur *Graph* geben wir vorerst den folgenden Inhalt, den wir später ergänzen werden.

Wesentlich dabei ist, daß wir keine Festlegungen über die genaue Datenspeicherung treffen, sondern uns mit Festlegungen über den Umgang mit den Daten begnügen.

Type **Graph** = *Object*
    { Knotenliste, Bogenliste oder Adjazenzmatrix oder Inzidenzmatrix
    oder andere Speicherung der Struktur}
    m, n:Word; { Anzahl der Bögen bzw. Knoten }
    Constructor **Init**; { - erzeugt einen leeren Graphen }
    Procedure **InsertBg**(*Von, Nach: Bezeichngstyp*);
        { - fügt einen neuen Bogen in den Graphen ein, der vom Knoten *Von*
        (äußere Bezeichnung) zum Knoten *Nach* (äußere Bezeichnung)
        führt. }
    Function   **AK**(k: Integer):Word;
    Function   **EK**(k: Integer):Word;
    Function   **IstBg**(k: Integer):Word;
    Function   **EBgl**(i: Word):Word;
    Function   **nEBg**(k:Word):Word;
    Function   **ABgl**(i: Word):Word;
    Function   **nABg**(k:Word):Word;
    Function   **InzBgl**(i: Word):Integer;
    Function   **nInzBg**(k: Integer):Integer;
    Destructor   **Done**;
end { Graph };

Ist *G* ein Graph bzw. genauer eine Variable vom Typ *Graph* (var *G:Graph;*), so kann man sie mit *G.Init* initialisieren, also einen neuen leeren Graphen anlegen.

G.Done entfernt *G* wieder aus dem Speicher.

G.InsertBg(Von,Nach) dient dazu, einen Bogen, der die Knoten mit den äußeren Bezeichnungen *Von* und *Nach* verbindet, in den Graphen einzufügen. Die Methode sucht also die Knotennamen in einer Knotenliste und fügt sie in diese ein, falls sie noch nicht existieren. Mit den Nummern, die dann in der Knotenliste zu diesen

Namen gehören, fügt die Methode *InsertBg* den Bogen dann so in die Bogenliste ein, daß alle weiteren Methoden funktionieren.

Einen Knoten sprechen wir im weiteren mit einem Bezeichner *i* vom Typ *Word* an, also mit seiner Nummer. Diese Nummer ist die Adresse eines Datensatzes, der Informationen zum Koten enthält. Bei Pointerimplementierung wäre die Adresse eines Knotensatzes eine Hauptspeicheradresse, ein sogenannter Pointer, mit dem man als äußerer Betrachter kaum etwas anfangen kann, aber die Arbeitsweise mit Knoten wäre nicht wesentlich anders.

Für die Bogenadressen haben wir den Datentyp *Integer* gewählt, da wir im weiteren häufig zusammen mit einem Bogen auch einen Richtungsfaktor -1 oder +1 für den Durchlauf durch den Bogen nennen wollen. Der Leser möge also zukünftig unter einer *Bogenbenennung* eine ganze Zahl verstehen.

Die Methoden *G.EBg1(i)*, *G.nEBg(k)*; *G.ABg1(i)*, *G.nABg(k)*; *G.InzBg1(i)*, *G.nInzBg(k)* sowie *G.IstBg(k)* dienen dazu, mit den Mengen *EBg(i)* bzw. *ABg(i)* bzw. *InzBg(i)* wie mit Listen zu arbeiten:

Die Methoden *G.EBg1(i)*, *G.ABg1(i)* und *G.InzBg1(i)* liefern ein erstes Element *k* der jeweiligen Menge, und *G.nEBg(k)*, *G.nABg(k)* bzw. *G.nInzBg(k)* liefern ein von *k* verschiedenes nächstes Element.

Beispielsweise wird man einen Durchlauf durch die Bogenmenge *EBg(i)*, bei dem auf jeden Bogen $k \in$ *EBg(i)* eine Operation *Bearbeite(k)* angewandt wird, in Kurzform durch einen Ausdruck der Art,

für k in EBg(i) Bearbeite(k),

beschreiben oder in Pseudo-Pascal: *for k in EBg(i) do Bearbeite(k).*

In Pascal, auf der Datenstruktur *Graph*, müßte der Durchlauf wie folgt implementiert werden:

k:=G.EBg1; while G.IstBg(k) do begin Bearbeite(k); k:=G.nEBg(i, k) end;

oder:

with G do begin k:=EBg1;
  while IstBg(k) do begin Bearbeite(k); k:=nEBg(i, k) end;
end;

Wurden alle Elemente der entsprechenden Menge aufgezählt, so mögen diese Methoden einen Wert liefern, z.B. den Wert 0, der es der Methode *G.IstBg(k)* gestattet, auf *"false"* zu entscheiden. *G.IstBg(i)* ist also weniger als Methode zu verstehen, die entscheidet, ob eine Variable *k* vom Typ *Integer* als Bogenbenennung gültig ist oder nicht, sondern ihre Aufgabe besteht darin, zu entscheiden, ob ein Schleifendurchlauf durch eine Bogenmenge beendet ist oder nicht.

Obwohl wir betont haben, daß für unsere eigentlichen algorithmischen Überlegungen Einzelheiten der Implementation ohne Bedeutung sind, wollen wir zum besseren Verständnis nachfolgend auf einige Details eingehen. Dazu

38   3 Graphen

unterstellen wir, daß die Knotenliste aus Datensätzen des folgenden *Knotentyps* und daß die Bogenliste aus Datensätzen des nachfolgenden *Bogentyps* besteht:

type **Knotentyp** = *Record Name: Bezeichngstyp; EBgAnf, ABgAnf:Word end;*
      Bogentyp = *Record AKn, EKn, EBgNch, ABgNch:Word end;*

Der Knotentyp ist ein Datensatztyp, der die äußere Bezeichnung des Knotens enthält und dazu zwei Adressen, *EBgAnf, ABgAnf,* der Bogenliste, nämlich diejenigen, unter denen erstmalig ein Bogen aufgeführt ist, dessen Anfangs- bzw. Endknoten der betrachtete Knoten ist.
Im Bogentyp-Datensatz werden dann umgekehrt Anfangs- und Endknoten des Bogens als Adressen der Knotenliste (Typ *Word*) genannt. Neben diesen Adressen enthält er Adressen, *EBgNch, ABgNch*, mit denen man den Zugriff auf die Eingangsbögen des Endknotens des betrachteten Bogens bzw. zu den Ausgangsbögen seines Anfangsknotens fortsetzen kann. Der Anfang für die Aufzählung dieser Mengen ist durch die Adressen *EBgAnf* bzw. *ABgAnf* gegeben, die im Knotensatz abgelegt sind. Bild 3.4 verdeutlicht diese Verkettung der Bögen.

Knotenliste[i].EBgAnf

Knotenliste[i].EBgAnf.EBgNch i Bild 3.4

Knotenliste[i].EbgAnf.EbgNch.EBgNch   ...

Ist die Speicherstruktur eingerichtet, also *Graph.InsertBg* richtig implementiert, so ist die Implementierung der Aufzählmethoden mindestens bei Listendarstellung, gestützt auf die entsprechenden Adreßverweise, einfach.

Beispiele 3.3 Wir geben nachfolgend die Implementation von sechs *Methoden* der Datenstruktur *Graph* an.

<u>Constructor</u> *Graph.**Init** Begin m:= 0; n:= 0; End;*

<u>Function</u> *Graph.**IstBg**(k: Integer): Boolean;*
Begin IstBg:= (1 <= Abs(k)) and (Abs(k) <= m); End;

<u>Function</u> *Graph.**ABg1**(i:Word):Integer; Begin ABg1:=Knotenliste[i].ABgAnf; End;*
<u>Function</u> *Graph.**nABg**(k:Word):Word;*

Begin if IstBg(k) then nABg:=Bogenliste[k].ABgNch else nABg:= 0; End;

*Procedure Graph.**InsertBg**(Von, Nach: Bezeichngstyp);*
  *Function **SuchKn**(KnName:Bezeichngstyp):Word;*
  var i:Word;
  Begin i:=1; while (Knotenliste[i].Name<>KnName) and (i<=n) do i:=i+1;
    if i=n+1 then begin n:=n+1;
      with Knotenliste[n] do begin Name:=KnName; ABgAnf:=0; EBgAnf:=0;
      end;
    end;
    SuchKn:=i;
  End; { SuchKn }
var i, j, k: Word; gefunden: Boolean;
Begin { - neuer Bogen } m:= m+1; i:=SuchKn(Von); j:=SuchKn(Nach);
  with Bogenliste[m] do begin AKn:=i; EKn:=j; EBgNch:=0; ABgNch:=0;
    { Aktualisiere Bogenverkettung:}
    if not IstBg(ABgl(i)) then Knotenliste[i].ABgAnf:=m
      else begin ABgNch:= Knotenliste[i].ABgAnf; Knotenliste[i].ABgAnf:=m;
      end;
    if not IstBg(EBgl(j)) then Knotenliste[j].EBgAnf:=m
      else begin EBgNch:= Knotenliste[j].EBgAnf; Knotenliste[j].EBgAnf:=m;
      end;
  end;
End;

*Function Graph.**InzBgl**(i:Word):Integer;*
Begin with Knotenliste[i] do
  if EBgAnf<> 0 then InzBgl:= -EBgAnf else InzBgl:=ABgAnf;
End;

*Function Graph.**nInzBg**(i:Word; k:Integer):Integer;*
var l: Integer;
Begin if IstBg(k)
      then if k < 0
           then begin l:= nEBg(-k);
                if IstBg(l) then nInzBg:= -l else nInzBg:= ABgl(AK(k)); end
           else begin l:= nABg(k);
                if IstBg(l) then nInzBg:= l else nInzBg:= 0; end
      else nInzBg:= 0
End;

3.4 Grundbegriffe

Definition 3.3 *Eine Folge paarweise verschiedener Bögen heißt* K e t t e, *wenn ihren Bögen die Richtungsfaktoren -1 oder +1 so zugeordnet werden können, daß für die Folge der Bogenbenennungen (Richtungsfaktor mal Bogennummer)* $[k_1, k_2, ..., k_r]$ $AK(k_{i+1}) = EK(k_i)$ *gilt, für i=1, 2, ..., r -1.*
Sind alle Richtungsfaktoren einer Kette 1, so wird sie als W e g *bezeichnet.*
Gilt für eine Kette $AK(k_1) = EK(k_r)$, so heißt sie g e s c h l o s s e n *oder* Z y k l u s.
Ein geschlossener Weg wird K r e i s *genannt.*
Ist jeder Knoten einer Kette mit höchstens zwei ihrer Bögen inzident, so heißt die Kette e l e m e n t a r.

Die Notation einer Kette beschreibt einen Durchlauf durch die zugehörige Bogenfolge: Beginnend beim Knoten $AK(k_1)$ läuft man zum Knoten $EK(k_1)$, der identisch mit $AK(k_2)$ ist. Von $AK(k_2)$ läuft man zum Knoten $EK(k_2)$ usw. Man durchläuft also die angesprochenen Bögen in ihrer Pfeilrichtung oder gegen diese, je nachdem ob die Bogennummer positiv oder negativ genannt ist.

Beispiel 3.4 Wir betrachten den im Bild 3.5 gezeigten Graphen:
Die Folgen $Kt_1 = [1, -7, -12, 11]$, $Kt_2 = [3, 5, 8, 9, 11]$ und
$Kt_3 = [5, 7, 4, -8, -12, 11]$ bezeichnen Ketten. Kt_1 und Kt_2 sind elementar; Kt_3 ist nicht elementar. Kt_2 ist ein Weg.
Die Folgen $Kt_4 = [1, -7, -5, -3]$, $Kt_5 = [8, 9, 12]$, $Kt_6 = [10, -11, -9]$ und
$Kt_7 = [8, 10, -11, 12]$ sind Zyklen; Kt_5 ist ein Kreis.

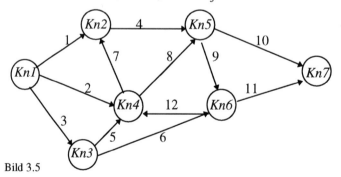

Bild 3.5

Operationen mit Ketten:
a) Wir wollen für eine Kette $Kt = [k_1, k_2, ..., k_r]$ festlegen,
-Kt $= [-k_r, -k_{r-1}, ..., -k_1]$, das heißt, **-Kt** bezeichnet den umgekehrten Durchlauf

durch die Bogenfolge.
b) Ferner möge das +-Zeichen das Aneinanderketten von Folgen bezeichnen. Das Anhängen einer Bogenkette an eine andere hat natürlich nur Sinn, wenn die angehängte Kette in dem Knoten beginnt, in dem die erste endet.
Wir wollen für diese Operation zusätzlich festlegen: Unterscheiden sich in der Aneinanderkettung zwei benachbarte Elemente nur durch ihr Vorzeichen, so werden beide entfernt, und dieser Entfernungsprozeß wird so oft wiederholt, wie er möglich ist.
Wie wir später sehen werden, bekommt die Addition von Ketten einen erweiterten Sinn, wenn wir sie auf die Vektoraddition zurückführen. Zu diesem Zweck ordnen wir jeder Kette einen m-dimensionalen Vektor zu: Die k-te Komponente dieses Vektors erhält als Wert den Richtungsfaktor -1 oder +1, den der Bogen mit der Nummer k in der Bogenliste im Zyklus besitzt, bzw. den Wert 0, falls der k-te Bogen der Bogenliste nicht zur Kette gehört. Es ist klar, daß die Addition zweier beliebiger Kettenvektoren nicht unbedingt zu einem Vektor führt, der wieder zu einer Kette gehört. Beispielsweise liefert die Addition eines Zyklusvektors mit sich selbst einen Vektor, dessen Komponenten die Werte -2, 0 oder +2 besitzen.

Beispiel 3.5   [-4, -1, 3, 5, 8] + [-8, -5, 6, -9] = [-4, -1, 3, 6, -9].
Da beim Durchlauf durch Zyklen der Startpunkt uninteressant ist, kann man in ihrer Notation die Bogenaufzählung zyklisch vertauschen.

Beispiel 3.6 Kt_5 = [8, 9, 12] = [9, 12, 8] = [12, 8, 9] und
Kt_6 = [10, -11, -9] = [-11, -9, 10] = [-9, 10, -11]. Folglich gilt $Kt_5 + Kt_6 = Kt_7$.

$Kt - Kt'$ sei Kurzform für $Kt + (-Kt')$. Beispielsweise ist $Kt_5 = Kt_7 - Kt_6$.
Aus den Festlegungen folgt $Kt - Kt$ = [ ] , wobei mit [ ] die leere Kette bzw. Folge symbolisiert wird.

Definition 3.4 *Ein gerichteter Graph heißt* z u s a m m e n h ä n g e n d, *wenn für jedes Paar i, j seiner Knoten eine Kette* Kt = [k_1 , k_2 , ..., k_r] *derart existiert, daß AK(k_1) = i und EK(k_r) = j gilt.*
Kt heißt i und j verbindende Kette.
Ein nicht zusammenhängender Graph besteht aus zusammenhängenden K o m p o n e n t e n.
Ein Knoten j heißt von einem Knoten i aus e r r e i c h b a r, *wenn von i nach j ein verbindender Weg existiert.*
Ein gerichteter Graph heißt s t a r k z u s a m m e n h ä n g e n d, *wenn jeder seiner Knoten von jedem anderen Knoten aus erreichbar ist.*

Statt zusammenhängend wird manchmal auch der Begriff *schwach zusammenhängend* benutzt.

Bild 3.8 zeigt einen stark zusammenhängenden Graphen als Teil des Graphen aus Bild 3.5.

Jeder zusammenhängende ungerichtete Graph ist stark zusammenhängend. Im ungerichteten Graphen ist also die Unterscheidung zwischen schwachem und starkem Zusammenhang nicht notwendig.

Wir geben im Abschnitt 5.2 Algorithmen an, die einen Graphen auf die Eigenschaften Erreichbarkeit und Zusammenhang testen. Wir benötigen dazu den Begriff des *Stützgerüstes*, den wir im Abschnitt 4.1 einführen und im Abschnitt 4.3 mit Methoden ausstatten werden.

Definition 3.5 *Ein* B a u m *ist ein zyklenfreier, zusammenhängender, endlicher Graph.*

Im ungerichteten Fall beziehen wir das Attribut zyklenfrei der Definition 3.5 auf Kantenzyklen, sehen also davon ab, daß nach unserer Definition des ungerichteten Graphen streng genommen jede Kante ein Zyklus ist. Falls nichts anderes gesagt wird, meinen wir im folgenden mit Baum ohne Attribut den gerichteten Baum.

Bäume sind besonders einfache Graphen und haben als solche sowohl in der direkten Anwendung als auch als Teilstrukturen von allgemeineren Graphen eine große Bedeutung. Wir haben ihnen das Kapitel 4 gewidmet. Die Bilder 3.6, 3.7 und 3.10 zeigen gerichtete Bäume.

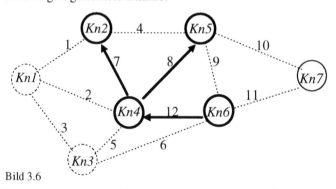

Bild 3.6

Satz 3.1 *Ein Baum mit n Knoten besitzt genau m = n - 1 Bögen bzw. Kanten.*

Beweis: Wir konstruieren den Baum neu, indem wir mit einem beliebigen Knoten beginnen und an den aktuellen Graphen über einen noch nicht hinzugefügten Bogen, der mit einem schon angeschlossenen Knoten inzidiert, einen neuen Knoten anhängen. Jeder neue Bogen hängt einen neuen Knoten an, denn sonst schlösse sich ein Zyklus. Andererseits wird jeder Knoten angeschlossen, da der Graph zusammenhängend ist. Folglich ist der Graph durch genau $m = n - 1$ Bogenaufnahmen komplett. □

Definition 3.6 *Gegeben sei ein Graph G = [K, B].*
Gilt für einen Graphen G' = [K', B'] K' ⊆ K und B' ⊆ B
(d.h. B' ist Teil der Bogenliste B), so heißt G' T e i l g r a p h von G.
Ein Teilgraph G' = [K, B'] von G heißt s p a n n e n d e r T e i l g r a p h
oder G e r ü s t in G, wenn B' eine maximale zyklenfreie Teilmenge von
B ist, wenn er also ein maximaler Baum innerhalb G ist.
Ist G' = [K, B'] Gerüst von G, so heißt G'' = [K, B\B'] C o g e r ü s t von G.
Enthält die Bogenmenge B' eines Teilgraphen genau die Bögen aus B,
die zwei Knoten aus K' verbinden, so heißt G' der von K' erzeugte
U n t e r g r a p h von G und wird durch U(K') symbolisiert.

Beispiel 3.7
a) **K'** = {Kn2, Kn4, Kn5, Kn6 } und **B'** = [[Kn4, Kn2], [Kn4, Kn5], [Kn6, Kn4]]
bilden einen Teilgraphen **G' = [K', B']** des Graphen im Bild 3.5 (siehe Bild 3.6).
b) Bild 3.7 zeigt ein Gerüst im Graphen des Bildes 3.5 mit **B'** = {1, 2, 3, 8, 11, 12}.
Würde man einen weiteren Bogen aus **B\B'** diesem Teilgraphen hinzufügen, so entstünde ein Zyklus. Folglich ist seine Bogenmenge eine maximale zyklenfreie Bogenmenge.

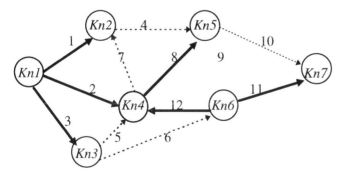

Bild 3.7 Gerüst zum Graphen aus Bild 3.5

c) Für ***K'*** = {*Kn2, Kn4, Kn5, Kn6*} ist ***U(K')*** = *[**K'**, **B'**]* mit
B' = *[[Kn2, Kn5], [Kn4, Kn2], [Kn4, Kn5], [Kn5, Kn6], [Kn6, Kn4]]* Untergraph des Graphen des Bildes 3.5 - siehe Bild 3.8. ***U(K')*** ist stark zusammenhängend. Der Teilgraph ***G'*** von ***G*** aus Bild 3.6 ist auch Teilgraph von ***U(K')***.

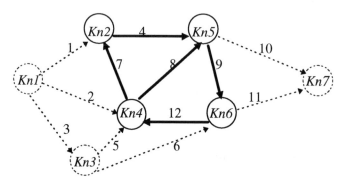

Bild 3.8 Untergraph zum Graphen aus Bild 3.5

Für ***K''*** = {*Kn1, Kn2, Kn4, Kn6, Kn7*} ist ***U(K'')*** = *[**K''**, **B''**]* mit
B'' = *[[Kn1, Kn2], [Kn1, Kn4], [Kn4, Kn2], [Kn6, Kn4], [Kn6, Kn7]]* ein anderer Untergraph des Graphen des Bildes 3.5 - siehe Bild 3.9.

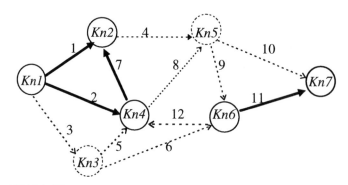

Bild 3.9 Nicht zusammenhängender Untergraph zum Graphen aus Bild 3.5

3.4 Grundbegriffe   45

Definition 3.7 *Gegeben seien ein Graph **G** = [K, B] und eine Knotenmenge
K' ⊆ **K**.
Ein Bogen, dessen Anfangsknoten nicht in **K'** liegt, während der Endknoten
zu **K'** gehört, heißt E i n g a n g s b o g e n von **K'**.
Ein Bogen, dessen Anfangsknoten in **K'** liegt, während der Endknoten
nicht zu **K'** gehört, heißt A u s g a n g s b o g e n von **K'**.
EBg(K') und **ABg(K')** bezeichnen die Menge der Eingangs- bzw. Ausgangs-
bögen von **K'**.
CZ(K') = (-**EBg(K')**) ∪ **ABg(K')** bezeichnet die Menge aller Eingangs- und
Ausgangsbögen von **B'** und wird C o z y k l u s oder S c h n i t t zur
Knotenmenge **K'** genannt.
Ein Cozyklus heißt e l e m e n t a r, wenn sowohl **K'** als auch **K \ K'**
zusammenhängende Untergraphen erzeugen.*

Beispiel 3.8 a) *ABg({i}) = ABg(i), EBg({i}) = EBg(i), CZ({i}) = InzBg(i)*.
b) Wir beziehen uns wieder auf den im Bild 3.5 dargestellten Graphen:
Für **K'** = {Kn2, Kn4, Kn5, Kn6} ist **CZ(K')** = {-1, -2, -5, -6, 10, 11}
- vgl. Bild 3.10. In dem Bild ist **K'** umrahmt. Zum Cozyklus gehören genau die
Bögen von **B**, die von der Rahmenlinie einmal geschnitten werden. Im Inneren der
Rahmenlinie liegt der Untergraph **U(K')**. Der Cozyklus ist nicht elementar, weil
U({Kn1, Kn3, Kn7}) nicht zusammenhängend ist.
Es gilt **CZ(K')** = -(**CZ**({Kn1,Kn3}) ∪ **CZ**({Kn7})). **CZ**({Kn1,Kn3}) und
CZ({Kn7}) sind elementare Cozyklen.

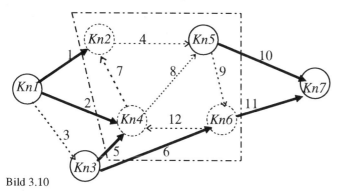

Bild 3.10

c) **K''** = {Kn1, Kn7} erzeugt den nicht elementaren Cozyklus
CZ(K'') = {1, 2, 3, -10, -11} - vgl. Bild 3.11: Die erzeugenden Knoten sind
umrahmt, und die zum Cozyklus gehörenden Bögen sind genau die, die von einer
der Rahmenlinien geschnitten werden.

Es gilt $CZ(K'') = CZ(\{Kn1\}) \cup CZ(\{Kn7\}) = InzBg(Kn1) \cup InzBg(Kn7)$.

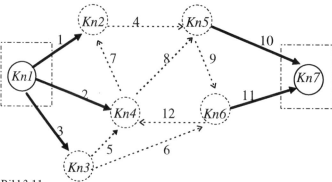

Bild 3.11

Wegen des an den Beispielen aufgezeigten Verfahrens zur Gewinnung von Cozyklen im gezeichneten Graphen mittels Umrahmung der erzeugenden Knotenmenge werden Cozyklen auch als *Schnitte* bezeichnet.

Während Ketten und Zyklen Einblick in die Adjazenzstruktur eines Graphen vermitteln, geben Cozyklen Übersicht über seine Inzidenzstruktur. Im Abschnitt 4.2 wird das noch stärker verdeutlicht.

Wir wollen für Cozyklen die gleichen **Operationen** einführen wie für Ketten:

a) $-CZ(K') = CZ(K\backslash K')$, d.h., durch ein Minuszeichen vor dem Cozyklus werden alle Bogenrichtungsfaktoren umgekehrt, aus Eingangsbögen werden Ausgangsbögen und umgekehrt.

b) Um Cozyklen addieren zu können, greifen wir wie bei Ketten auf die Vektoraddition zurück: Wir denken uns jedem Zyklus einen m-dimensionalen Vektor mit den Komponenten -1, 0 oder +1 zugeordnet, nämlich die Richtungsfaktoren der Bögen, die zum Cozyklus gehören, bzw. Null.

Die Addition zweier Cozyklusvektoren führt nicht notwendig zu einem neuen Cozyklusvektor. Es seien K_1 und K_2 zwei Untermengen der Knotenmenge K. Gilt $K_1 \cap K_2 = \emptyset$, so ist $CZ(K_1) + CZ(K_2) = CZ(K_1 \cup K_2)$, denn, falls ein Bogen sowohl zu $CZ(K_1)$ als auch zu $CZ(K_2)$ gehört, so ist er mit unterschiedlichen Richtungsfaktoren vertreten, und bei der Vektoraddition bekommt er die Komponente Null zugeordnet, was der Tatsache entspricht, daß er zum Untergraphen $U(K_1 \cup K_2)$ gehört.

Beispiel 3.9 Es ist $CZ(\{Kn2, Kn4\}) + CZ(\{Kn5, Kn6\}) =$
$= \{-1, -2, -5, -12, 4, 8\} + \{-4, -6, -8, 10, 11, 12\} =$
$= \{-1, -2, -5, -6, 10, 11\} = CZ(\{Kn2, Kn4, Kn5, Kn6\})$, also gilt auch
$CZ(\{Kn2, Kn4, Kn5, Kn6\}) - CZ(\{Kn2, Kn4\}) = CZ(\{Kn5, Kn6\})$.

3.5 Aufgaben

Aufgabe 3.1 Wir unterstellen die Darstellung des Graphen durch die Inzidenzmatrix *I* (Definition 2.7), genauer folgende Pascal-Vereinbarungen:
<u>Const</u> maxM=20; maxN=50;
<u>Type</u> Bezeichngstyp   =String[8];
       Graph   = Object
           Knotenliste: Array[1..maxN] of Bezeichnngstyp;
           IM   : Array[1..maxN, 1..maxM] of -1..1;
           n: Word; { aktuelle Anzahl der Knoten }
           m: Word; { aktuelle Anzahl der Bögen }
           { Methodenvereinbarungen wie festgelegt (siehe oben) }
       end;
Implementieren Sie die Methoden *EK(i)*, ... , *nInzBg(i,k)* analog zu den nachfolgenden Beispielen.
Bei der Graphdarstellung durch die Inzidenzmatrix (hier *Graph.IM*) ist einem Knoten eine Zeile und einem Bogen eine Spalte dieser Matrix zugeordnet, d.h., die Knotenadresse ist eine Zeilennummer und die Bogenadresse ist eine Spaltennummer dieser Matrix.

constructor Graph.**Init**;
var i, j: Word;
Begin for i:= 1 to maxN do for j:= 1 to maxM do IM[i,j]:= 0; m:= 0; n:=0; End;

 procedure Graph.**InsertBg**(Von, Nach: Bezeichnung);
var i,j: Word; gefunden: Boolean;
Begin m:= m+1; { Suche Von in der Knotenliste: }gefunden:=false; i:=0;
   while not gefunden and (i< n) do begin
       i:=i+1; gefunden:=Knotenliste[i]=Von; end;
   if not gefunden then begin {Hänge neuen Knotennamen an die Knotenliste an: }
       i:=i+1; n:= i; Knotenliste[i]:=Von; end
   IM[i, m] := -1; { Suche Nach in der Knotenliste: }gefunden:=false; j:=0;
   while not gefunden and (j < n) do begin
       j:=j+1; gefunden:= Knotenliste[j] = Nach; end;
   if not gefunden then begin { Hänge neuen Knotennamen an die Knotenliste an: }
       j:=j+1; n:= j; Knotenliste[j]:=Nach; end
   IM[j, m]:= 1;
End;

function Graph.**IstBg**(k: Integer):Boolean;
Begin k:= Abs(k); IstBg:= (1 <= k) and (k <= m); End;

48   3 Graphen

function Graph.AK(k: Integer): Word;
var i, e:Integer; gefunden:Boolean;
Begin i:= 0;
  if IstBg(k) then begin gefunden:=false;
    if k < 0 then e:= 1 else e:= -1; k:= Abs(k);
    while not gefunden and (i <= n) do begin   i:=i+1; gefunden:= IM[i,k]= e;
      end;
  end;
  AK:=i
End;

Aufgabe 3.2 Wir gehen aus von Beispiel 3.7.
a) Ist das Cogerüst zu dem angegebenen Gerüst ein zusammenhängender Graph?
b) Welche der Cozyklen des Ausgangsgraphen enthält dieses Cogerüst?
c) Geben Sie zum Graphen aus Bild 3.5 ein zusammenhängendes Cogerüst an.

Aufgabe 3.3 a) Zeigen Sie, daß ein zusammenhängender Graph mit n Knoten und $m = n-1$ Bögen ein Baum ist.
b) Zeigen Sie, daß ein zyklenfreier Graph mit n Knoten und $m = n-1$ Bögen ein Baum ist.

Aufgabe 3.4 Zeigen Sie, daß folgendes gilt: Ein elementarer Zyklus und ein elementarer Cozyklus haben entweder keinen oder eine gerade Anzahl von Bögen gemeinsam.

Aufgabe 3.5 Das sogenannte "Lemma der farbigen Bögen" besagt: Die Bögen eines gerichteten Graphen seien beliebig schwarz oder rot oder grün gefärbt. Es gilt: Durch jeden schwarzen Bogen geht entweder ein Zyklus aus roten und schwarzen Bögen, in dem alle schwarzen Bögen die gleiche Richtung haben, oder ein Cozyklus aus grünen und schwarzen Bögen, in dem alle schwarzen Bögen die gleiche Richtung haben.
Entwerfen Sie einen Algorithmus, der versucht, zu einem beliebig vorgegebenen schwarzen Bogen den beschriebenen Zyklus zu finden.

4 Bäume und Gerüste

4.1 Definition, Darstellung und Eigenschaften von Bäumen und Gerüsten

In der Definition 3.4 haben wir Bäume eingeführt. Unter den gerichteten Bäumen haben die *Wurzelbäume* besondere Bedeutung.

Definition 4.1 *Ein* W u r z e l b a u m *ist ein gerichteter Baum, bei dem jeder Knoten höchstens einen Eingangsbogen besitzt. ($|EBg(i)| \leq 1 \; \forall \; i \in K$)*

Bild 4.1 zeigt ein erstes Beispiel für einen Wurzelbaum.

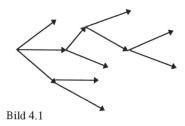

Bild 4.1

Satz 4.1 *Ist $G = (K, B)$ ein Wurzelbaum, so gelten folgende Aussagen:*
a) G besitzt genau einen Knoten, der keinen Eingangsbogen hat. Dieser Knoten wird W u r z e l *des Baums genannt.*
b) Von der Wurzel aus ist jeder Knoten auf genau einem Weg erreichbar.

Zum Beweis des Satzes:
Aussage a): Man betrachtet zunächst einen beliebigen Knoten. Besitzt dieser nicht die Wurzeleigenschaft, so gehe man zurück zum Anfangsknoten seines Eingangsbogens. Da es keinen Zyklus gibt und der Graph endlich ist, kann dieses Zurückgehen nicht beliebig oft wiederholt werden, sondern muß in einem Knoten mit Wurzeleigenschaft enden. Nun nehme man an, G besitze mindestens zwei Knoten mit der Wurzeleigenschaft. Zwischen je zwei dieser Knoten existiert eine verbindende Kette, da G zusammenhängend ist. Wir betrachten einen Fall, bei dem diese Kette keine dritte Wurzel enthält. Die Kette kann kein Weg sein, da an ihrem Anfang und an ihrem Ende eine Wurzel ist, also enthält sie einen Knoten, für den

50   4 Bäume und Gerüste

beide Bögen der Kette Eingangsbögen sind, im Widerspruch zur Wurzelbaumeigenschaft.
Aussage b): Da ein Baum zusammenhängend ist, muß zwischen der Wurzel und jedem anderen Knoten eine verbindende Kette existieren. Diese muß ein Weg sein, da sie sonst einen Knoten mit zwei Eingangsbögen besäße.
Wegen der Zyklenfreiheit kann es zu zwei Knoten keine zwei verschiedenen Verbindungsketten geben. □

Man bezeichnet im Wurzelbaum die Anzahl der Bögen des eindeutigen Weges von der Wurzel zu einem Knoten als *Höhe* des Knotens. Der Wurzel wird die Höhe 0 zugeordnet. Alle Knoten gleicher Höhe h bilden eine *h-te Etage* des Wurzelbaums. Die Anzahl der Etagen eines Baumes heißt *Höhe H des Baumes*. Der leere Baum hat die Höhe 0. Der Baum, der nur aus einer Wurzel besteht, hat die Höhe 1.
Die Anzahl der nach außen inzidenten Bögen eines Knotens eines Wurzelbaums wird als *Ordnung des Knotens* bezeichnet. Knoten mit der Ordnung 0 heißen *Blätter* des Baums. Alle Knoten, die weder Wurzel noch Blätter sind, heißen *innere Knoten*. Das Maximum aller Knotenordnungen heißt *Ordnung des Wurzelbaums*.
Bild 4.2 zeigt einen Wurzelbaum der Ordnung 4 (die Wurzel hat vier nach außen inzidente Knoten, sogenannte „Söhne"), der die Höhe 4 hat (die Etagen 0 bis 3).

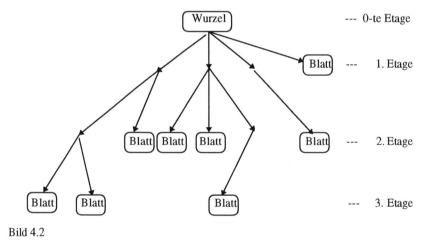

Bild 4.2

Definition 4.2 *Ein Wurzelbaum der Ordnung* 2 *heißt* B i n ä r b a u m.

Wurzelbäume werden schon seit sehr langer Zeit zur Darstellung von Abstammungsbeziehungen benutzt (*Stammbäume*). Von der Nutzung in patriarchalischen Zeiten kommen die üblichen Bezeichnungen: Ein Knoten wird *Vater*

4.1 Definition, Darstellung und Eigenschaften von Bäumen u. Gerüsten

seiner direkten Nachfolgerknoten genannt, und umgekehrt nennt man die direkten Nachfolgerknoten *Söhne* des Knotens.

Hierarchischen Ordnungen wie der Abstammung begegnen wir an vielen Stellen unseres Lebens. Dies ist ein Grund, weshalb man recht häufig auf Wurzelbäume stößt. Ein anderer Grund besteht darin, daß sich Wurzelbäume sehr einfach beschreiben bzw. speichern lassen: Es genügt, zu jedem Knoten den einen Vorgängerknoten zu nennen. Damit können sie vorteilhaft als Notation für Gerüste dienen, die ihrerseits, wie wir im folgenden sehen werden, als Basis für die Beschreibung der Zyklen- und Cozyklenstruktur eines Graphen geeignet sind.

Wurzelbäume haben die Eigenschaft, daß die Anzahl der Knoten einer Etage sehr schnell, nämlich exponentiell mit der Etagenhöhe, wachsen kann: Beispielsweise kann ein Binärbaum in seiner h-ten Etage bis zu 2^h Knoten besitzen, also schon 1024 für $h=10$. Wenn man Daten geschickt in einen Wurzelbaum einordnet, so kann man jede Einzelinformation in maximal $O(H)$ Schritten wiederfinden, wobei H die Höhe des Baumes ist. Andererseits kann der Baum $2^H - 1$ Informationen aufnehmen oder umgekehrt, die Zahl H der Suchschritte ist höchstens $O(\log(n))$, wenn n die Anzahl gespeicherter Informationen ist. Dies ist ein weiterer Grund für die Bedeutung von Bäumen vor allem in der Informatik.

Hat man diese Anwendung im Blick, so ist allerdings die oben genannte speichergünstige Darstellung, die zu jedem Knoten nur seinen Vater nennt, sehr ungünstig bezüglich der Rechenzeit, denn die Suchprozesse müssen von der Wurzel des Baumes zu den Blättern laufen und brauchen folglich zu jedem Knoten seine Söhne.

Damit ergibt sich folgendes Bild für die Darstellung bzw. Speicherung von Bäumen: Bäume treten in vielen Fällen entweder als Wurzelbäume auf oder es sind Gerüste bzw. zusammenhängende Gerüstkomponenten eines gegebenen Graphen, die als Wurzelbäume notiert werden.

Bei einem Wurzelbaum kann jeder Bogen einem Knoten als dessen Eingangsbogen zugeordnet werden, so daß eine explizit anzugebende Bogenliste entfallen kann. Stattdessen notiert man zu jedem Knoten eines Wurzelbaums den Vater(-knoten) oder seine Söhne oder auch beides.

Beschreibt der Wurzelbaum ein Gerüst in einem Graphen mit parallelen Bögen, so ist mit der Angabe des Vaters kein eindeutiger Bezug auf die Bögen des Ausgangsgraphen möglich, so daß in diesem Fall statt des Vaterknotens der Eingangsbogen (durch seine Nummer in der Bogenliste des Ausgangsgraphen) genannt wird.

Im Abschnitt 8.3 werden wir eine weitere Notation von Bäumen kennenlernen, den sogenannten *Prüfercode*.

Gerüste werden wir im folgenden über eine Funktion *StzBg(i)* beschreiben, die Methode der Datenstruktur *Graph* ist.

52   4 Bäume und Gerüste

Definition 4.3 S t ü t z b o g e n *eines Knotens i eines Graphen G, StzBg(i), ist eine mit Vorzeichen versehene Bogennummer oder eine Konstante WrzBg > m.*
StzBg(i) = WrzBg heißt, i ist Wurzel des Gerüstes.
0 < StzBg(i) = k ≤ m besagt, der Eingangsbogen k des Knotens i gehört zum Gerüst.
-m ≤ StzBg(i) = k < 0 besagt, der Ausgangsbogen -k des Knotens i gehört zum Gerüst.

Beispiel 4.1 Bild 3.7 zeigt ein Gerüst des Graphen aus Bild 3.5. Dieses Gerüst können wir wie folgt beschreiben:
StzBg(Kn1) = WrzBg, StzBg(Kn2) = 1,   StzBg(Kn3) = 3, StzBg(Kn4) = 2,
StzBg(Kn5) = 8,   StzBg(Kn6) = -12, StzBg(Kn7) = 11.
Würden wir Kn4 als Wurzel wählen, sähe die Beschreibung wie folgt aus:
StzBg(Kn1) = -2,   StzBg(Kn2) = 1,   StzBg(Kn3) = 3, StzBg(Kn4) = WrzBg,
StzBg(Kn5) = 8,   StzBg(Kn6) = -12, StzBg(Kn7) = 11.

Um ein Gerüst aufbauen zu können, unterstellen wir, daß wir eine Methode *SetzStzBg(i,k)* in unserer Datenstruktur *Graph* zur Verfügung haben. Diese Methode sorgt dafür, daß die Bogenbenennung *k* zum Stützbogen des Knotens *i* erklärt (gespeichert) wird. Da wir häufig den Aufbau eines Gerüstes damit beginnen werden, daß wir einen bestimmten Knoten zur zukünftigen Wurzel erklären und allen anderen Knoten zunächst die Null als Stützbogen zuordnen, ist es bequem, eine Methode *InitStzBg(Wurzel)* zu unterstellen, die diese Vorbereitungsaufgabe erledigt.

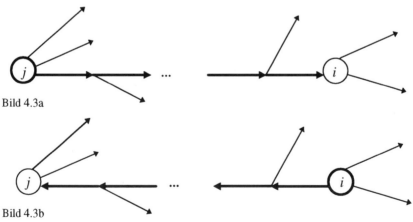

Bild 4.3a

Bild 4.3b

StzBg(i) beschreibt einen *Wald* (eine Menge) aus Wurzelbäumen. Wir wollen die Methode benutzen, um beliebige Gerüste zu beschreiben. Da ein Gerüst keine Wurzel besitzt, wird bei seiner Beschreibung als *Stützgerüst* willkürlich oder von einem algorithmischen Zweck bestimmt (siehe Abschnitt 4.3) ein Knoten als Wurzel festgelegt. Bauen wir ein Gerüst erst auf, so ist die Anweisung *SetzStzBg(i, WrzBg)* richtig. Wenn wir jedoch unterstellen, daß *StzBg(i)* bereits ein Gerüst beschreibt, dessen Wurzel wir in einen anderen Knoten verschieben wollen, so ist zu bedenken, daß von der bisherigen Wurzel zu dem Knoten, den wir zur neuen Wurzel machen wollen, bereits eine Stützbogenkette führt, die jetzt umgekehrt werden muß. Diese Aufgabe wollen wir einer weiteren Methode *SetzWrz(i)* zuordnen. *SetzWrz(i)* macht einen beliebigen Knoten *i* zur Wurzel einer vorhandenen Gerüstbeschreibung. Bild 4.3 illustriert die folgende Pascal-Prozedur. Bild 4.3a skizziert die Ausgangssituation und Bild 4.3b das Ergebnis.

procedure Graph.SetzWrz(i: Word);
var k,l: Integer;
Begin l:=WrzBg;
  repeat k:=StzBg(i); SetzStzBg(i, l); l:=k; if k<>WrzBg then i:=AK(k);
  until k=WrzBg;
End;

Ferner denken wir uns unser Methodeninstrumentarium durch
function Graph.StzRchtg(k: Integer): -1..1
ergänzt, eine Funktion, mit der wir eine Bogenbenennung *k* testen können:
StzRchtg(k) = 0 bedeutet, der Bogen *k* gehört nicht zum aktuellen Gerüst (oder *k* ist keine gültige Bogenbenennung).
StzRchtg(k) = ±1 bedeutet, der Bogen *k* gehört zum aktuellen Gerüst, wobei *StzRchtg(-k) = -StzRchtg(-k)* gilt, und für $0 < k \leq m$ ist *StzRchtg(k)* = -1, wenn *k* Stützbogen seines Anfangsknotens ist, während *StzRchtg(k)* = 1 besagt, daß *k* Stützbogen seines Endknotens ist.

4.2 Bäume als Suchstrukturen

Mit Bäumen als Speicherstrukturen für Datenbestände ist es möglich, die drei notwendigen Operationen
- *Einfügen* neuer Datensätze in den bestehenden Datenbestand,
- *Entfernen* überflüssiger Datensätze aus dem Datenbestand und
- *Suche* nach einem bestimmten Datensatz des Datenbestandes
jeweils in der Zeitkomplexität $O(\log n)$ durchzuführen, wobei *n* die Anzahl der Datensätze des Datenbestandes ist.
Im Vergleich dazu enthält die folgende Tabelle die Zeitkomplexitäten bei

4 Bäume und Gerüste

Listenspeicherung:

	Array-Liste	verkettete Liste
Einfügen	$O(n)$	$O(1)$
Entfernen	$O(n)$	$O(1)$
Suchen	$O(1)$	$O(n)$

Die Angaben bei der als Array gespeicherten Liste gehen von der Verwendung der Nummer des Listenplatzes als Schlüssel aus und betreffen Einfügen und Entfernen auf einem vorgegebenen Platz i mit Freimachen dieses Platzes bzw. Zusammenziehen der Liste, nachdem ein Platz frei wurde.

Die Angaben zum Einfügen und Entfernen für eine verkettete Liste gelten ebenfalls nur im Idealfall, wenn die Position explizit bekannt ist.

Wir wollen im folgenden jedoch Datenbestände betrachten, welche aus n "Sätzen" bestehen, die über einen allgemeinen *Schlüssel* identifiziert werden. Der Aufbau eines Datensatzes und die konkrete Speicherung des Datenbestandes interessieren uns nicht. Wir unterstellen nur, daß jeder Datensatz einen (gespeicherten oder aus seinen Teilinformationen berechenbaren) Schlüssel besitzt, der den Zugriff auf den Datensatz eindeutig ermöglicht, und wir unterstellen weiter, daß die Schlüssel im Sinne "≤" miteinander vergleichbar sind, wobei Gleichheit mit einem gegebenen Schlüssel für höchstens einen Satz des Bestandes eintritt. Für unsere Algorithmen unterstellen wir konkret das Vorhandensein eines *Satztyps*, und, wenn x ein Satz dieses Satztyps ist, so soll $x.Schluessel$ seinen Schlüssel bezeichnen.

Beispiel 4.2 Der Datenbestand könnte aus den Personaldaten einer Personengruppe bestehen, und Schlüssel könnte die Aneinanderkettung der Zeichenketten Familienname und Vorname sein, vorausgesetzt, in der Gruppe gibt es keine zwei Personen, die sowohl den gleichen Familiennamen als auch den gleichen Vornamen besitzen. Die eigentlichen Personaldaten könnten auf Diskette gespeichert sein. In der Datenverwaltung, die wir im folgenden ausschließlich im Blick haben werden, müßte dann zu jedem eigentlichen Personaldatensatz ein Hilfssatz x enthalten sein, der aus dem Schlüssel $x.Schluessel$ und den nötigen Diskettenangaben für den Personaldatensatz besteht. Bei einer kleineren Personengruppe könnten natürlich auch die Personaldaten direkt in der Datenverwaltung gespeichert sein, und $x.Schluessel$ könnte ein kleines Programm (eine Methode) sein, das stets neu die Aneinanderkettung von Familien- und Vornamen bildet ("berechnet").

Betrachten wir unter der Voraussetzung, daß der Zugriff über einen allgemeinen Schlüssel erfolgt, die Listenspeicherung, so muß zum Einfügen und Entfernen eines Satzes mit gegebenem Schlüssel dessen Position gesucht werden. Da dieser Prozeß bei verketteten Listen eine Zeitkomplexität von $O(n)$ hat, müssen wir die oben angegebene Tabelle wie folgt korrigieren:

	Array-Liste	verkettete Liste
Einfügen	$O(n)$	$O(n)$
Entfernen	$O(n)$	$O(n)$
Suchen	$O(log(n))$	$O(n)$

4.2.1 Binärbäume als Datenstrukturen

Wir betrachten zunächst den Fall, daß die Datenverwaltung mit einem *Binärbaum* (Wurzelbaum der Ordnung 2) arbeitet und jedem Knoten des Baumes ein Schlüssel zugeordnet ist. Die Schlüssel seien so in den Baum eingeordnet, daß ihre aufsteigende Aufzählung eine sogenannte *InOrder* seiner Knoten erzeugt. Von einer "Innenordnung" oder InOrder der Knoten eines Baumes spricht man, wenn für jeden Unterbaum gilt, alle Knoten seines linken Unterbaumes liegen in dieser Ordnung vor dem Wurzelknoten und dieser liegt vor sämtlichen Knoten seines rechten Unterbaumes.

Beispiel 4.3 In den Bildern 4.4 und 4.5 sind die Knoten in InOrder numeriert.

Für die Formulierung der Algorithmen unterstellen wir folgende Pascal-Datenstruktur:

Type **Knotentyp** = *Record x:Elementtyp; lSohn, rSohn: Word; end;*
  { *lSohn* = 0, wenn kein linker Sohn existiert,
    rSohn = 0, wenn kein rechter Sohn existiert }
  Knotenfeldtyp = *Array[1..maxN] of Knotentyp;*
    Binaerbaum = *Object* **Knoten**: *Knotenfeldtyp;* **Wurzel**: *Word;*
    Constructor **Init**; { legt einen leeren Binärbaum an }
    Procedure **Suche**(*S: Schluesseltyp; var OK: Boolean; var x: Elementtyp*);
      { sucht den Knoten, dessen Schlüssel *S* ist. Bei Erfolg wird *OK=true* und
      die zu diesem Schlüssel gehörende *Information* zurückgegeben. }
    Procedure **Einfuegen**(*var x:Elementtyp; var OK:Boolean*);
      { Wenn noch kein Knoten mit dem Schlüssel *S* existiert, wird ein solcher
      in den Baum eingefügt und *OK=true* zurückgegeben, andernfalls wird
      OK=false zurückgegeben und nichts verändert. }
    Procedure **Entfernen**(*S: Schluesseltyp; var OK:Boolean*);
      { Wenn ein Knoten mit dem Schlüssel *S* existiert, wird er entfernt und
      OK=true zurückgegeben, andernfalls wird *OK=false* zurückgegeben
      und nichts verändert. }
      Destructor **Liquidiere**;   { entfernt den Baum aus dem Speicher }
end;

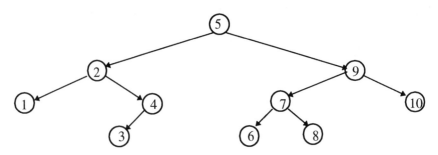

Bild 4.4 Binärbaum, dessen Knoten gemäß InOrder numeriert sind

Mit diesen Vereinbarungen läßt sich der Suchprozeß wie folgt beschreiben:

*Procedure **Binaerbaum.Suche**(S: Schluesseltyp; var OK: Boolean;*
var x: Elementtyp);
var i:Word;
Begin i:= Wurzel; OK:=false;
while not OK and (i <> 0) do begin OK:=(S = Knoten[i].x.Schluessel);
if not OK then
if S < Knoten[i].x.Schluessel then i:= Knoten[i].lSohn
else i:= Knoten[i].rSohn;
end;
if OK then x:= Knoten[i].x;
End;

Dieser einfache Prozeß, der maximal einen Weg von der Wurzel bis zu einem Blatt des Baumes verfolgt, also die Zeitkomplexität $O(H)$, H die Baumhöhe, besitzt, kann auch auf sortierte Listen angewandt werden. Für eine Liste mit aufsteigend sortierten Schlüsseln wird er *Binärsuche* genannt und verläuft wie folgt: Ausgehend von einem Element aus der Mitte der gesamten Liste, das als Wurzel des Binärbaumes fungiert, werden die links von diesem liegenden Elemente als linke Teilliste bzw. als linker Unterbaum angesehen, und entsprechend bilden die rechts vom gewählten Mittelelement liegenden Elemente die rechte Teilliste bzw. den rechten Unterbaum.

Ist das mittlere Element der betrachteten Liste (des betrachteten Baumes) nicht das gesuchte, so wird die linke Teilliste (der linke Unterbaum) aktuelle Liste (aktueller Baum), falls das gesuchte Element kleiner ist das mittlere Element, andernfalls wird die rechte Teilliste (der rechte Unterbaum) aktuelle Liste (aktueller Baum). Das Verfahren bricht ab, wenn entweder das richtige Element gefunden wurde oder die aktuelle Liste nur noch aus einem Element besteht (der aktuelle Baum ein Blatt des Ausgangsbaumes ist).

Beispiel 4.4 Daß die Operationen Einfügen und Entfernen nicht so einfach sein können wie die Suche, zeigt ein Blick auf die Bilder 4.5 und 4.6:
Im Bild 4.5 sind die Zahlen 2, 3, ..., 14 in InOrder in einen *vollständigen Binärbaum* (alle Etagen außer der Blattetage sind vollständig besetzt) mit 13 Knoten als Schlüssel eingeordnet. Fügt man nun den Schlüssel 1 hinzu, sollte der im Bild 4.6 gezeigte vollständige Binärbaum mit 14 Knoten entstehen. Es zeigt sich, bis auf den Schlüssel 14 bleibt kein Schlüssel an seinem Platz. Der Aufwand dieses Einfügens ist $O(n)$ (- die Verallgemeinerung des Falles auf $n>13$ ist offensichtlich), und im vollständigen Binärbaum gilt diese Aufwandsabschätzung nicht nur im schlechtesten Fall, sondern ist sogar Mittelwert des Aufwandes.

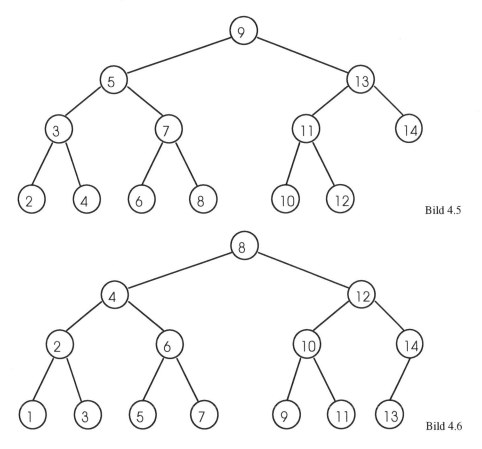

Bild 4.5

Bild 4.6

Um eine Aufwandsabschätzung von $O(log(n))$ für das Einfügen eines neuen Elementes in einen Binärbaum zu erreichen, darf man nicht vom vollständigen Baum ausgehen, sondern muß an die zu nutzenden Bäume zusätzliche Bedingungen stellen.

58   4 Bäume und Gerüste

Es gibt mehrere Varianten sogenannter *balancierter Bäume*. Wir werden hier die *AVL-Bäume* und die *B-Bäume* kurz vorstellen. Bei den Darlegungen zu diesen Bäumen folgen wir [Ott].
AVL-Bäume sind nach G.M.Adelson-Velskii und Y.M.Landis benannte Binärbäume, die folgende zusätzliche Eigenschaft besitzen:

Definition 4.4 *Ein* A V L - B a u m *ist ein Binärbaum mit folgender Eigenschaft: Die Höhen der beiden Unterbäume eines Knotens, der kein Blatt ist, unterscheiden sich höchstens um Eins.*

Beispiel 4.5 Wir beziehen uns auf Bild 4.5. Um den Schlüssel 1 hinzuzufügen, können wir jetzt an den Knoten mit dem Schlüssel 2 ein linkes Blatt anhängen und in dieses Blatt den Schlüssel 1 eintragen. Der entstehende Baum - Bild 4.7 - ist ein AVL-Baum, und er ist mit $O(1)$ Operationen aus dem gegebenen AVL-Baum entstanden.

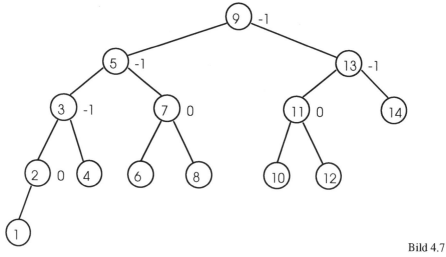

Bild 4.7

Im Bild 4.7 ist neben jedem inneren Knoten i die Höhendifferenz $d(i)$ der beiden Unterbäume notiert:
$d(i)$ = (Höhe rechter Unterbaum von i) - (Höhe linker Unterbaum von i).
$d(i) \in \{-1, 0, 1\}$ für alle Knoten i des Baumes ist das Kennzeichen eines AVL-Baumes. $d(i)$ ist also eine Größe, die ständig kontrolliert und deshalb im Datensatz des Knoten geführt werden muß ($d(i) = Knoten[i].HDiff$). Da wir bei den folgenden Prozessen *Einfuegen* und *Entfernen* von einem Knoten aus auch auf dessen Vater zurückgreifen müssen, ist es zu empfehlen, auch diesen explizit im

Knotensatz zu nennen.

Wir erweitern also unsere oben getroffenen Vereinbarungen wie folgt:

Type **Knotentyp** = *Record*
                x: Elementtyp; HDiff: Integer;
                Vater, lSohn, rSohn: Knotentyp;
                end;

Zunächst müssen wir uns davon überzeugen, daß AVL-Bäume hinreichend breit sind, nämlich so, daß für ihre Höhe *H* und die Anzahl *n* ihrer Knoten der Zusammenhang *H=O(log(n))* gilt: *KnAnz(H)* bezeichne die Mindestanzahl der Knoten eines AVL-Baumes der Höhe *H*. Offensichtlich gilt:
KnAnz(H) ≥ 1+*KnAnz(H-1)*+*KnAnz(H-2),* denn ein Binärbaum der Höhe *H* >2 läßt sich aus einer Wurzel, einem rechten und einem linken Unterbaum zusammensetzen, und bei einem AVL-Baum dürfen die Höhen der beiden Unterbäume höchstens um 1 differieren; *KnAnz(1)*=1*, KnAnz(2)*=2. Damit können wir auf die sogenannten Fibonacci-Zahlen zurückgreifen, für die gilt: $F_1 = 1$, $F_2 = 2$, ..., $F_{i+2} = F_i + F_{i+1}$ und $F_h \approx 1{,}170 \cdot (1{,}618)^{h-1}$. Wir können also wie folgt abschätzen: $n \geq KnAnz(H) \geq F_H \approx 1{,}170 \cdot (1{,}618)^{H-1}$, woraus der logarithmische Zusammenhang zwischen Baumhöhe und Knotenanzahl folgt und damit die Abschätzung *O(log(n))* für den Suchprozeß.

Betrachten wir nun den **Einfügeprozeß** im AVL-Baum etwas genauer: Zunächst führen wir eine Suche nach dem neuen Schlüssel durch, von der wir erwarten, daß sie erfolglos in einem Knoten endet, dem der linke oder/und der rechte Sohn fehlen - je nachdem ob der Schlüssel des Knotens größer oder kleiner als der neu einzufügende Schlüssel ist. Dieser Knoten *i* bekommt den fehlenden linken bzw. rechten Sohn.
Anschließend müssen wir den Weg von der Wurzel unseres Baumes zum Knoten *j:= Knoten[i].Vater* von *j* aus zurückverfolgen, um die Höhendifferenzen *HDiff* um -1 zu korrigieren, wenn wir von links kommen, bzw. um +1, wenn wir von rechts kommen. Die Korrektur endet, wenn sich an einem Knoten entweder 0, -2 oder +2 ergibt. Beim Ergebnis 0 können wir den Einfügeprozeß beenden, weil die Höhendifferenzen der tieferliegenden Knoten dann nicht mehr von der Einfügung betroffen sind. In den anderen beiden Fällen ist der linke bzw. rechte Unterbaum unerlaubt hoch geworden, und es muß eine Ausbalancierung des Baumes erfolgen. Da in deren Ergebnis die betrachtete Höhendifferenz den Wert 0 bekommt, bricht danach der Einfügeprozeß ebenfalls ab.
Bild 4.8 skizziert einen ersten Fall: Eingefügt wurde im Baum *B1*. *Si* und *Sj* bezeichnen die Schlüssel, die anfangs zu *Knoten[i].x* bzw. *Knoten[j].x* gehören. Der Knoten *j=Knoten[i].lSohn* bekommt dadurch *Knoten[j].HDiff* =-1, und der Knoten

60   4 Bäume und Gerüste

i bekommt *Knoten[i].HDiff* = -2.
Wir führen eine sogenannte *Rotation* nach rechts aus - vgl. Bild 4.8 -, eine Manipulation am Wurzelbaum, die durch die nachfolgende Prozedur detailliert beschrieben wird.

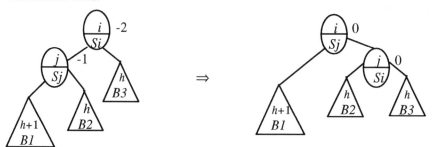

Bild 4.8

procedure **Rotation**(*i: Word; r: Integer);*
{ für r = 1 Rotation nach rechts, für r = -1 Rotation nach links }
<u>*var*</u> *j, B3: Word; xi: Elementtyp; d: Integer;*
<u>*Begin*</u>
   with Knoten[i] do begin   xi:=x;
     if r=1
       then begin j:= lSohn; B3:= rSohn; lSohn:= Knoten[j].lSohn; {=B1}
          rSohn:= j; if lSohn <> 0 then Knoten[lSohn].Vater:= i; end
       else begin j:= rSohn; B3:= lSohn; rSohn:= Knoten[j].rSohn; {=B1}
          lSohn:=j; if rSohn<> 0 then   Knoten[rSohn].Vater:=i; end;
     x:= Knoten[j].x;
   end;
   with Knoten[j] do begin x:=xi; Vater:=i;
     if r=1 then begin lSohn:= rSohn; {B2} rSohn:=B3; end
          else begin rSohn:= lSohn; {B3} lSohn:=B3; end;
     if B3<> 0 then Knoten[B3].Vater:=j;
   end;
   d:= Knoten[j].HDiff ;
   Knoten[j].HDiff:= Knoten[i].HDiff+r;
   if d*r < 0 then Knoten[j].HDiff:= Knoten[j].HDiff - d;
   Knoten[i].HDiff:= d + r;
   if Knoten[j].HDiff*r > 0 then
     Knoten[i].HDiff:= Knoten[i].HDiff + Knoten[j].HDiff;
<u>*End;*</u>

Durch die Rotation wird die bestehende InOrder nicht gestört: Die Schlüssel von *B2* liegen zwischen *Si* und *Sj*.

Wie Bild 4.9 verdeutlicht, führt die einfache Rotation nicht zum Erfolg, wenn *Knoten[i].HDiff* und *Knoten[j].HDiff* unterschiedliche Vorzeichen haben.

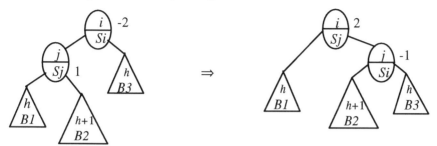

Bild 4.9

In diesem Fall ist eine *Doppelrotation* nötig, die für den Fall links-rechts durch Bild 4.10 demonstriert wird und durch die Anweisungsfolge *Rotation(j,-1); Rotation(i, 1);* ausgeführt werden kann.

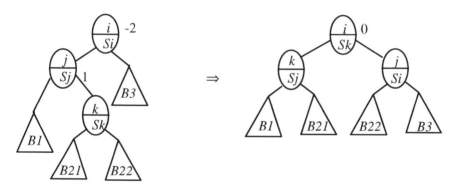

Bild 4.10

Damit überschauen wir den Einfügeprozeß und können seine Laufzeit abschätzen: Der anfängliche Suchprozeß erfordert einen Wegdurchlauf, also $O(log(n))$ Operationen. Das Anhängen eines neuen Blattes benötigt eine feste Anzahl oder $O(1)$ Operationen. Die nachfolgende Korrektur der Höhendifferenzen muß maximal auf einem Weg, also $O(log(n))$ - mal, erfolgen und erfordert, selbst wenn Rotation nötig ist, nur $O(1)$ Operationen. Damit ist die eingangs angegebene Abschätzung mit $O(log(n))$ bestätigt.

Die **Entfernung** eines Datensatzes erfolgt in ähnlicher Weise:
Zunächst suchen wir mit dem gegebenen Schlüssel den zu entfernenden Datensatz im Baum. Diese Suche muß erfolgreich sein und benötigt maximal $O(log\ n)$

Operationen. Befindet sich der Datensatz nicht auf einem Blatt, so suchen wir in seinem rechten Unterbaum den Datensatz mit dem nächstgrößeren Schlüssel und tauschen die beiden Sätze aus. Sollte kein rechter Unterbaum existieren, so suchen wir nach dem nächstkleineren Schlüssel des linken Unterbaumes. Im ungünstigsten Fall, nämlich wenn sich unser Datensatz auf dem äußersten rechten Weg im Baum befindet, kann es sein, daß, um zu einem Blatt zu gelangen, der Austausch wiederholt werden muß - maximal eine Wiederholung, weil auf Grund der AVL-Baum-Eigenschaft ein unverzweigter Weg aus höchstens zwei Bögen bestehen kann. Nun hängen wir das Blatt ab. Insgesamt benötigen wir bis zu diesem Punkt, nach der Suche, eine feste Anzahl, also *O(1)* Operationen. Schließlich sind noch die Höhendifferenzen zu aktualisieren. Betroffen sind, im schlechtesten Fall, alle Knoten auf dem Weg von der Wurzel zum Vater des entfernten Blattes, also maximal *O(log n)*. Im übrigen bricht dieser Korrekturprozeß diesmal ab, sobald eine Höhendifferenz vor der Korrektur den Wert Null hatte. Zu beachten ist ferner, daß |*Knoten[i].HDiff* | = 2 entstehen kann, was durch Rotation wie beim Einfügen ausgeglichen werden muß. Nach einer Rotation wird der Korrekturprozeß fortgesetzt, wenn sie *Knoten[i].HDiff*=0 bewirkt hat.
Damit können wir auch für das Entfernen die Laufzeitabschätzung *O(log n)* bestätigen.

4.2.2 B-Bäume

B-Bäume sind von R. Bayer und E. Mc Creight eingeführte Bäume einer Ordnung $2m+1$ mit $m \geq 1$, also keine Binärbäume, die auf der Basis folgender Festlegungen balanciert werden:

Definition 4.5 B - B ä u m e *sind Wurzelbäume einer Ordnung* $2m+1$, $m \geq 1$, *mit folgenden zusätzlichen Eigenschaften:*
1. Jeder innere Knoten hat mindestens die Ordnung $m+1$.
2. Alle Blätter haben die gleiche Höhe.

Praktisch werden B-Bäume vor allem für die Verwaltung großer Datenbestände auf externen Speicher eingesetzt, z.B. in Datenbanksystemen (dBase). Die Zahl m liegt bei praktischen Anwendungen zwischen 10 und 50.
Ein Knoten des B-Baumes wird auch als *Seite* bezeichnet. Da er l Schlüssel aufnimmt, $m \leq l \leq 2m$, können wir ihn uns als Liste mit $2m$ Zeilen vorstellen - daher „Seite". Die erste Balanceforderung wird so ausgelegt, daß jede Seite, die kein Blatt ist, wenn sie l Schlüssel enthält, genau $l+1$ Söhne/Nachfolgeseiten besitzt. Dabei gilt $m \leq l \leq 2m$ für die inneren Seiten. Die Schlüssel sind in aufsteigender

Sortierung auf der Seite angeordnet. Jede Zeile der Seite enthält neben dem Schlüssel einen Verweis auf die nachfolgende Seite sowie einen Verweis auf den zum Schlüssel gehörenden Datensatz (oder auch diesen selbst). Die Nachfolgeseite jedes Schlüssels enthält durchweg größere Schlüssel, die gleichzeitig kleiner sind, als der Schlüssel der nächsten Zeile. Ferner hat jede Seite in ihrer Zeile Null einen Verweis auf die (l+1)-te Nachfolgerseite. Diese Seite enthält nur Schlüssel, die kleiner sind als der kleinste Schlüssel der betrachteten Seite.
Bild 4.11 zeigt einen B-Baum der Ordnung 3, also für $m=1$, in dem ganze Zahlen als Schlüssel eingeordnet sind.

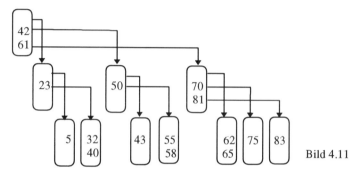

Bild 4.11

Bei praktischer Anwendung ist jede Seite ein Speicherfeld mit $2m$ Plätze, d.h., es werden von vornherein leere Plätze - maximal m pro Seite - kalkuliert. Das hat natürlich Vorteile beim Einfügen neuer Daten in den Baum, weil man mit einer gewissen Wahrscheinlichkeit damit rechnen kann, diese schnell und problemlos ablegen zu können.
Ferner ist die große Breite von B-Bäumen und damit ihre geringe Höhe bei fixierter Satzanzahl bemerkenswert: Ein B-Baum hat in seiner 1. Etage mindestens 2 Knoten, und für $k>1$ enthält er in der k-ten Etage mindestens $2(m+1)^{k-1}$ Knoten mit mindestens $2m(m+1)^{k-1}$ gespeicherten Schlüsseln. Für $k=3$ und $m=20$ sind das 17640 Schlüssel, die die dritte Etage mindestens enthält, und damit mindestens 18520 Schlüssel, die ein B-Baum der Höhe 3 und der Ordnung 41 mindestens enthält. Das Fassungsvermögen dieses Baumes beträgt 68920 Schlüssel.
Für B-Bäume ist also $H=O(log\ n)$ gesichert - H Baumhöhe, n Anzahl gespeicherter Schlüssel.
Die **Suche** nach einem gegebenen Schlüssel verläuft im B-Baum ganz analog zum Suchen im Binärbaum. Um es präziser beschreiben zu können, legen wir folgende Datentypen fest:

Type **Zeilentyp**   = *Record x: Elementtyp; Sohn: Word; end;*
    Zeilenfeldtyp   = *Array[0..2*m+1] of Zeilentyp;*

Knotentyp   = *Record Vater: Word; ZeileVater: 0..2*m;*
                       l: 1..2*m; Zeilenfeld: Zeilenfeldtyp;
                       end;
Knotenfeldtyp = *Array[1..maxN] of Knotentyp;*

Der Knoten bzw. die Seite besteht also aus einem Feld aus $2m+1$ Zeilen, die von 0 bis $2m$ numeriert sind, einer Angabe *l*, die zwischen 1 und $2m$ liegt und aussagt, wie viele Zeilen des Feldes aktuell besetzt sind, und schließlich ist im Knoten noch eine Seitennummer *Vater* seines Vaterknotens mit der zugehörigen Zeile *ZeileVater* notiert. Eine Zeile enthält die durch *x* bezeichnete eigentliche Dateninformation, die ihrerseits den Schlüssel umfaßt und den Verweis auf den zur Zeile gehörenden Sohn. Die Zeile mit der Nummer Null enthält keinen Schlüssel, sondern nur den Verweis auf den *Sohn0*, d.h. auf eine Seite mit Schlüsseln, die kleiner sind als der kleinste Schlüssel der betrachteten Seite. Schließlich wird unterstellt, daß die Seiten die Schlüssel in aufsteigender Folge enthalten.

Mit der veränderten Knotendefinition können wir für den B-Baum selbst die gleiche Objektklassendeklaration wie für den Binärbaum verwenden:

Type ***BBaum*** = *Object*
     Knoten*: Knotenfeldtyp;* ***Wurzel****: Word;*
     Constructor ***Init****;*   { legt einen leeren B-Baum an }
     Procedure   ***Suche****(S: Schluesseltyp; var OK: Boolean;*
                                     var x: Elementtyp);
     { sucht den Knoten, dessen Schlüssel *S* ist. Bei Erfolg wird *OK=true*
       und die zu diesem Schlüssel gehörende *Information* zurückgegeben. }
     Procedure   ***Einfuegen****(var x:Elementtyp; var OK:Boolean);*
     { Wenn noch kein Knoten mit dem Schlüssel *S* existiert, wird ein solcher in
       den Baum eingefügt und *OK=true* zurückgegeben, andernfalls wird
       OK=false zurückgegeben und nichts verändert. }
     Procedure   ***Entfernen****(S: Schluesseltyp; var OK:Boolean);*
     { Wenn ein Knoten mit dem Schlüssel *S* existiert, wird er entfernt und
       OK=true zurückgegeben, andernfalls wird *OK=false* zurückgegeben
       und nichts verändert. }
     Destructor ***Liquidiere****;*
     { entfernt den Baum aus dem Speicher }
end;

Der durch die nachfolgend angegebene Prozedur *BBaum.Suche* detailliert beschriebene Suchprozeß durchläuft im schlechtesten, erfolglosen Fall einen Weg von der Wurzel zu einem Blatt, also $O(H) = O(log(n))$ Knoten. In jedem Knoten wird eine Binärsuche mit maximal $O(log(m))$ Operationen ausgeführt.

4.2 Bäume als Suchstrukturen

procedure **BBaum.Suche***(S:Schluesseltyp; var OK:Boolean; var x:Elementtyp);*
var p,q: Word; z, zA, zE: Integer;
Begin OK:=false; q:=Wurzel; { beginnend bei der Wurzel: }
while not OK and (q<>0) do begin p:=q;
{ Suche auf der aktuellen Seite einen Schlüssel ≥ S: }
with Knoten[p] do begin { Binärsuche: } *zA:= 1; zE:=l;*
repeat z:=(zA+zE) div 2;
ZeilenS:=Zeilenfeld[z].x.Schluessel; OK:=(S=ZeilenS);
if not OK then
if ZeilenS<S then zA:=z+1 else zE:=z-1
until OK or (zA>zE);
{ Wurde der Schlüssel nicht gefunden, dann suche auf der Seite weiter,
die der der Abbruchszeile vorhergehenden Zeile als Sohn zugeordnet ist.
Diese führt zu den nächstkleineren Schlüsseln:}
if not OK then begin z:=zA; q:=Zeilenfeld[z-1].Sohn end;
end;
end;
if OK then x:= Knoten[p].Zeilenfeld[z].x;
End;

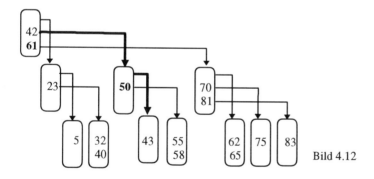

Bild 4.12

Beispiel 4.6 Wir suchen in dem B-Baum, den Bild 4.11 zeigt, den Schlüssel 49 - vergleiche Bild 4.12: Auf der Wurzelseite finden wir 61 als nächstgrößeren Schlüssel und setzen somit die Suche in dem der vorhergehenden Zeile zugeordneten Knoten fort. Dort finden wir 50 als nächstgrößeren Schlüssel und setzen wieder auf der der vorhergehenden Zeile zugeordneten Seite fort. Da es auf dieser Seite keinen größeren Schlüssel gibt und der Verweis der letzten Zeile 0 ist, womit die Seite als Blatt ausgewiesen ist, bricht die Suche erfolglos ab.

Das **Einfügen** eines neuen Elementes *x* vom Elementtyp in einen B-Baum stützt sich auf die Suche nach seinem Schlüssel. Die, wie wir voraussetzen, erfolglose Suche

66   4 Bäume und Gerüste

liefert die Nummer *p* des Blattes und die Nummer *z* der Zeile auf *Knoten[p]*, die angeben, wo das neue Element eingefügt werden müßte.
Ist *Knoten[p].l* < 2m, so kann das Einfügen problemlos erfolgen, indem die Inhalte von *Knoten[p].Zeilefeld[z]* bis *Knoten[p].Zeilefeld[l]* um Eins verschoben werden, also nach *Knoten[p].Zeilefeld[z+1]* bis *Knoten[p].Zeilefeld[l+1]*.
Ist dagegen *Knoten[p].l* = 2m, so wird dem Baum ein neues Blatt *Knoten[q]* (das bisher im Zustand *frei* war) in folgender Weise hinzugefügt: Wir denken uns den elementaren Einfügeprozeß ausgeführt. Nun machen wir die Inhalte von *Knoten[p].Zeilefeld[m+2]* bis *Knoten[p].Zeilefeld[2m+1]* zum Inhalt des neuen Blattes.
Knoten[p].Zeilefeld[m+1].x wird auf *Knoten[p].Vater* eingefügt und bekommt das neue Blatt als Sohn. Dieser Prozeß erfordert eine feste Anzahl, also *O(1),* Operationen und sichert die Einhaltung der beiden B-Baum-Bedingungen. Er wird durch Bild 4.13 illustriert.

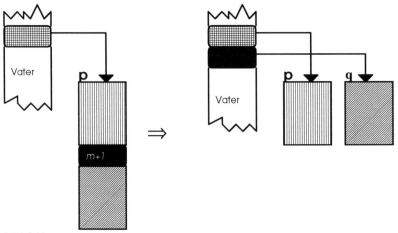

Bild 4.13

Eine Komplikation entsteht, wenn *Knoten[p].Vater* ebenfalls voll besetzt ist. Dann setzt sich der Teilungsprozeß von Seiten auf die inneren Knoten fort und kann im schlechtesten Fall für alle Knoten des Suchweges erforderlich werden, insbesondere auch für die Wurzel. Im letzteren Fall wird zusätzlich eine neue Wurzel erzeugt, die die Zeile *m+1* aufnimmt und die bisherige Wurzel als *Zeile[0].Sohn* bekommt. Man beachte, daß dies der einzige Schritt ist, bei dem der Baum in die Höhe wächst. Bei der üblichen Seitenteilung wächst er nur in die Breite.
Bild 4.14 demonstriert den allgemeinen Fall der Seitenteilung, bei dem der neue *Knoten[q]* zusätzlich zur Blatteilung den Verweis *Knoten[p].Zeilenfeld[m+1].Sohn* als *Knoten[q].Zeilenfeld[0].Sohn* zugeordnet bekommt.

4.2 Bäume als Suchstrukturen 67

Insgesamt benötigt der Einfügeprozeß offensichtlich, auch im ungünstigsten Fall, nur $O(log(n))$ Operationen.

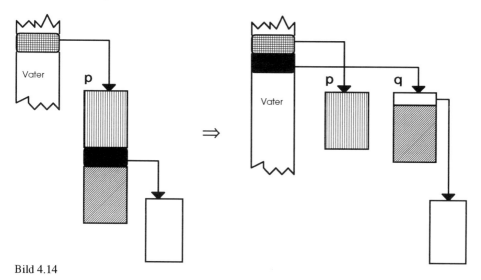

Bild 4.14

Beispiel 4.7 In den durch Bild 4.11 gegebenen B-Baum soll der Schlüssel 66 eingefügt werden: Suche nach 66 führt zu dem Blatt, das schon die Schlüssel 62 und 65 enthält. Folglich muß dieses geteilt werden in ein Blatt, das 62 behält, und ein neues Blatt, das 66 enthält, während 65 auf der Vaterseite untergebracht werden soll (Bild 4.15).

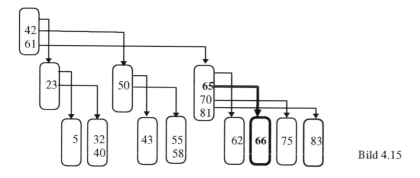

Bild 4.15

Die Vaterseite enthält schon 70 und 81, d.h., die Aufnahme von 65 führt zur Teilung: Das Original behält 65, die neue Seite bekommt 81, während 70 der Vaterseite, also der Wurzel unseres Baumes, zugedacht wird (Bild 4.16).

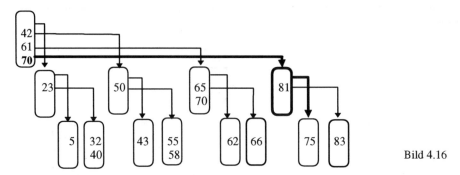

Bild 4.16

Die vorgesehene Aufnahme von 70 auf der Wurzelseite führt zu deren Teilung und gleichzeitig zu einer neuen Wurzel: Die Originalseite behält 42, die neue Seite bekommt 70, und die neu gebildete Wurzel bekommt 61 - siehe Bild 4.17.

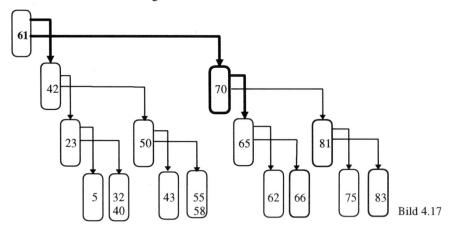

Bild 4.17

Die Methode **Entfernen** eines Datensatzes erfordert für den ungünstigen Fall einen Prozeß der Seitenverschmelzung, der genau umgekehrt zum Teilungsprozeß verläuft: Zunächst wird der Schlüssel gesucht. Die Suche wird als erfolgreich vorausgesetzt. Falls der Schlüssel nicht auf einem Blatt liegt, merken wir uns seinen Platz (Verweis p auf die Seite und die Zeilennummer z), setzen dann aber die Suche in Richtung größerer Schlüssel fort, so daß wir zum nächstgrößeren Schlüssel gelangen, der auf einem Blatt liegt. Nun tauschen wir zunächst den Datensatz nach Seite p, Zeile l, bevor wir die eigentliche Entfernung ausführen.

Beispiel 4.8 Wir beziehen uns auf Bild 4.17. Um 42 zu entfernen, tauschen wir zunächst 42 gegen 43. Um 61 zu entfernen, tauschen wir zunächst 61 gegen 62.

Die Entfernung eines Datensatzes von einem Blatt ist solange problemlos, solange das Blatt mehr als m Schlüssel enthält ($l > m$). Für $l = m$ können wir den zu entfernenden Datensatz durch den Datensatz ersetzen, der dem ihm als Vater zugeordneten Datensatz auf der Vaterseite folgt. Dieser muß aber gleichzeitig durch den kleinsten Schlüssel seiner Sohn-Seite ersetzt werden.

Beispiel 4.9 Um 5 zu entfernen, kann das ihn tragende Blatt durch 23 aufgefüllt werden, aber gleichzeitig muß 23 durch 32 ersetzt werden.
Eine Komplikation entsteht, wenn sowohl das Ausgangsblatt als auch das Blatt mit den nächstgrößeren Schlüsseln minimal besetzt sind. In diesem Fall können wir die beiden Seiten verschmelzen, also eine von ihnen entfernen. Der Prozeß ist die Umkehrung des in den Bildern 4.13 und 4.17 gezeigten Teilungsprozesses. Wie der Teilungsprozeß beim Einfügen, so kann auch seine Umkehrung beim Entfernen mehrmals nötig werden, jedoch maximal einmal für alle Knoten des Suchweges, also $O(\log n)$ mal.

Beispiel 4.10 Entfernen von 62 im Bild 4.17: Das 62 enthaltende Blatt würde leer werden ($0 = l < m = 1$). 62 kann jedoch nicht durch 65 ersetzt werden, weil dann 65 durch 66 ersetzt werden müßte, und das ist nicht möglich, weil dann dieses Blatt leer wäre. Es folgt Verschmelzung der beiden Blätter. Das Ergebnis zeigt Bild 4.18.

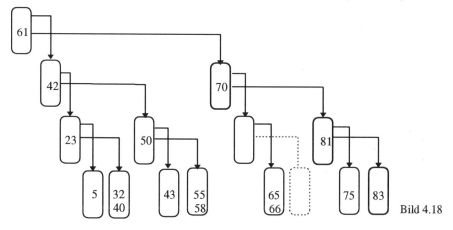

Bild 4.18

Im Ergebnis der Verschmelzung entsteht im betrachteten Fall erneut eine leere Seite. Die Folgeseite mit dem Schlüssel 81 ist minimal besetzt. Folglich muß ein neuer Verschmelzungprozeß dieser leeren Seite mit der Seite, die den Schlüssel 81 enthält, erfolgen, unter Einbeziehung des Satzes zum Schlüssel 70. Bild 4.19 zeigt dessen Ergebnis.
Im Bild 4.19 ist wieder eine leere Seite entstanden. Ihre Partnerseite mit dem Schlüssel 42 hat keine Reserven. Folglich werden beide Seiten unter Einbeziehung des Datensatzes zum Schlüssel 61 verschmolzen. Das Ergebnis zeigt Bild 4.20. Im Bild 4.20 ist die Wurzel ein leerer Knoten. Sie kann problemlos entfernt werden.

70 4 Bäume und Gerüste

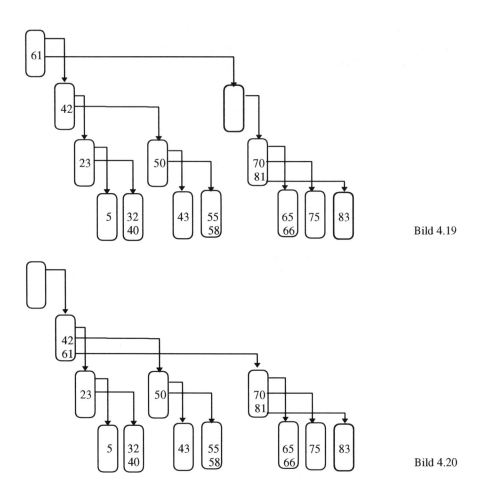

Bild 4.19

Bild 4.20

4.3 Stützgerüste zur Zyklen- und Cozyklenerzeugung

Gerüste sind geeignet, tiefere Einsichten in die Zyklen- bzw. Cozyklenstruktur eines Graphen zu geben, indem sie es gestatten, Grundmengen von Zyklen und Cozyklen zu bestimmen, aus denen alle anderen Zyklen bzw. Cozyklen mit den im Abschnitt 3.4 eingeführten Verknüpfungsoperationen von Zyklen bzw. Cozyklen erzeugt werden können.

4.3 Stützgerüste zur Zyklen- und Cozyklenerzeugung

Definition 4.6 *Eine Menge paarweise verschiedener Zyklen eines Graphen heißt* Z y k l e n b a s i s, *wenn jeder Zyklus des Graphen durch Verknüpfung von Zyklen dieser Menge erzeugt werden kann.*
Eine Menge paarweise verschiedener Cozyklen eines Graphen heißt C o z y k l e n b a s i s, *wenn jeder Cozyklus des Graphen durch Verknüpfung von Cozyklen dieser Menge erzeugt werden kann.*

Satz 4.2 *Fügt man zu einem Gerüst $G' = [K, B']$ des Graphen $G = [K, B]$ einen weiteren Bogen $k \in B \setminus B'$ hinzu, so entsteht genau ein elementarer Zyklus $z(k)$. Die $(m - n + p)$ so erzeugbaren Zyklen bilden eine Zyklenbasis.*
($n = |K|$, $m = |B|$, $p =$ Anzahl der zusammenhängenden Komponenten von G)

Bevor wir uns mit dem Beweis des Satzes beschäftigen, folgt zunächst ein Beispiel.

Beispiel 4.11 In dem Graphen von Bild 4.21 ist ein Gerüst durch fett gezeichnete Bögen markiert. Zu diesem Gerüst gehören die folgenden 6 Basiszyklen ($m = 12$, $n = 7, p = 1$):

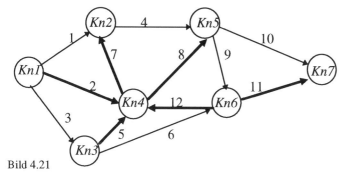

Bild 4.21

Einige Zusammensetzung von Zyklen aus Basiszyklen:
a) $Z = [\underline{1}, \underline{4}, \underline{9}, 12, -2] = [-2, 1, -7] + [7, 4, -8] + [8, 9, 12] = z(1) + z(4) + z(9)$,
b) $Z = [\underline{9}, 11, \underline{-10}] = [9, 12, 8] + [-8, -12, 11, -10] = z(9) + z(-10)$.

Nun zum Beweis des Satzes: Die erste Aussage des Satzes ist ziemlich trivial, denn ein Gerüst ist ja gerade definiert als der maximale zyklenfreie Teilgraph eines Graphen. Jeder weitere Bogen muß also einen Zyklus schließen, sonst wäre das Gerüst in seiner Eigenschaft der Zyklenfreiheit nicht maximal, und es kann auch nur

72   4 Bäume und Gerüste

genau einer sein, sonst wären der Anfangs- und der Endknoten des neuen Bogen durch zwei verschiedene Ketten im Gerüst verbunden, und diese würden natürlich einen Zyklus bilden.
Jeder dieser Zyklen enthält einen Bogen, nämlich den Bogen, der ihn erzeugt, der in keinem der anderen Zyklen enthalten ist. Sie sind also paarweise verschieden.
Zu zeigen ist, daß jeder sonstige Zyklus von G aus Elementen der Menge der Basiszyklen, $\{ z(k) \mid k \in B \setminus B' \}$, durch die Zyklenoperationen erzeugt werden kann, die wir im Abschnitt 3.4 eingeführt haben: $Z = [k_1, k_2, ..., k_r]$ sei ein beliebiger Zyklus. Wir bilden

$$\Sigma\{ z(k) \mid k \in Z \wedge |k| \in B \setminus B' \}, \tag{4.1}$$

d.h., wir addieren die Basiszyklen $z(k)$, die zu denjenigen Bogenbenennungen k von Z gehören, die Nichtgerüstbögen bezeichnen. Man beachte, daß $z(k) = -z(-k)$ gilt. Wir behaupten, daß diese Konstruktion Z liefert:
k sei ein Bogen von Z, der nicht zum Gerüst gehört. Wir bilden $Z' = Z - z(k)$. Z' ist eine eventuell leere Menge aus Zyklen, denn es entsteht aus Z dadurch, daß die Kette, die Z und $z(k)$ gemeinsam ist und k enthält, durch die andere Teilkette von $z(k)$ ersetzt wird - siehe Bild 4.22. Also bleibt Z' eine geschlossene Bogenfolge. Nun könnten Z und $z(k)$ mehrere Bogenketten gemeinsam haben. In diesem Fall zerfällt Z' in mehrere Zyklen - siehe Bild 4.23. Auf alle Fälle enthält Z' einen Nichtgerüstbogen weniger als Z. $Z := Z'$ und Wiederholung führt also nach endlich vielen Schritten zu einer leeren Bogenmenge, woraus die behauptete Additionsformel (4.1) folgt. □

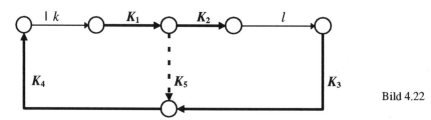

Bild 4.22

Beispiel 4.12 Im Bild 4.22 sei Z der Zyklus aus den Nichtgerüstbögen k und l sowie den Gerüstbogenketten K_1, K_2, K_3 und K_4,
$Z = [k] + K_1 + K_2 + [l] + K_3 + K_4$.
$z(k) = [k] + K_1 + K_5 + K_4$. $Z' = Z - z(k) = K_2 + [l] + K_3 - K_5$ entsteht aus Z durch Ersetzen der Z und $z(k)$ gemeinsamen Kette $K_4 + [k] + K_1$ durch $-K_5$.
$Z' = z(l)$ und somit $Z = z(k) + z(l)$.

Beispiel 4.13 Im Bild 4.23 sei $Z = [k_0, k_{11}, k_2, k_{31}, k_4, k_{51}, k_6]$ und
$z(k_0) = [k_0, -k_{12}, k_2, -k_{32}, k_4, -k_{52}, k_6]$. Folglich zerfällt $Z' = Z - z(k_0)$ in mehrere

4.3 Stützgerüste zur Zyklen- und Cozyklenerzeugung 73

Zyklen:
$Z' = Z - z(k_0) = \{ [k_{11}, k_{12}], [k_{31}, k_{32}], [k_{51}, k_{52}] \} = z(k_{11}) + z(k_{31}) + z(k_{51}).$

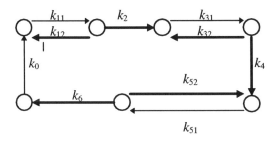

Bild 4.23

Satz 4.3 *Zu jedem Bogen k eines Gerüstes $G' = [K, B']$ des Graphen $G = [K, B]$ gehört genau ein elementarer Cozyklus $cz(k)$.*
Die $n - p$ so erzeugbaren Cozyklen sind unabhängig und bilden eine Cozyklenbasis.
($n = |K|$, p = Anzahl der zusammenhängenden Komponenten von G)

Auch in diesem Fall wollen wir uns die Aussage des Satzes zunächst an einem Beispiel verdeutlichen:

Beispiel 4.14 In dem Graphen von Bild 4.21 ist ein Gerüst durch fett gezeichnete Bögen markiert. Zu diesem Gerüst gehören die folgenden 6 Basiscozyklen ($n = 7$, $p = 1$):
$cz(2)\ \ = CZ(\{Kn1\}) = \{1, 2, 3\}$,
$cz(5)\ \ = CZ(\{Kn3\}) = \{5, 6, -3\}$,
$cz(7)\ \ = CZ(\{Kn1, Kn3, Kn4, Kn5, Kn6, Kn7\}) = \{7, 1, -4\}$,
$cz(8)\ \ = CZ(\{Kn1, Kn2, Kn3, Kn4, Kn6, Kn7\}) = \{8, 4, -9, -10\}$,
$cz(11) = CZ(\{Kn1, Kn2, Kn3, Kn4, Kn5, Kn6\}) = \{11, 10\}$,
$cz(12) = CZ(\{Kn6, Kn7\}) = \{12, -6, -9, -10\}$.
Zusammensetzung von Cozyklen aus Basiscozyklen:
a) $CZ(\{Kn1, Kn7\}) = \{1, \underline{2}, 3, -10, \underline{-11}\} = cz(2) + cz(-11) = \{1, 2, 3\} - \{11, 10\}$
b) $CZ(\{Kn2, Kn4, Kn5\}) = \{-1, \underline{-2}, \underline{-5}, 9, 10, \underline{-12}\}$
$\phantom{CZ(\{Kn2, Kn4, Kn5\})} = cz(-2) + cz(-5) + cz(-12)$
$\phantom{CZ(\{Kn2, Kn4, Kn5\})} = -\{1, 2, 3\} - \{5, 6, -3\} - \{12, -6, -9, -10\}$.

Nun zum Beweis von Satz 4.3: Die erste Aussage des Satzes ist leicht einzusehen: Erzeugt $K' \subseteq K$ die zusammenhängende Komponente des Gerüstes G', die den Bogen k enthält, so würde diese in die Knotenmengen K_1' und K_2' zerfallen, wenn

74 4 Bäume und Gerüste

man k entfernte, $K' = K_1' \cup K_2'$, K_1' enthalte den Anfangsknoten und K_2' den Endknoten von k. Der Cozyklus $CZ(K_1')$ von G enthält den Gerüstbogen k als Ausgangsbogen, aber keinen weiteren Gerüstbogen. $CZ(K_1') = cz(k)$.
Jeder der Cozyklen enthält einen Bogen, nämlich den Bogen der ihn erzeugt, der in keinem der anderen der Cozyklen $cz(k)$ enthalten ist. Sie sind also paarweise verschieden. Zu zeigen ist, daß jeder sonstige Cozyklus von G aus der Menge dieser Basiscozyklen, $\{ cz(k) \mid k \in B' \}$, durch die Cozyklenoperationen erzeugt werden kann, die wir im Abschnitt 3.4 eingeführt haben: $CZ(K') = [k_1, k_2, ..., k_r]$ sei ein beliebiger Cozyklus, $K' \subseteq K$. Wir bilden

$$\Sigma\{ cz(k) \mid k \in CZ(K') \wedge \mid k \mid \in B' \}, \qquad (4.2)$$

d.h., wir addieren die Basiscozyklen $cz(k)$, die zu denjenigen Bogenbenennungen k von $CZ(K')$ gehören, die im Gerüst sind. Man beachte $cz(k) = - cz(-k)$. Wir behaupten, daß diese Konstruktion $CZ(K)$ liefert.
k sei ein Gerüstbogen, der zu $CZ(K')$ gehört. Wir bilden $CZ' = CZ(K') - cz(k)$ und zeigen zunächst, daß CZ' ein Cozyklus ist: $K'' \subseteq K$ sei die Knotenmenge, die $cz(k)$ erzeugt ($CZ(K'') = cz(k)$). Es gilt $K'' \supseteq K'$, denn, um K'' zu gewinnen, können wir alle Knoten von K' mit einer Marke versehen und diese Markierung längs aller von k verschiedenen Gerüstbogen fortsetzen. (Ist ein Knoten eines Gerüstbogens markiert, so wird auch sein anderer Knoten markiert.) Bricht dieser Prozeß ab, so ist die markierte Knotenmenge offensichtlich eine, die $cz(k)$ erzeugt. Aus $K'' \supseteq K'$ folgt $K \setminus K'' \cap K' = \emptyset$, und das bedeutet, daß $CZ' = CZ(K') - cz(k) = CZ(K') + CZ(K \setminus K'')$ ein Cozyklusvektor ist. Der Cozyklus CZ' enthält einen Gerüstbogen weniger als $CZ(K')$. Ist also CZ' nicht leer, so wiederholen wir den Prozeß. □

Fassen wir zusammen: Ist in einem Graphen ein Gerüst gegeben oder anders gesagt, eine Funktion $StzBg(k)$ initialisiert, so können wir die Bögen des Graphen sukzessiv durchmustern. Gilt $StzRchtg(k) = 0$, so ist k kein Gerüstbogen, und es existiert ein Basiszyklus $z(k)$, andernfalls ist k Gerüstbogen, und es existiert ein Basiscozyklus $cz(k)$. Gemäß den Formeln (4.1) und (4.2) können wir sämtliche Zyklen aus diesen Basiszyklen bzw. sämtliche Cozyklen aus diesen Basiscozyklen erzeugen.
Wir betrachten die rechentechnische Gewinnung der Basiszyklen und -cozyklen: Für $StzRchtg(k) = 0$ machen wir den Endknoten des Bogens k zu einer Wurzel, $SetzWrz(EK(k))$. (Wir erinnern daran, daß die Lage einer Wurzel beliebig geändert werden kann.) Jetzt stellt sich die Kette, die durch k zum Basiszyklus $z(k)$ geschlossen wird, innerhalb des Stützgerüstes als Weg dar, oder anders gesagt, in der Befehlsfolge
$SetzWrz(EK(k)); \; l:=k; \; repeat \; i:=AK(l); \; l:=StzBg(i); \; until \; l=WrzBg;$
durchläuft l die Bogenbenennungen von $z(k)$ - zur Illustration vergleiche Bild 4.24.

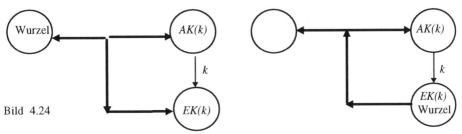

Bild 4.24

Mit der im Abschnitt 4.1 eingeführten Methode *SetzWrz* können wir die Darstellung eines gegebenen Gerüstes ändern, nicht aber dessen Struktur. Um auch das Gerüst selbst ändern zu können, wollen wir eine Methode *TauschGrstBg(kAlt, kNeu)* bereitstellen, deren Aufgabe es sein soll, den Bogen k_{alt} aus dem Gerüst zu entfernen und dafür den Bogen k_{neu} in das Gerüst einzufügen. Offensichtlich geht das nicht für beliebige Paare aus Gerüst- und Cogerüstbögen, denn gemäß Gerüsteigenschaft schließt der Bogen k_{neu} den Basisyklus $z(k)$, und dieser kann nicht Bestandteil des Gerüstes werden, sondern muß durch Entfernen von k_{alt} wieder aufgelöst werden. Voraussetzung für das korrekte Arbeiten der Prozedur *TauschGrstBg(k_{alt}, k_{neu})* ist also, daß die beiden Bögen $k_{alt} \in B'$ und $k_{neu} \in B \setminus B'$ in einem Zyklus liegen.

procedure Graph.TauschGrstBg(kAlt, kNeu: Integer);
 var i,j: Word;
Begin j:=EK(kNeu); SetzWrz(j); SetzStzBg(j, kNeu);
 if StzRchtg(kAlt) = 1 then i:=EK(kAlt) else i:=AK(kAlt);
 SetzStzBg(i, WrzBg);
End;

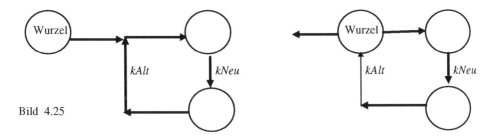

Bild 4.25

Die Prozedur *TauschGrstBg* nutzt die oben angegebene Möglichkeit, durch Verlagerung der Wurzel der Gerüstdarstellung in den Endknoten eines Cogerüstbogens, den zu diesem Bogen gehörenden Basiszyklus als Kreis darzustellen. Ist dies geschehen, bekommt dieser Endknoten den Cogerüstbogen als Stützbogen, wodurch im Gerüst ein Kreis entsteht. Dieser Kreis wird aufgelöst, indem dem Bogen k_{alt} seine Stützwirkung dadurch entzogen wird, indem der

76 4 Bäume und Gerüste

Knoten, den er stützt, zur Wurzel erklärt wird. Zur Illustration vergleiche Bild 4.25, das den Verlauf der Transformation nach *j:=EK(kNeu); SetzWrz(j);* zeigt.

Wenn wir in der Prozedur *TauschGrstBg(kAlt, kNeu)* für k_{alt} den Wert 0 zulassen, können wir die Prozedur leicht so abändern, daß sie in diesem Fall zwei Teilbäume des Graphen, die durch *StzBg* beschrieben sind, zu einem Baum verbindet:

procedure Graph.TauschGrstBg(kAlt, kNeu:Integer); {verallgemeinerte Variante}
var i,j: Word;
Begin j:=EK(kNeu); SetzWrz(j); SetzStzBg(j, kNeu);
  if kAlt<>0 then begin if StzRchtg(kAlt) = 1 then i:=EK(kAlt) else i:=AK(kAlt);
    SetzStzBg(i, WrzBg); end;
End;

Im folgenden sei *k* ein Gerüstbogen, und wir wollen zu ihm den Basiscozyklus *cz(k)* ermitteln oder, wie man auch sagt, „den Schnitt zum Bogen *k* bestimmen". Letztere Sprechweise hängt eng mit dem algorithmischen Vorgehen zusammen: Es ist nötig, den Untergraphen aus *G = [K, B]* herauszuschneiden, der durch das Zerschneiden des Gerüstes beim Bogen *k* eindeutig bestimmt ist. Anders ausgedrückt, es ist nötig, zwei Knotenteilmengen K_1 und K_2 so zu bestimmen, daß K_2 alle Knoten enthält, die im Gerüst *G' =[K, B']* vom Endknoten *EK(k)* des Bogens *k* aus erreichbar sind, während $K_1 = K \setminus K_2$ und insbesondere $AK(k) \in K_1$ gilt. Dabei gibt es eine kleine algorithmische Schwierigkeit: Das über *StzBg* dargestellte Gerüst ist nicht so notiert, daß man, von einem Knoten aus vorwärtsgehend, Erreichbarkeitsaufgaben löst, sondern seine Notation ist rückwärts gerichtet. Deshalb gehen wir in folgender Weise vor:
Wir geben jedem Knoten *i* eine *Marke(i)*. *Marke(i)* bekommt in allen Wurzeln den Wert 1, bei *i = EK(k)* den Wert 2 und bei allen übrigen Knoten den Wert 0. Nun greifen wir sukzessiv die Knoten *i* heraus, in denen noch *Marke(i) = 0* gilt. Von *i* aus laufen wir auf Gerüstbögen soweit zurück, bis wir einen von Null verschiedenen Wert der *Marke* finden. In einem zweiten Rücklauf von *i* aus erteilen wir allen Knoten dieses Weges den gefundenen Wert.
Marke(i) sei eine Methode unserer Datenstruktur *Graph*. Sie möge ergänzt sein durch eine Methode **InitMarke(a)**, die *Marke(i)* für alle Knoten des Graphen den Anfangswert *a* zuordnet, sowie durch eine Methode **SetzMarke(i,x)**, mit der *Marke(i)* der Wert *x* zugeordnet werden kann.

Die folgende Prozedur *InitCZ* realisiert den beschriebenen Erzeugungsalgorithmus eines Basiscozyklus zu einem Gerüstbogen.
In ihr wird im ungünstigsten Fall jeder Bogen des Gerüstes zweimal angesprochen. Da ein Gerüst *n-p* Bögen besitzt, können wir die Laufzeit der Prozedur mit $O(n)$ abschätzen.

*procedure Graph.**InitCZ**(k: Integer);*
var i, j: Word; Ma: Integer;
Begin SetzWrz(AK(k));
  for i:= 1 to n do if StzBg(i) = WrzBg then SetzMarke(i, 1) else SetzMark(i, 0);
  SetzMarke(EK(k, 2));
  for i:= 1 to n do
    if Marke(i) = 0 then begin
      j:=i; while Marke(j) = 0 do j:=AK(StzBg(j)); Ma:=Marke(j); j:=i;
      while Marke(j) = 0 do begin SetzMarke(j, Ma); j:=AK(StzBg(j)); end;
    end;
End;

Wir ergänzen unser Instrumentarium durch die folgende Funktion:

*function Graph.**CZFaktor**(l: Integer):-1..1;*
Begin CZFaktor:=Marke(EK(l)) - Marke(AK(l)); End;

Diese Methode liefert uns, vorausgesetzt sie wird nach *InitCZ(k)* aufgerufen, die Werte -1, 0, +1, je nachdem ob der Bogen *l* Eingangsbogen im Cozyklus *cz(k)* ist, nicht zu *cz(k)* gehört oder Ausgangsbogen von *cz(k)* ist.

4.4 Aufgaben

Aufgabe 4.1 Fügen Sie die Schlüssel E_1, I, N_1, F, U, E_2, G, E_3, N_2 in einen anfangs leeren AVL-Baum der Reihe nach ein. Gleiche Schlüssel werden gemäß der Indizierung so eingefügt, daß der erste Schlüssel gegenüber dem folgenden als kleiner gilt.

Aufgabe 4.2 Fügen Sie die Schlüssel E_1, I, N_1, F, U, E_2, G, E_3, N_2 in einen anfangs leeren B-Baum der Ordnung 3 der Reihe nach ein. Gleiche Schlüssel werden gemäß der Indizierung so eingefügt, daß der erste Schlüssel gegenüber dem folgenden als kleiner gilt.

Aufgabe 4.3 Geben Sie eine notwendige Bedingung dafür an, daß ein B-Baum durch das Einfügen eines neuen Schlüssels wächst.

Aufgabe 4.4 Im Bild 4.26 bilden die fett gezeichneten Bögen ein Gerüst $G'=[K, B']$. Die Ergänzung $B'' = B \setminus B'$ der Bogenmenge dieses Gerüstes zur Gesamtbogenmenge B des Graphen ist wieder Bogenmenge eines Gerüstes und gleichzeitig Bogenmenge des Cogerüstes zu G'. Folglich muß es zu jedem Bogen aus B' sowohl einen elementaren Zyklus als auch einen elementaren Cozyklus geben.

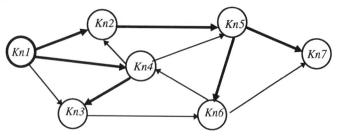

Bild 4.26

Aufgabe 4.5

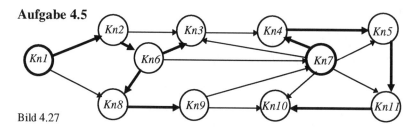

Bild 4.27

Im Bild 4.27 sind zwei Wurzelbäume durch fett gezeichnete Linien als Teilgraphen markiert. Sie mögen beide durch *StzBg(i)* beschrieben sein. Geben Sie die Wirkung der folgenden Prozeduraufrufe an.

a) *TauschGrstBg([Kn5, Kn11], [Kn7, Kn10]);*
b) *TauschGrstBg(0, [Kn6, Kn7]);*
c) *TauschGrstBg([Kn1, Kn2], [Kn9, Kn7]);*

Aufgabe 4.6 Wir beziehen uns auf Bild 4.27. Welche Zahlen liefert *CZFaktor(i)* für $i = 1, 2, ..., 11$ (gemeint ist für *Kn1, Kn2, ..., Kn11*), wenn zuvor *InitCZ([Kn11, Kn10]*) ausgeführt wurde?

5 Optimierung auf Graphen mit einer Bogenbewertung

Im Abschnitt 4 haben wir einen Graphen nur bezüglich seiner Struktur betrachtet. Diese Struktur wird für viele praktische Aufgaben als Grundmodell verwandt, über welchem Optimierungsaufgaben formuliert werden. Zu diesem Zweck ist es nötig, den Knoten oder Bögen oder beiden Werte zuzuordnen. Es ist üblich, einen irgendwie bewerteten Graphen als *Netzwerk* oder kurz *Netz* zu bezeichnen. Vom Standpunkt der Datenstruktur gibt es natürlich viele verschiedene Arten von Netzwerken entsprechend der Art der Bewertung des Graphen.

In diesem Kapitel wollen wir endliche gerichtete Graphen betrachten, bei denen jedem Bogen eine reelle Zahl zugeordnet ist. Wir werden diese Zahl als *Bogenlänge* bezeichnen. Sie muß in der Anwendung keine geometrische Länge sein. Es könnte z.B. der in Geldeinheiten gemessene Aufwand sein, der für das Anlegen der Straße, die durch den Bogen repräsentiert wird, nötig ist, oder der für den Transport gewisser Waren über die Verbindung, die der Bogen darstellt, zu bezahlen ist usw. (vgl. auch die Abschnitte 2.1.2 und 2.1.3).

Wir gehen im weiteren von einem Typ

type **Netz1** = *Object*(**Graph**)
    ...
    function **c**(k: Integer): Real;
  end;

aus, also einer Datenstruktur, die alle Eigenschaften der Datenstruktur *Graph* besitzt und darüber hinaus über eine Funktion verfügt, die jeder Bogenbenennung k, mit $-m \leq k \leq m$, $k \neq 0$, einen reellen Wert $c(k)$ zuordnet, nämlich die vorzeichenbehaftete Länge des Bogens. Dabei setzen wir $c(-k) = -c(k)$ voraus.

5.1 Voronoi-Diagramm und Minimalgerüst

Voronoi-Diagramme
Eine Klasse praktischer Aufgaben beschäftigt sich mit Punktmengen und Abstandsfragen zwischen ihnen, z.B. lautet das

Problem 5.1 Problem des nächsten Nachbarn (Nearest Neighbour Problem)
Gegeben ist eine Menge von n Punkten P_i.
Gesucht ist für einen Punkt Q derjenige der Punkte P_i, der Q am nächsten liegt.

5 Optimierung auf Graphen mit einer Bogenbewertung

Beispiel 5.1 Jeder der Punkte P_i könnte eine Ferienreise repräsentieren, die ein Reisebüro im Angebot hat - mit Zeitraum, Zielort, Preis, ... als Koordinaten von P_i. Ein weiterer Punkt Q stellt den Reisewunsch eines Kunden dar, und es wird unter den angebotenen Reisen diejenige gesucht, die dem Kundenwunsch am nächsten kommt.

Eine andere praktische Aufgabe sieht in den Punkten Orte eines Gebietes, die durch ein Leitungsnetz (Wasser, Telefon, ...) zu verbinden sind. Um die Einrichtungskosten so klein wie möglich zu halten, wird man versuchen, nächste Nachbarn miteinander zu verbinden.

Zunächst muß die Art der Entfernungsmessung, die sogenannte *Metrik*, festgelegt werden. Unterstellen wir beispielsweise, daß wir uns in der Euklidischen Ebene bewegen: Jeder der n Punkte P_i ist gegeben durch ein Paar (x_i, y_i) reeller Zahlen, und der Abstand zweier Punkte wird mit der Distanzfunktion $D(P_i, P_j) = \sqrt{(x_j - x_i)^2 + (y_j - y_i)^2}$ gemessen, also in der uns vertrauten Art. Für diesen Fall machte der Mathematiker G. Voronoi 1908 den Vorschlag, jedem der Punkte ein Gebiet der Ebene zuzuordnen, seine sogenannte *Voronoi-Region*, innerhalb dessen er nächster Nachbar aller inneren Punkte dieses Gebietes ist.

Besteht die Punktmenge nur aus zwei Punkten, so sind deren Voronoi-Regionen die beiden Halbebenen, die die Mittelsenkrechte zur Verbindungsstrecke der beiden Punkte erzeugt. Allgemein ist eine Voronoi-Region Durchschnitt solcher Halbebenen, also ein konvexes Polyeder, und die Kanten aller Voronoi-Regionen bilden einen ungerichteten planaren Graphen (Bild 5.1).

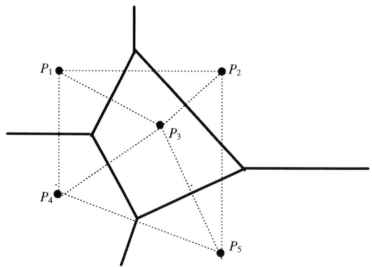

Bild 5.1 Voronoi-Diagramm zu den fünf Punkten P_1, P_2, P_3, P_4, P_5

5.1 Voronoi-Diagramm und Minimalgerüst

Ein planarer Graph besitzt einen sogenannten *dualen Graphen,* der entsteht, wenn man seinen *Maschen* (die Zyklen bzw. Kreise, die Gebiete der Ebene umranden, in denen keine anderen Teile des Graphen liegen, hier die Voronoi-Regionen) einen Knoten zuordnet und zwei dieser Knoten genau dann durch eine duale Kante verbindet, wenn die beiden zugeordneten Maschen des originalen Graphen eine gemeinsame Kante besitzen. Im Voronoi-Diagramm sind dessen Regionen Maschen, und jeder Masche ist von vornherein ein Punkt zugeordnet. Der duale Graph entsteht also durch Verbindung der Punkte, deren Regionen eine gemeinsame Kante besitzen. Im Bild 5.1 ist der duale Graph durch die gestrichelten Linien dargestellt.

Ein *Minimalbaum,* also ein Baum, der die kleinste Summe aller Kantenlängen realisiert, ist sicher Gerüst minimaler Länge des dualen Graphen zum Voronoi-Diagramm, denn Verbindungen von Knoten, deren Voronoi-Regionen nicht benachbart sind, etwa die Verbindung vom Punkt P_1 zum Punkt P_5 im Bild 5.1, sind offenbar nicht effizient.

Der Minimalbaum aus Direktverbindungen zum Bild 5.1 wird offenbar aus den Strecken gebildet, die den Punkt P_3 mit den Punkten P_1, P_2, P_4, P_5 verbinden. Er ist jedoch nur dann die kürzeste Verbindung der gegebenen Punkte, wenn die Zusatzbedingung besteht, daß nur Direktverbindungen der Punkte zugelassen sind. Wenn man ohne diese Zusatzbedingung nach einem kürzesten Baum fragt, der alle Punkte verbindet, so kann häufig durch das Einfügen von zusätzlichen Punkten, sogenannten *Steinerpunkten,* ein kürzerer Baum erreicht werden, der sogenannte *Steinerbaum.*

Im Bild 5.2 ist der mit durchgezogenen Linien gezeichnete Baum, der zwei Steinerpunkte S_1 und S_2 besitzt, kürzer als das mit gestrichelten Linien angegebene Minimalgerüst des Graphen aller Direktverbindungen. Steinerbäume haben nämlich die Eigenschaft, daß sich zwei Strecken unter einem Winkel von 120^0 oder mehr treffen.

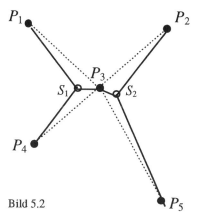

Bild 5.2

82 5 Optimierung auf Graphen mit einer Bogenbewertung

Ein Praktiker, der vor der Aufgabe steht, ein Kommunikationsnetz zu n gegebenen Punkten zu entwerfen, wird in den meisten Fällen weder einen Steinerbaum noch ein Minimalgerüst des Dualgraphen zum Voronoi-Diagramm erarbeiten können, weil die Vielfalt der zu beachtenden Nebenbedingungen zu groß ist: Handelt es sich um ein Netz in einem Gebäude, so wird es an oder in den Wänden installiert. Handelt es sich um ein Netz im Freien, so sind Hindernisse, unterschiedliche Arbeitsaufwände für gleiche geographische Entfernungen etwa auf Grund unterschiedlicher Bodenbeschaffenheit und vieles andere mehr zu beachten. Will er sich mathematischer Methoden bedienen, so kann er meistens nur folgendermaßen vorgehen: Er wählt eine Anzahl sinnvoller Verbindungen zweier Punkte aus und bewertet sie durch Abschätzung des Aufwandes ihrer Realisierung. So erhält er einen Graphen mit n Knoten und einer Anzahl bewerteter Kanten oder Bögen, der kaum noch etwas mit der ursprünglichen Geometrie zu tun hat, sondern nur noch die Aufgabenstruktur modelliert. Er kommt damit zum

Problem 5.2 Minimalgerüstproblem (Minimal Spanning Tree Problem)
Gegeben ist ein (in den meisten Fällen) ungerichteter kantenbewerteter Graph mit n Knoten. In diesem Graphen ist unter allen möglichen Gerüsten eines mit minimaler Gesamtlänge zu bestimmen.

Für dieses Problem gibt es eine Fülle von Lösungsalgorithmen, von denen wir im folgenden einen vorstellen wollen, der bezüglich der Zeitkomplexität, die mit $O(m \cdot \log n)$ abgeschätzt werden kann, optimal ist.

Lösungsalgorithmus für das Minimalgerüstproblem:
a) Verbinde jeden Knoten mit seinem nächsten Nachbarknoten.
b) Verschmelze die Untergraphen, zu denen im Teilschritt a) Gerüste gebildet wurden, zu je einem Knoten und wiederhole im neuen Graphen das Verfahren solange, bis dieser keine Kanten mehr enthält.

Das Ergebnis des Algorithmus übermitteln wir in der von uns festgelegten Art, nämlich der Beschreibung des Minimalgerüstes durch die Funktion *StzBg(k)*. Zu diesem Zweck ordnen wir anfangs jedem Knoten als Stützbogen die Konstante *WrzBg* zu, betrachten also zunächst jeden Knoten als Wurzel eines Baumes in *G*. Die Verbindung eines Knotens *i* mit seinem nächsten Nachbar *j* gemäß Schritt a) geschieht dadurch, daß wir den entsprechenden Bogen dem Knoten *j* als Stützbogen zuordnen, sofern der betrachtete Bogen nicht schon Stützbogen ist.

Beispiel 5.2 Wir demonstrieren den Algorithmus zunächst am Bild 5.3.
Das Bild 5.3a zeigt den Ausgangsgraphen mit seinen Bogenbewertungen. Führen wir im Graphen von Bild 5.3a den Teilschritt a) des Algorithmus aus, so ist *Kn5* nächster Nachbar vom *Kn1* und erhält den Bogen *[Kn1, Kn5]* als Stützbogen. *StzBg*

ist im Bild 5.3 durch fette Linien dargestellt. Fettgezogener Kreis bedeutet, der Knoten ist Wurzel, fettgezogener Pfeil bedeutet, der Bogen ist Stützbogen seines Endknotens. *Kn1* ist umgekehrt nächster Nachbar von *Kn5*. Da dies über dieselbe Kante bestimmt wird, erfolgt allerdings kein neuer Eintrag. In gleicher Weise ergeben sich die Nachbarpaare *[Kn2, Kn6], [Kn3, Kn7]* und *[Kn4, Kn8]*, so daß im Teilschritt b) unseres Algorithmus der Graph auf die Knoten *Kn1'* für *{Kn1, Kn5}*, *Kn2'* für *{Kn2, Kn6}*, *Kn3'* für *{Kn3, Kn7}* und *Kn4'* für *{Kn4, Kn8}* reduziert wird, die durch die Bilder der Kanten *(Kn1, Kn2)* und *(Kn5, Kn6)* bzw. *(Kn2, Kn3)* und *(Kn6, Kn7)*, bzw. *(Kn3, Kn4)* und *(Kn7, Kn8)* verbunden sind (Bild 5.3b).

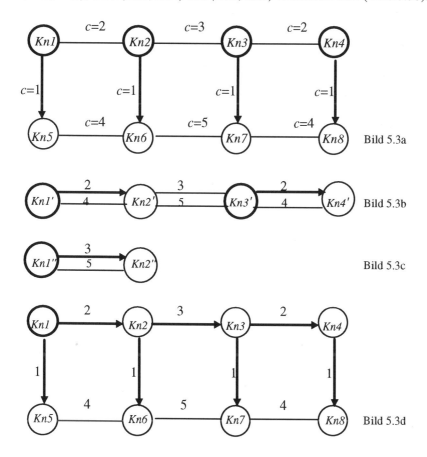

Bild 5.3a

Bild 5.3b

Bild 5.3c

Bild 5.3d

Wenden wir das Verfahren nun auf diesen neuen Graphen an, so entstehen in diesem zwei Bäume und somit ein Graph (Bild 5.3c) mit den Knoten *Kn1"* und *Kn2"*, die durch zwei Kanten, nämlich die Bilder von *(Kn2, Kn3)* und *(Kn6, Kn7)*, verbunden sind. Nochmalige Anwendung des Verfahrens fügt zum Minimalgerüst die Kante *(Kn2, Kn3)* (bzw. zum Stützgerüst den Bogen *[Kn2, Kn3]*) hinzu und läßt einen

Restgraphen entstehen, der nur noch einen Knoten besitzt, womit das Verfahren endet. Bild 5.3d zeigt das Gesamtergebnis, dargestellt im Ausgangsgraphen. Das Minimalgerüst (fett gezeichnet) hat eine Länge von 11.

An dieser Stelle ein Blick auf die **Zeitkomplexität** des Verfahrens: Bei jeder Teilschrittfolge a), b) (dies sei ein Schritt) wird die Knotenzahl mindestens halbiert, da mindestens zwei Knoten zueinander nächste Nachbarn sind. Wir benötigen also im schlechtesten Fall $\log_2(n)$ Schritte ($\log_2(8) = 3$ im Beispiel 5.2). Im Teilschritt a) sind alle Bögen des aktuellen Graphen zu mustern, er benötigt also $O(m)$ Operationen. Teilschritt b) läßt sich mit $O(n)$ Operationen erledigen, wie wir sehen werden. Folglich benötigt das Verfahren im schlechtesten Fall $O(m \cdot \log(n))$ Operationen.

Nun zur **detaillierten Realisierung** des Algorithmus:
Ein Verschmelzungsprozeß, wie ihn Teilschritt b) verlangt, wird gewöhnlich durch eine Markierung realisiert: Alle Knoten *i*, die zum gleichen Baum gehören, erhalten den gleichen Wert einer *Marke(i)*. Zu diesem Zweck geben wir zunächst *Marke(i)* aller Knoten *i*, die durch *StzBg(i)=WrzBg* als Wurzeln ausgewiesen sind, den Wert *w*, den wir anfänglich auf Eins setzen und dann nach jeder Wurzel um Eins erhöhen. Für alle übrigen Knoten erhält *Marke* zunächst den Wert Null.
Nun verfahren wir wie bei der Prozedur *InitCZ*: Ausgehend von einem Knoten *j* mit *Marke(j)* = 0 gehen wir mit *k:=StzBg(j); j:=AK(k);* zurück, bis wir auf einen Knoten stoßen, der einen von Null verschiedenen Wert von *Marke* besitzt. Diesen Wert übertragen wir auf alle durchlaufenen Knoten:

*procedure **Markiere**(var w: Integer);*
var i, j, Ma:Integer;
Begin w:=0;
  for i:= 1 to n do
    if StzBg(i)=WrzBg then begin w:=w+1; SetzMarke(i,w); end
                else SetzMarke(i,0);
  for i:= 1 to n do
    if Marke(i)=0 then begin j:=i;
    while Marke(j)=0 do j:=AK(StzBg(j));
    Ma:=Marke(j); j:=i;
    while Marke(j)=0 do begin SetzMarke(j,Ma); j:=AK(StzBg(j)); end;
    end;
End;

Bei der Realisierung von Teilschritt a) unseres Algorithmus ist zu beachten, daß die Menge aller Knoten, die den gleichen Wert der *Marke* haben, einen Pseudoknoten bildet und nur Bögen interessieren, die verschiedene Pseudoknoten verbinden. Aus

5.1 Voronoi-Diagramm und Minimalgerüst

diesem Grund werden wir Teilschritt a) mit einer Schleife über alle Bögen organisieren, in der nur diejenigen relevant sind, die zwei Knoten mit verschiedenen Werten von *Marke* verbinden. Dazu brauchen wir allerdings zwei Hilfsfelder, eines - genannt *minEntf* - das die aktuell kleinste Entfernung des Pseudoknoten von seinen Nachbarn aufnimmt und ein zweites - genannt *minBg* - das die zugehörige Bogennummer aufnimmt.

*procedure Netz1.***MinGrst***(var Kosten: Real);*
*{ Ermittelt ein Gerüst minimaler Länge und übergibt es durch entsprechende
  Initialisierung der Funktion StzBg. Kosten gibt die Länge des Gerüstes zurück.}*
var i, j: Word; w, wE, A, E: Integer; Abbr: Boolean;
*   minEntf, minBg: Array[1..maxN] of Integer;*
procedure Markiere; { Text der Prozedur s. o.}
Begin Kosten:=0; Abbr:=true; { Jeder Knoten wird ein Baum: } w:=0;
* for i:= 1 to n do begin SetzStzBg(i,WrzBg); w:=w+1; SetzMarke(i,w); end;*
* repeat   { Teilschritt a: } wE:=w; { wE = Anzahl der Pseudoknoten }*
*   { Vorbereitung der Minimumbildung: }*
*   for w:=1 to wE do begin minEntf[w]:=großeZahl; minBg[w]:=0; end;*
*   for k:=1 to m do begin { Schleife über alle Bögen: }*
*   A:=Marke(AKn(k)); E:=Marke(EKn(k));*
*   { A und E = Nummern der Pseudoknoten von k }*
*   if A<>E then*
*   if c(k) < minEntf[A]*
*   then begin minEntf[A]:=c(k); minBg[A]:=k;*
*   if c(k) < minEntf[E] then begin minEntf[E]:=c(k); minBg[E]:=0;*
*   { Bestimmt c(k) minEntf sowohl beim Anfangs- als auch beim
                      Endknoten von k, so wird k nur einmal als minBg gespeichert.}*
*   end; end*
*   else if c(k)<minEntf[E] then begin minEntf[E]:=c(k);*
*   minBg[E]:=k end;*
*   end;*
*   for w:=1 to wE do begin   k:=MinBg[w];*
*   if k<>0 then { k verbindet zwei Pseudoknoten, d.h. zwei Bäume }begin*
*   TauschStzBg(0, k); Kosten:=Kosten+ c(k); Abbr:=false;*
*   { Kein Abbruch, solange dem Gerüst ein neuer Bogen zugefügt wurde.}*
*   end;*
*   end;*
*   { Teilschritt b: } Markiere(w);*
* until Abbr;*
End;

5.2 Erreichbarkeit und Wegminimierung

In diesem Abschnitt wollen wir auf den in Definition 3.4 festgelegten Erreichbarkeitsbegriff zurückkommen, der die Basis vieler Such- und Wegprobleme ist.

Problem 5.3 Erreichbarkeit
Gegeben sind ein gerichteter Graph $G = [\ K, B\ ]$ und ein Knoten $Start \in K$.
Gesucht sind alle Knoten, die von $Start$ aus erreichbar sind.

Wir betrachten den Untergraphen $U(K')$ zur Menge der von $Start$ aus erreichbaren Knoten. In diesem Untergraphen muß es Gerüste geben, die Wurzelbäume mit der Wurzel $Start$ sind. Ein solches Gerüst wollen wir als *Erreichbarkeitsbaum* im Graphen G zum Knoten $Start$ bezeichnen und seine Beschreibung als Lösung des Erreichbarkeitsproblems 5.2.1 ansehen.
Zur Lösung gibt es zwei verschiedene algorithmische Grundprinzipien:
1) die *Tiefensuche* (*Depth First Search*, abgekürzt DFS),
2) die *Breitensuche* (*Breadth First Search*, abgekürzt BFS).

Algorithmus Tiefensuche
a) Beginnend mit $i = Start$, bestimme man den ersten noch nicht besuchten Nachfolgerknoten j von i; vermerke bei j, woher man zu ihm gekommen ist, und mache j zum aktuellen Knoten i.
b) Hat der aktuelle Knoten i keinen Nachfolgerknoten, der noch nicht besucht wurde, so bricht die Suche ab, wenn $i = Start$ gilt; andernfalls mache man den Knoten, von dem aus i erreicht wurde, zum aktuellen Knoten i (*Rückwärtsschritt*, auch: *Backtracking*).

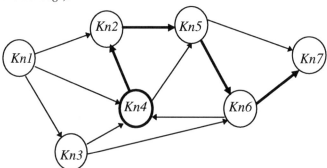

Bild 5.4

Der Leser wird erkannt haben, daß sich für das Speichern der notwendigen Informationen ganz ausgezeichnet unsere Funktion $StzBg(i)$ eignet. Anfänglich setzen wir bei allen Knoten außer dem $Start$-Knoten für $StzBg$ den Wert 0 und bei

Start den Wert *WrzBg*. Wird der Knoten *j* über den Bogen *k* betreten, so erhält *StzBg(j)* den Wert *k*. Es ist nun nicht schwer, den Algorithmus in einer Methode der Datenstruktur *Graph* wie folgt zu präzisieren.

*procedure Graph.**DFS**(Start: Word);*
var i, j: Word; k: Integer; neuKn: Boolean;
Begin InitStzBg(Start); i:=Start; k:=ABg1(i);
   repeat neuKn:=false;
      while not neuKn and IstBg(k) do begin
         j:=EK(k);
         if StzBg(j)=0
            then begin neuKn:=true; SetzStzBg(j, k); i:=j; k:=ABg1(i); end
            else k:=nABg(i,k);
      end;
      if not neuKn and (i<>Start) then begin { Backtracking }
         k:=StzBg(i); i:=AK(k); k:=nABg(i,k);
      end;
   until (i=Start) and not IstBg(k);
End;

Beispiel 5.3 Bild 5.4 zeigt das Ergebnis von *DFS(Kn4)*.

Algorithmus Breitensuche
a) Trage den Knoten *Start* in eine Hilfsliste ein und setze die Leseposition dieser Hilfsliste auf diesen ersten Eintrag.
b) Sofern die aktuelle Leseposition der Hilfsliste noch nicht deren Ende überschritten hat, entnehme der Hilfsliste den an dieser Position gespeicherten Knoten *i* und erhöhe die Leseposition um Eins; ergänze die Hilfsliste durch alle Nachfolgerknoten *j* von *i*, die noch nicht besucht wurden.
Das Verfahren bricht ab, wenn die aktuelle Leseposition hinter dem Ende der Hilfsliste steht.

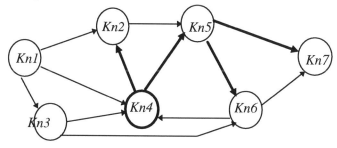

Bild 5.5

*procedure Graph.**BFS**(Start: Word);*
type WArray=Array[1..maxN] of Word;
var i, j, Schreibpos, Lesepos: Word; k: Integer; Hilfsliste=WArray;
Begin InitStzBg(Start);
  Schreibpos:=1; Hilfsliste[Schreibpos]:=Start;
  Lesepos:=0;
  while Lesepos<Schreibpos do begin
    Lesepos:=Lesepos+1; i:=Hilfsliste[Lesepos];
    k:=ABg1(i);
    while IstBg(k) do begin
      j:=EKn(k);
      if StzBg(j)=0 then begin SetzStzBg(j, k);
        Schreibpos:=Schreibpos+1; Hilfsliste[Schreibpos];=j;
      end;
      k:=nABg(i,k);
    end;
  end;
End;

Beispiel 5.4 Bild 5.5 zeigt das Ergebnis der Ausführung von *BFS(Kn4)* in dem gleichen Graphen, der im Bild 5.4 für *DFS(Kn4)* zugrunde gelegt wurde. Man beachte, daß die Erreichbarkeitsbäume (fett) unterschiedlich sind und den jeweiligen Charakter des Verfahrens widerspiegeln.

Die **Zeitkomplexität** beider Verfahren ist leicht abzuschätzen: Beim Verfahren *DFS* wird (im schlechtesten Fall) jeder Bogen zweimal durchlaufen - einmal beim Vorwärtsgehen und zum anderen beim Rückwärtsschritt. Beim Verfahren *BFS* wird auf (im schlechtesten Fall) jeden Bogen genau einmal zugegriffen. Beide Verfahren haben also die Laufzeitabschätzung $O(m)$, wobei *BFS* leicht schneller ist, allerdings zu Lasten eines Hilfsspeichers der Größenordnung $O(n)$.
Ersetzt man in den Prozeduren *DFS(Start)* und *BFS(Start)* die Menge *ABg(i)* der Ausgangsbögen aus einem Knoten *i* durch die Menge *InzBg(i)* aller mit dem Knoten *i* inzidenten Bögen, d.h., verwendet man anstelle von *ABg1(i)* und *nABg(i,k)* *InzBg1(i)* bzw. *nInzBg(i,k)*, so ermittelt man anstelle der von *Start* aus erreichbaren Knoten die Menge aller durch Ketten mit *Start* verbundenen Knoten, also die Knoten der zusammenhängenden Komponente des Graphen, der der Knoten *Start* angehört. Man kann wie folgt vorgehen.

*function Graph.**AnzZushgdKomp**: Word;*
var i, Start: Word; w, z: Integer;
  *procedure **Zusammenhang**(Start: Word);*   { DFS mit *InzBg* statt *ABg* }
  var i, j: Word; k: Integer;

5.2 Erreichbarkeit und Wegminimierung

Begin { Zusammenhang } *InitStzBg(Start); i:=Start; k:=**InzBg1**(i);*
  repeat neuKn:=false;
    while not neuKn and IstBg(k) do begin j:=EK(k);
      if StzBg(j)=0
        then begin neuKn:=true; SetzStzBg(j, k); i:=j; k:=ABg1(i); end
        *else k:=**nInzBg**(i,k);*
    end;
    if not neuKn and (i<>Start) then begin { Backtracking }
      *k:=StzBg(i); i:=AK(k); k:=**nInzBg**(i,k); end;*
  until (i=Start) and not IstBg(k);
End { Zusammenhang };
Begin {AnzZushgdKomp} *InitMarke(0); Start:=1; w:=1;*
  repeat Zusammenhang(Start);
    { „Erreicht" wurden alle Knoten *i*, für die *StzBg(i)* nicht Null ist.
    Für sie wird *Marke(i)* auf den aktuellen Wert *w* gesetzt. In derselben
    Schleife werden alle Knoten mit *Marke(i)*≠ 0 gezählt → *z*}
  z:=0;
  for i:= 1 to n do
    if StzBg(i)<>0 then begin SetzMarke(i, w); z:=z+1; end
           else if Marke(i)<>0 then z:=z+1;
  if z<n then begin { Es existiert mindestens eine weitere
    zusammenhängende Komponente. }
    w:=w+1; i:= 1; while Marke(i)<>0 do i:=i+1; Start:=i;
  end;
  until z=n;
  AnzZushgdKomp:=w;
End {AnzZushgdKomp };

Kehren wir zurück zur Ausgangsaufgabe dieses Abschnitts, dem Erreichbarkeitsproblem. Die Prozeduren *DFS* und *BFS* erzeugen jeweils einen Wurzelbaum in einem Graphen *G = [K, B]*, der zu jedem Knoten, der von dem Knoten *Start* aus erreichbar ist, einen Weg enthält, auf dem man ihn erreichen kann. Im allgemeinen ist ein Knoten *i* von einem Knoten *Start* aus auf mehreren Wegen erreichbar, in manchen Graphen sogar auf sehr vielen. Dieser Tatsache entspricht ja auch, daß die beiden Algorithmen im allgemeinen verschiedene Wurzelbäume liefern und daß jeder der Algorithmen für die gleiche mathematische Struktur *G* verschiedene Ergebnisse liefern kann, wenn man *G* in verschiedener Weise notiert, z. B. in verschiedenen Bogennumerierungen. In praktischen Fällen - stellen wir uns z.B. den Graphen als Straßennetz vor (nur Einbahnstraßen!) - wird man häufig nicht nach irgendeinen Weg von *Start* nach *i* fragen, sondern nach einem kürzesten. Dies setzt natürlich voraus, daß wir uns nicht in *Graph*, sondern in *Netz1* bewegen.

Problem 5.4.1 Kürzeste Wege von einem Knoten zu allen erreichbaren Knoten
Gegeben sind eine Datenstruktur vom Typ *Netz1* in Form eines gerichteten Graphen
$G = [\ K,\ B\ ]$ und einer über B erklärten reellwertigen Funktion $c(k)$ sowie ein
Knoten $Start \in K$. Gesucht sind zu jedem Knoten, der von *Start* aus erreichbar ist,
ein kürzester elementarer Weg (siehe Definition 3.3) und seine Länge.

Wir wollen vereinbaren: Wenn wir im weiteren den Begriff *kürzester Weg* benutzen,
so ist immer ein elementarer Weg gemeint.
Die Aufgabenstellung verlangt von uns eine Wegangabe. Das werden wir wieder mit
StzBg(i) bewerkstelligen, das gleichzeitig der Markierung dient, ob der Knoten i
erreichbar ist oder nicht. Den Anwender werden natürlich auch die Weglängen
interessieren, auch wenn in der Problemstellung davon nicht explizit gesprochen
wird. Folglich ordnen wir jedem Knoten $i \in K$ eine reelle Zahl $t(i)$ zu.

Definition 5.1 *Eine über der Knotenmenge eines gerichteten Graphen erklärte
Funktion $t(i)$ wird* P o t e n t i a l *genannt.*

Da bei vielen Aufgaben in Netzen ein solches Potential benötigt wird, wollen wir
unterstellen, daß die Arbeit mit ihm in der Datenstruktur *Netz1* vorbereitet ist, d.h.,
wir sehen $t(i)$ als Methode dieser Datenstruktur an. Da es sich um eine Variable
handelt, benötigen wir eine Methode **SetzT(i, Wert)**, mit der man einem einzelnen
Knoten einen t-Wert zuweisen kann. Es ist bequem, außerdem eine Methode
InitT(Wert) vorauszusetzen, mit der man allen Knoten den gleichen t-Wert
zuweisen kann.
Für unser Problem der kürzesten Wege soll gelten (vgl. auch Definition 2.3):

$$t(i) = \begin{cases} 0 & \text{für } i = Start, \\ \infty, & \text{wenn } i \text{ von } Start \text{ aus nicht erreichbar ist}, \\ \text{Länge eines kürzesten Weges von } Start \text{ nach } i \text{ sonst.} \end{cases}$$

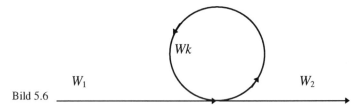

Bild 5.6

Die Länge $L(W)$ eines Weges W ist natürlich die Summe der Längen $c(k)$ seiner
Bögen. Betrachten wir einen nicht-elementaren Weg (siehe Bild 5.6), bestehend

5.2 Erreichbarkeit und Wegminimierung 91

aus einem elementaren Teilweg W_1, einem Kreis Wk und einem elementaren Teilweg W_2. Den elementaren Weg $W_1 + W_2$ wollen wir als elementare Reduktion des nicht-elementaren Weges $W = W_1 + Wk + W_2$ bezeichnen. Die elementare Reduktion des nicht-elementaren Weges kann nur dann kürzer sein als der Weg selbst, wenn der Kreis Wk keine negative Länge besitzt.

Satz 5.1 *Ein kürzester elementarer Weg von einem Knoten i zu einem Knoten j, der über den Knoten i* führt, besteht genau dann in jedem Fall aus einem kürzesten Weg vom Knoten i zum Knoten i* und einem kürzesten Weg vom Knoten i* zum Knoten j, wenn das Netz keinen Kreis negativer Länge enthält.*

Beweis: Sollte es einen kürzeren Weg $W'(i^*, j)$ von i^* nach j geben als den Teilweg $W(i^*, j)$ des kürzesten Weges von i nach j, so ist das nur möglich, wenn $W'(i^*, j)$ nicht elementar ist, denn sonst könnten wir den gegebenen Weg von i nach j verkürzen. Gemäß unseren Vorbetrachtungen ist ein nicht-elementarer Weg nur dann kürzer als seine elementare Reduktion, wenn er Kreise negativer Länge enthält. Folglich: Ist das Netz kreisfrei, so ergibt in jedem Fall die Addition kürzester Wege wieder einen kürzesten Weg. Umgekehrt: Enthält das Netz Kreise negativer Länge, so muß damit gerechnet werden, daß die Addition zweier kürzester Wege einen nicht-elementaren Weg liefert, also nicht den gesuchten elementaren kürzesten Weg. □

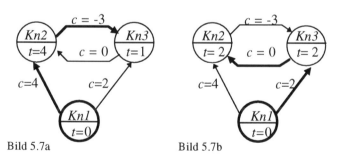

Bild 5.7a   Bild 5.7b

Beispiel 5.5 Zur Demonstration betrachten wir das Bild 5.7. Das Netz enthält den Kreis [*[Kn2, Kn3], [Kn3, Kn2]*] mit der Länge -3. Wir suchen die kürzesten Wege vom Knoten *Kn1*. Im Bild 5.7a wird gezeigt, daß zum Knoten *Kn3* ein Weg der Länge $t(Kn3) = 1$ führt. Der darf aber nicht fortgesetzt werden durch den kürzesten Weg von *Kn3* nach *Kn2* zu einem kürzesten Weg nach *Kn2*, sondern der kürzeste Weg vom Knoten *Kn1* zum *Kn2* ist im Bild 5.7b aufgezeigt. Er hat die Länge $t(Kn2) = 2$.

Der Leser möge einwenden, daß er ohnehin $c(k) \geq 0$ für $k \geq 0$ unterstellt habe - womit negative Weg- bzw. Kreislängen unmöglich sind - und daß negative Bogenlängen schwer vorstellbar sind. Aber wir haben schon gesehen, daß auch praktische Aufgaben schnell zu abstrakteren Formulierungen führen, und im betrachteten Fall könnten die Bogenlängen auch Kosten darstellen, und negative Kosten sind als Gewinne sehr real zu interpretieren.

Wir werden im weiteren davon ausgehen, daß negative Bogenlängen zugelassen sind, aber Kreise negativer Länge auf einen Datenfehler hindeuten. Wir suchen also Algorithmen, die Kreise negativer Länge erkennen, verlangen aber nicht, daß sie in diesem Fall das Problem 5.4 lösen, denn es ist bekannt, daß Algorithmen für den allgemeinen Fall exponentielle Zeitkomplexität haben.

Betrachten wir nun den Untergraphen zur Menge der von Start aus erreichbaren Knoten. Wenn wir voraussetzen, daß der kürzeste Weg von *Start* zu einem Knoten *j* sich aus einem kürzesten Weg von *Start* zu einem Knoten *i* und einem kürzesten Weg von *i* nach *j* zusammensetzt, so ist $t(j) - t(i)$ die Länge des kürzesten Weges von *i* nach *j*. Somit muß für jeden von *i* nach *j* führenden Weg W_{ij} folgendes gelten: $(t(j) - t(i)) \leq L(W_{ij})$. Insbesondere muß für jeden Bogen k $t(EK(k)) - t(AK(k)) \leq c(k)$ gelten. Enthält der betrachtete Untergraph einen Kreis *W*, so fixieren wir irgend zwei Knoten *i* und *j* auf diesem Kreis und zerlegen *W* in zwei Wege: W_1, der von *i* nach *j* führt, und W_2, der von *j* nach *i* führt. Für die Weglängen $L(W)$, $L(W_1)$, $L(W_2)$ gilt dann $t(j) - t(i) \leq L(W_1)$, $t(i) - t(j) \leq L(W_2)$ und folglich $0 \leq L(W_1) + L(W_2) = L(W)$. Wir erhalten das aus Satz 5.1 bekannte Resultat: Die auf die Weglängen $t(i)$ gestützte Lösung der Aufgabe erfordert, daß es keine Kreise negativer Länge gibt.

Beispiel 5.6 In dem im Bild 5.7 gezeigten Netz sollte ein Algorithmus eine der beiden Lösungen (Bild 5.7a oder Bild 5.7b) angeben und dazu die Information, daß ein unzulässiger Kreis vorliegt. Eine Durchmusterung aller Bögen würde dann für die Lösung von Bild 5.7a ergeben, daß für den Bogen *[Kn3, Kn2]* in unzulässiger Weise $t(Kn2) - t(Kn3) - c([Kn3, Kn2]) = 3 > 0$ gilt, und dem kann man entnehmen, daß der Bogen den durch *StzBg* gegebenen Weg von *Kn2* zu *Kn3* zu einem Kreis der Länge -3 schließt. Analog würde die Analyse der Lösung aus Bild 5.7b ergeben, daß für den Bogen *[Kn2, Kn3]* $t(Kn3) - t(Kn2) - c([Kn2, Kn3]) = 3 > 0$ in unzulässiger Weise vorliegt. Folglich schließt dieser Bogen den durch *StzBg* gegebenen Weg von *Kn3* zu *Kn2*, nämlich den Bogen *[Kn3, Kn2]*, zu einem Kreis der Länge -3.

Algorithmus von Dijkstra zur Bestimmung der kürzesten Wege

Voraussetzung: $c(k) \geq 0$ für alle $k \in B$.

Beginnend mit $t(Start) := 0$; $SetzStzBg(Start, WrzBg)$ und $K' := \{ Start \}$ wiederhole man folgenden Prozeß, bis $K' = K$ gilt:

Man bilde *ABg(K´)* und berechne für $k \in ABg(K´)$, $i = AK(k)$, $j = EK(k)$ die Werte
$\tau(j) := t(i) + c(k)$.

Nun bestimme man das *k* und das zugehörige *j* mit kleinstem Wert $\tau(j)$ und erweitere *K´* um den Knoten *j*: $K´ := K´ \cup \{ j \}$; $t(j) := \tau(j)$.

Der Bogen *k*, der das Minimum bestimmt, wird in das Stützgerüst aufgenommen.

Beispiel 5.7

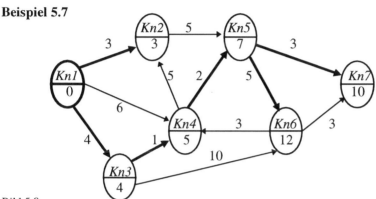

Bild 5.8

Start = Kn1. Die fett gezeichneten Elemente bilden den Erreichbarkeitsbaum aus kürzesten Wegen. Wir skizzieren den Ablauf des Algorithmus:

1) $K´ = \{ Kn1 \}$: $\tau(Kn2) = 3$, $\tau(Kn3) = 4$, $kMin = [Kn1, Kn2]$, $t(Kn2) = 3$
2) $K´ = \{ Kn1, Kn2 \}$: $\tau(Kn3) = 4$, $\tau(Kn4) = 6$, $\tau(Kn5) = 8$, $kMin = [Kn1, Kn3]$, $t(Kn3) = 4$
3) $K´ = \{ Kn1, Kn2, Kn3 \}$: $\tau(Kn4) = 6$, $\tau(Kn4) = 5$, $\tau(Kn5) = 8$, $kMin = [Kn3, Kn4]$, $t(Kn4) = 5$
4) $K´ = \{ Kn1, Kn2, Kn3, Kn4 \}$: $\tau(Kn5) = 8$, $\tau(Kn5) = 7$, $\tau(Kn6) = 14$, $kMin = [Kn4, Kn5]$, $t(Kn5) = 7$
5) $K´ = \{ Kn1, Kn2, Kn3, Kn4, Kn5 \}$: $\tau(Kn6) = 12$, $\tau(Kn6) = 14$, $\tau(Kn7) = 10$, $kMin = [Kn5, Kn7]$, $t(Kn7) = 10$
6) $K´ = \{ Kn1, Kn2, Kn3, Kn4, Kn5, Kn7 \}$: $\tau(Kn6) = 12$, $\tau(Kn6) = 14$, $kMin = [Kn5, Kn6]$, $t(Kn6) = 12$
7) $K´ = \{ Kn1, Kn2, Kn3, Kn4, Kn5, Kn6, Kn7 \} = K$, das Verfahren endet.

Beweis der Effektivität des Dijkstra-Algorithmus: Wir betrachten die Aufnahme des Knotens *j* in die Menge *K´*. Angenommen es gäbe einen kürzeren Weg von *Start* nach *j* als den gefundenen, der über $i \in K´$ führt. Er müßte über einen Knoten $i^* \notin K´$, $i^* = EK(k)$ für ein $k \in ABg(K´)$ führen. Da aber für alle $i^* \notin K´$ $t(j^*) \geq t(j)$ gilt, denn $t(j)$ ist ja das Minimum aller $t(j^*)$ für $j^* = EK(k)$, $k \in ABg(K´)$, so ist das unmöglich, wenn alle Bogenlängen größer/gleich Null sind.

94 5 Optimierung auf Graphen mit einer Bogenbewertung

Die **Zeitkomplexität** des Dijkstra-Algorithmus können wir mit $O(n^2)$ abschätzen, denn das Verfahren führt für jeden Knoten eine Minimumbildung über eine durch $O(n)$ abschätzbare Knotenanzahl durch.

Beispiel 5.8 Das im Bild 5.9 gezeigte einfache Netz demonstriert, daß der Algorithmus bei negativen Bogenlängen versagt. Er würde die im Bild angegebene Lösung erzeugen, weil unterstellt wird, daß bei der Bestimmung von $t(Kn3)$ kein Weg berücksichtigt werden muß, der einen größeren t-Wert als $t(Kn3)$ besitzt.

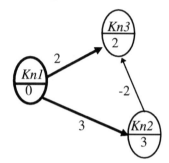

Bild 5.9

Der Algorithmus ist auch für Rechnungen ohne Computer in einem gezeichneten Netz - etwa einer Landkarte - geeignet. Sein besonderer Vorteil für diesen Fall besteht darin, daß er abgebrochen werden kann, wenn ein ins Auge gefaßter *Ziel*-Knoten einen t-Wert erhalten hat.

Auf der Suche nach einem allgemeingültigeren Algorithmus für das Problem 5.4, der die oben genannten Wünsche erfüllt, erinnern wir uns, daß das Problem in seinem Kern ein Erreichbarkeitsproblem ist, und für letzteres haben wir mit Tiefen- und Breitensuche leistungsfähige Algorithmen. Wir werden uns im folgenden auf das Verfahren *DFS* stützen, weil bei ihm der Test auf Kreise negativer Länge effizienter ausführbar ist als beim Verfahren *BFS*.
Das Grundproblem der Übertragung von *DFS* auf die hier betrachtete Aufgabe besteht im folgenden: Wird ein Knoten j zum wiederholten Mal erreicht und dabei festgestellt, daß der neue Weg zu diesem Knoten kürzer ist als der alte, so ist zunächst zu prüfen, ob sich über diesen Weg ein Kreis negativer Länge schließt. Kann dies verneint werden, so kann der Wert von $t(j)$ aktualisiert werden, aber es ist zu beachten, daß im allgemeinen mit dem alten, falschen Wert schon die t-Werte nachfolgender Knoten bestimmt wurden. Der originale *DFS*-Algorithmus ignoriert Knoten, die schon einmal erreicht wurden, enthält also keine Systematik, um die Korrektur von $t(j)$ fortzupflanzen. Nun könnte man ihn leicht so abändern, daß im Falle einer Korrektur von $t(j)$ der Knoten j Ausgangspunkt der Fortsetzung des Algorithmus ist. Damit entzöge sich jedoch die Steuerung unserer Übersicht. Wir könnten nicht mehr abschätzen, wie oft auf einen Bogen zugegriffen wird, und

5.2 Erreichbarkeit und Wegminimierung

tatsächlich lassen sich Beispiele konstruieren, bei denen die Zeitkomplexität eines solchen Algorithmus exponentiell mit der Problemgröße wächst.
Wir wählen daher eine andere Variante: In dem betrachteten Fall brechen wir nach der Korrektur von *t(j)* den Algorithmus ab und wiederholen ihn mit den neuen Ausgangswerten *t(j)* vollständig. Da in jedem Lauf mindestens ein neuer Knoten seinen exakten *t*-Wert erhält, sind maximal $O(n)$ Wiederholungen des *DFS*-Algorithmus nötig, und jeder Lauf von *DFS* benötigt maximal $O(m)$ Operationen, so daß wir die **Zeitkomplexität** $O(m \cdot n)$ erhalten. Dabei haben wir den Test auf Kreise außer acht gelassen. Er kann jedoch nebenbei erledigt werden: Kreisverdacht besteht, wenn ein Knoten *j* wiederholt erreicht wird über einen Bogen *k* mit *AK(k)* = *i*, *EK(k)* = *j* und dabei *t(j)* korrigiert werden müßte. Der Verdacht ist genau dann berechtigt, wenn der durch die Stützbögen beschriebene Rechenweg zu *j* über den Knoten *i* verläuft. Dies ist jedoch durch eine *Marke(i)* zu kontrollieren, die für Knoten des aktuellen Weges, auf dem der Algorithmus arbeitet, z.B. den Wert Eins hat, während sie für alle übrigen Knoten den Wert Null hat. Bestätigt sich ein Kreisverdacht, so wird *t(j)* nicht korrigiert, sondern das Verfahren läuft weiter. Auf diese Weise können mehrere Kreise negativer Länge aufgedeckt werden, und man erhält ein auswertbares System aus *t* und *StzBg*.
Durch die Steuerung von *DFS* mittels *StzBg* ergibt sich eine weitere Problematik: *StzBg* soll als Resultat des Gesamtalgorithmus den Wurzelbaum der kürzesten Wege beschreiben. Dieser ist im allgemeinen von dem für den Lauf des Teilalgorithmus *DFS* typischen und wichtigen Erreichbarkeitsbaum verschieden. Folglich verwenden wir in der Kopie von *DFS* - „*DFSStep*" - statt *StzBg* eine gleichartige Hilfsstruktur *Faden* als „Ariadnefaden", mit dem wir das Labyrinth, das unser Netz darstellt, durchsuchen.
In der nachfolgend angegebenen Prozedur wurden alle Zusätze zum originalen *DFS* durch Unterstreichung hervorgehoben.

*procedure Netz1.**KuerzstWeg** (Start:Word; var Kreis: Boolean);*
var Wdhlg:Boolean;
*procedure **DFSStep**(Start:Word; <u>var Kreis, Wdhlg: Boolean</u>); forward;*
<u>*Begin*</u> *{ KuerzstWeg }*
  InitStzBg(Start); InitT(Unend); SetzT(Start,0); Kreis:=false;
  repeat DFSStep(Start, Kreis, Wdhlg);   until not Wdhlg
<u>*End*</u>*;*
*procedure **DFSStep**(Start:Word; <u>var Kreis, Wdhlg: Boolean</u>);*
<u>*type IArray = Array[1..maxN] of Integer;*</u>
var i,j: Word; k: Integer; neuKn: Boolean;
    <u>*Faden: IArray; i,j:Word; k: Integer; dt: real;*</u>

Begin { DFSStep } <u>*Wdhlg:=false;*</u>
  for i:=1 to n do begin Faden[i]:=0; <u>SetzMarke(i,0);</u> end;

```
Faden[Start]:=WrzBg; SetzMarke(Start,1);   i:=Start; k:=ABg1(i);
repeat neuKn:=false;
    while not neuKn and IstBg(k) and not Wdhlg do begin
        j:=EKn(k); dt:=t(i)+c(k)-t(j);
        if Faden[j]=0
            then begin
                Faden[j]:=k; i:=j; k:=ABg1(i); neuKn:=true; SetzMarke(j,1);
                if dt < 0 then begin SetzT(j, t(j)+dt); SetzStzBg(j,k); end;
            end
            else { j wird wiederholt erreicht }begin
                if dt < 0 then
                    if Marke(j)=1 then Kreis:=true
                        else begin
                            SetzT(j, t(j)+dt); SetzStzBg(j,k); Wdhlg:=true; end;
                k:=nABg(i,k);
            end;
    end;
    if not neuKn and (i<>Start) and not Wdhlg then begin
        k:=Faden[i]; i:=AKn(k); k:=nABg(i,k); SetzMarke(i,0);
    end;
until (i=Start) and not IstBg(k) or Wdhlg;
End; { DFSStep }
```

Problem 5.4.2 Kürzeste Wege von jedem Knoten zu allen erreichbaren Knoten
In einigen Anwendungen benötigt man die Abstände zwischen je zwei Knoten eines Graphen. In diesen Fällen verwendet man die *Distanzmatrix* $D = (D_{ij})_{i,j=1,2,...,n}$, wobei gilt (siehe auch Definition 2.3):

$$D_{ij} = \begin{cases} 0, & \text{falls } i = j, \\ \infty, & \text{wenn } j \text{ von } i \text{ aus nicht erreichbar ist,} \\ \text{Länge eines kürzesten Weges von } i \text{ nach } j, \text{ falls } j \text{ von } i \text{ aus ereichbar ist.} \end{cases}$$

Man kann unter Nutzung des erarbeiteten Algorithmus *Kuerzweg* wie folgt vorgehen:

Algorithmus der wiederholten Anwendung von *KuerzstWeg*
a) Vorbereitung: $D_{ij} := 0$ für $i, j = 1, 2,..., n$.
b) *KuerzstWeg(1, Kreis)*. Falls *Kreis = true*, brechen wir ab.
Andernfalls gilt für $j = 2, 3, ..., n$: $D_{1j} := t(j)$. Darüberhinaus gilt für $i > 1$ und $j = 1, 2, ..., n$, $j \neq i$: Aus $StzBg(i) \neq 0$ und $StzBg(j) = 0$ folgt $D_{ij} = \infty$.

Ferner können wir von jedem Knoten j mit $StzBg(j) \neq 0$ den durch $StzBg$ gegebenen Weg vom Knoten 1 zum Knoten j zurückverfolgen und für jeden Knoten i dieses Weges $D_{ij} := t(j) - t(i)$ setzen.

c) Nun durchmustern wir die Matrix D nach Elementen $D_{ij} = 0$ mit $i \neq j$ ($i > 1$): Finden wir ein solches Element, so ist *KuerzstWeg(i, Kreis)* durchzuführen und das Ergebnis in gleicher Weise auszuwerten wie das von *KuerzstWeg(1, Kreis)*. Das Verfahren endet, sobald $D_{ij} \neq 0$ für alle i und j mit $i \neq j$ festgestellt wird.

Natürlich müssen wir im ungünstigen Fall mit einer **Zeitkomplexität** von $O(n^2 m)$ rechnen.

Für den Fall $c(k) \geq 0$ für alle $k = 1, 2, ..., m$ wurde bereits im Abschnitt 2.1.3 ein Verfahren angegeben, das diesen Algorithmus zur Lösung des Problems 5.4.2 schematisiert.

5.3 Matchings

Der Begriff Matching wird verwendet, wenn von Prüfungen auf Übereinstimmung oder Zuordnung die Rede ist. Wir wollen unter diesem Begriff die folgende Aufgabe verstehen.

Problem der Maximumpaarung von Knoten in einem Graphen $G = [K, B]$
Gesucht wird eine Teilmenge der Kanten $B´ \subseteq B$ mit folgenden Eigenschaften:
- Es gibt keine zwei der Kanten in $B´$, die mit denselben Knoten inzidieren.
 (Kanten, die keinen Knoten gemeinsam haben, heißen *unabhängige Kanten*.)
- Unter allen Mengen unabhängiger Kanten hat $B´$ eine maximale Elementanzahl.
 $B´$ ist eine Maximummenge unabhängiger Kanten.

Eine Maximummenge unabhängiger Kanten bestimmt eine *Maximumpaarung* (*maximum matching*) in der Knotenmenge von G. Ist beispielsweise G ein bipartiter Graph (die Knotenmenge zerfällt in zwei durchschnittsfremde Teilmengen, und jede Kante verbindet einen Knoten der einen Teilmenge mit einem Knoten der anderen Teilmenge), so könnte die eine Knotenteilmenge Personen repräsentieren und die andere gewisse Eigenschaften. Durch eine Maximumpaarung oder *Zuordnung* wird dann unter den Personen eine größtmögliche Anzahl ausgewählt, von denen jede genau eine der genannten Eigenschaften besitzt.
Das Problem wird auch mit zusätzlichen Kantenbewertungen gestellt. Dann wird natürlich ein Bewertungsmaximum gesucht. Wir wollen uns hier jedoch auf das genannte Problem beschränken und verweisen für den Fall der Aufgabenstellung in

98 5 Optimierung auf Graphen mit einer Bogenbewertung

bipartiten Graphen mit Bewertung auf die Aufgabe 6.6, in der das Problem auf ein Stromproblem transformiert wird.

Der Leser wird bemerkt haben, daß wir die Aufgabe für Kanten formuliert haben, also für diese Aufgabe einen ungerichteten Graphen unterstellen. Bei der weiteren Behandlung setzen wir daher voraus, daß der gegebene ungerichtete Graph durch einen seiner gerichteten Teilgraphen beschrieben wird, und zwar so, daß zu jeder seiner Kanten genau ein Bogen gegeben ist.

Definition 5.2 *Ist B´ eine Menge unabhängiger Kanten, so heißt ein Knoten, der mit keinem Bogen aus B´ inzident ist,* e x p o n i e r t *bezüglich B´.*
Eine Kette, die abwechselnd eine Kante aus B´ und eine aus B \ B´ enthält, heißt a l t e r n i e r e n d e K e t t e *bezüglich B´.*
Eine bezüglich B´ alternierende Kette heißt B´- v e r g r ö ß e r b a r, *wenn ihre Endpunkte voneinander verschiedene exponierte Knoten sind.*
Eine geschlossene bezüglich B´ alternierende Kette wird als B l ü t e *bezeichnet.*

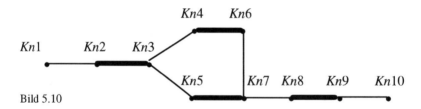

Bild 5.10

Beispiel 5.9 Im Bild 5.10 sind die Kanten, die zur aktuellen Menge *B´* unabhängiger Kanten gehören, fett gezeichnet. *Kn1* und *Kn10* sind exponiert. Die Kette [*(Kn1, Kn2), (Kn2, Kn3), (Kn3, Kn5), (Kn5, Kn7), (Kn7, Kn8), (Kn8, Kn9), (Kn9, Kn10)*] ist *B´*-vergrößerbar. Wechselt man die Zugehörigkeit ihrer Kanten bezüglich *B´*, so wird die Anzahl der Elemente von *B´* um Eins vergrößert (Bild 5.11), und dies gilt offensichtlich für jede *B´*-vergrößerbare Kette.
[*(Kn3, Kn4), (Kn4, Kn6), (Kn6, Kn7), (Kn5, Kn7), (Kn3, Kn5)*] ist eine Blüte.

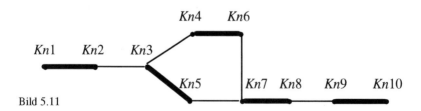

Bild 5.11

5.3 Matchings

Satz 5.2 *Eine Menge B' unabhängiger Kanten ist genau dann* m a x i m a l, *wenn es keine B'-vergrößernde Kette gibt.*

Dieser auf C. Berge zurückgehende Satz ist die Grundlage für den nachfolgenden

Lösungsalgorithmus für das Problem Maximumpaarung
a) Man bilde eine Ausgangspaarung *P,* indem man sukzessiv versucht, jedem Knoten eine der mit ihm inzidenten Kanten zuzuordnen.
b) Existieren zur Ausgangspaarung mindestens zwei exponierte Knoten innerhalb einer zusammenhängenden Komponente, so wird sukzessiv für die exponierten Knoten versucht, eine *P*-vergrößernde Kette zu finden. Dafür dient der Erreichbarkeitsalgorihmus *DFS* als Grundlage.

Es ist klar, daß Kettenfindung im Prinzip eine Erreichbarkeitsfrage ist, nur muß die Vorgehensweise mit der Art der Kette - hier: alternierende Kantenfolge - abgestimmt werden.
Die erste Abweichung vom Originalalgorithmus *DFS*, Kanten statt Bögen, haben wir schon beim Zusammenhangsalgorithmus behandelt: Statt der Menge *ABg(i)* wird die Menge *InzBg(i)* verwandt, da wir einen Knoten *i*, den wir betreten haben, nicht mehr nur über Ausgangsbögen, sondern über alle mit ihm inzidenten Bögen verlassen können, ausgenommen den, über den wir gekommen sind.
Die zweite Besonderheit besteht darin, daß wir nur alternierende Ketten suchen, die in einem exponierten Knoten beginnen. Das bedeutet, daß jede zweite Kante eine Kante aus *P* sein muß. Anders ausgedrückt, es sei $i_1 \Rightarrow k_1 \rightarrow i_2 \Rightarrow k_2 \rightarrow i_3$ eine Knoten-Bogen-Folge der folgenden Art: Vom Knoten i_1 geht es über die Kante k_1 zum Knoten i_2 und von diesem über die Kante k_2 zum Knoten i_3, und es gilt $k_1 \notin P$, $k_2 \in P$. In dieser Folge ist die Teilfolge Knoten i_3 nach Knoten i_2 auf Grund der Paarung $k_2 = (i_2, i_3) \in P$ zwangsläufig. Diese Zwangsläufigkeit bedeutet, Knoten i_2 wurde zwar durchlaufen aber nicht im Sinne des Suchprozesses erreicht, sondern vom Knoten i_1 sind wir über den Bogen k_1 zum Knoten i_3 gelangt, denn nur beim Knoten i_1 hatten wir (eventuell) hinsichtlich des Bogens k_1 Wahlmöglichkeiten. Es ist ähnlich wie bei einer Bahnfahrt, während der man zwar Städte durchfährt, diese aber nicht von der Liste der zu besuchenden Städte streichen kann.
Wir werden wie gewohnt über *StzBg* sowohl die erreichten Knoten markieren, als auch den Rückweg sichern. Nach dem Gesagten wird dabei die Folge $i_1 \Rightarrow k_1 \rightarrow i_2 \Rightarrow k_2 \rightarrow i_3$ so ausgewertet, daß k_1 Stützbogen von i_3 wird, während i_2 keinen beziehungsweise keine neuen Stützbogen bekommt. Diese Verfahrensweise ist besonders wichtig hinsichtlich Blüten.

100   5   Optimierung auf Graphen mit einer Bogenbewertung

Beispiel 5.10 Wir betrachten Bild 5.10. Es enthält die Blüte [*(Kn3, Kn4), (Kn4, Kn6), (Kn6, Kn7), (Kn7, Kn5), (Kn5, Kn3)*]. Von *Kn1* aus erreichen wir *Kn3*. Von *Kn3* aus können wir entweder *Kn6* oder *Kn7* erreichen. Gehen wir von *Kn3* zu *Kn6*, so folgen *Kn5* und *Kn2*. Bei *Kn2* stellen wir fest, daß es nicht weiter geht. Drei Rückwärtsschritte bringen uns wieder nach *K3*, von wo aus jetzt die Alternative *Kn7* ansteht. Im Knoten *Kn7* steht die Alternative, gehe zu *Kn4* (der ja bis jetzt nicht erreicht wurde!) oder zu *Kn9*. Da von *Kn4* aus kein Weiterkommen ist, denn *Kn2* wurde schon erreicht, geht es nach *Kn9*, und von dort wird erkannt, daß der exponierte Knoten *Kn10* erreichbar ist. Aus der gefundenen vergrößernden Kette folgt die im Bild 5.11 gezeigte optimale Lösung.

procedure Graph.Match;
{ Der Algorithmus initialisiert die Methode *Mark(i)* so, daß *Mark(i) = j ≠ 0* für den Knoten *i* gilt, wenn er in einer Maximumpaarung mit dem Knoten *j* durch eine der Kanten aus der Maximummenge unabhängiger Kanten verbunden ist. *Marke(i) = 0* bedeutet, der Knoten *i* ist exponierter Knoten dieser Maximumpaarung. }
<u>var</u> *i, j, p: Word; k: Integer; hatPartner, expPartnerKn, neuKn: Boolean;*
<u>Begin</u>
   { Aufstellung einer Ausgangspaarung: } *p:= 0; InitMarke(0);*
   for i:=1 to n do begin hatPartner:= Marke(i) <> 0; k:=InzBg1(i);
      while not hatPartner and IstBg(k) do begin   j:=EK(k);
      if Marke(j) = 0 then begin SetzMarke(i, j); SetzMarke(j, i);
              hatPartner:=true; p:= p + 2; end
          else k:=nInzBg(i,k);
      end;
   end;
   if p < n -1 then begin { Es existieren mindestens zwei exponierte Knoten. }
      for Start:=1 to n do begin
      if Marke(Start) = 0 then begin { *Start* ist exponiert; *DFS(Start):* }
         InitStzBg(Start); expPartnerKn:=false; i:= Start; k:=InzBg1(i);
         repeat neuKn:= false;
            while IstBg(k) and not (expPartnerKn or neuKn) do
            if Marke(EK(k))<>0
               then begin   j:=Marke(EK(k));
                  if (j<>i) and (StzBg(j) = 0)
                  then begin SetzStzBg(j,k); i:=j; k:=InzBg1(i); end;
                  else k:=nInzBg(i,k); end
               else begin expPartnerKn:=i<>Start;
                  if i=Start then   k:=nInzBg(i,k); end;
            if not expPartnerKn and not neuKn and (i<>Start) then begin
               k:=StzBg(i); i:=AK(k); k:=nInzBg(i,k); end;
         until expPartnerKn or ((i=Start) and not IstBg(k));

```
        if expPartnerKn then { Paarung längs Kette erweitern: }
            repeat j:=EK(k); SetzMarke(i,j); SetzMake(j,i);
                k:=StzBg(i); i:=AK(k);
            until k=WrzBg
        end;
      end;
   end;
End;
```

5.4 Aufgaben

Aufgabe 5.1 Zeigen Sie, daß die Prozedur *MinGrst* keinen Zyklus erzeugt.

Aufgabe 5.2 Führen Sie mit dem Netz, das durch die nachfolgende Tabelle 5.1 beschrieben ist, den Algorithmus *MinGrst* durch, wobei Sie die Felder *minEntf* und *minBg* in der in Tabelle 5.2 angedeuteten Art ständig korrigieren.

	AK(k)	EK(k)	c(k)
1	Kn1	Kn2	1
2	Kn1	Kn3	2
3	Kn2	Kn3	1
4	Kn2	Kn4	2
k	Kn4	Kn3	1

Tabelle 5.1

w	minEntf(w)	minBg(w)
1	∞–1	θ 1
2	∞–1	θ 0
3	∞	0
4	∞	0

Tabelle 5.2

Aufgabe 5.3 a) Welche Information liefern die Prozeduren *DFS* und *BFS*, wenn man in ihnen anstelle der Menge **ABg(i)** der Ausgangsbögen aus dem Knoten i - also *ABg1(i)* und *nABg(i,k)* - die Menge **EBg(i)** der Eingangsbögen zum Knoten i verwendet - also *EBg1(i)* und *nEBg(i,k)*?
b) Entwerfen Sie eine Prozedur als Methode der Datenstruktur *Graph*, die ermittelt, ob der Graph stark zusammenhängend ist. Es genügt offensichtlich, für einen beliebigen Knoten zu zeigen, daß von ihm aus alle Knoten erreichbar sind und daß er von allen Knoten aus erreichbar ist.
c) Aufgabe b) läßt sich weiterführen zur Ermittlung aller stark zusammenhängenden Komponenten des Graphen, indem man allen Knoten j, die von einem Knoten i aus sowohl erreichbar sind, als auch die Eigenschaft besitzen, daß i von ihnen aus erreichbar ist, den gleichen Wert der Funktion *Marke(j)* erteilt. Eine Prozedur, die *Marke* so initialisiert, sollte außerdem die Anzahl der verschiedenen Markenwerte, also die Anzahl der stark zusammenhängenden Komponenten zurückgeben.

(Der im Bild 5.5 gezeigte Graph hat die folgenden vier stark zusammenhängenden Komponenten: *U({Kn1}), U({Kn3}), U({Kn2, Kn4, Kn5, Kn6}), U({Kn7}).*)

Aufgabe 5.4 Die Prozedur *AnzZushgdKomp* soll nach ihrer Arbeit in jedem Fall ein Gerüst des Graphen über *StzBg* übermittelt. Wie kann man das sichern?

Aufgabe 5.5 Formulieren Sie den Dijkstra-Algorithmus als Prozedur,
procedure Netz1.Dijkstra(Start, Ziel: Word),
die im Falle *Ziel* = 0 die kürzesten Wege zu allen von Start aus erreichbaren Knoten liefert, im Falle 1 ≤ *Ziel* ≤ *n* aber abbricht, sobald der kürzeste Weg zum Knoten *Ziel* ermittelt ist.

Aufgabe 5.6 Führen Sie den Algorithmus *KuerzstWeg(Kn1, Kreis)* an dem durch Bild 5.12 gezeigten Beispiel durch, wobei Sie unterstellen, daß der „*Weg*", den *DFSStep* läuft, durch den Erreichbarkeitsbaum gegeben ist, der im Bild durch fette Linien markiert ist, d.h., Bogen *[Kn1, Kn2]* liegt in der Bogenliste vor Bogen *[Kn1, Kn3]*.

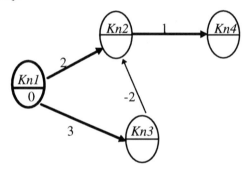

Bild 5.12

Aufgabe 5.7 Führen Sie den Algorithmus *KuerzstWeg(Kn1, Kreis)* an dem durch Bild 5.7 gezeigten Beispiel durch. Wird eine der angegebenen Pseudolösungen erzeugt?

Aufgabe 5.8 Verfolgen Sie den Algorithmus *Match* detailliert am Beispiel aus Bild 5.10. Numerieren Sie die Kanten so, daß die im Bild 5.10 gezeigte Ausgangslösung entsteht.

6 Stromprobleme

6.1 Strom und Spannung

Im Abschnitt 4.3 haben wir gesehen, daß alle Zyklen **Z** eines Graphen aus $(m-n+p)$ Basiszyklen erzeugt werden können. Die Formel (4.1),
$$Z = \Sigma\{\, z(k) \mid |k| \in \boldsymbol{B} \setminus \boldsymbol{B}' \wedge k \in \boldsymbol{Z} \,\},$$
die diesen Zusammenhang symbolisiert, legt die folgende Verallgemeinerung nahe:
$$x = \Sigma\{\, \alpha_k\, z(k) \mid k \in \boldsymbol{B} \setminus \boldsymbol{B}' \,\}, \tag{6.1}$$
wobei die α_k in der Formel (6.1) beliebige reelle Zahlen sein mögen. Wir betrachten also beliebige Linearkombinationen von Basiszyklen. Eine allgemeine Linearkombination von Zyklen bekommt natürlich nur dann einen Sinn, wenn wir den Zyklus als Vektor auffassen.

Definition 6.1 $\boldsymbol{B}' = \{\, k_1, k_2, ..., k_r \,\}$ *sei eine beliebige Menge Benennungen von Bögen eines Graphen* $\boldsymbol{G} = [\boldsymbol{K}, \boldsymbol{B}]$. *Ein m-dimensionaler Vektor* $v(\boldsymbol{B}')$ *heißt* v e k t o r i e l l e D a r s t e l l u n g *der Menge* $\boldsymbol{B}'$, *wenn für seine k-te Komponente* $v(k, \boldsymbol{B}')$ *folgendes gilt:*
$$v(k, \boldsymbol{B}') = \begin{cases} \mathrm{sign}(k_i), & \text{falls für ein } k_i \in \boldsymbol{B}' \text{ gilt, } |k_i| = k, \\ 0, & \text{andernfalls.} \end{cases}$$
($\mathrm{sign}(k_i)$ *ist das Vorzeichen der Bogenbenennung* k_i).

Jeder Kette und damit jedem Zyklus sowie jedem Cozklus wird durch die Definition 6.1 ein Vektor zugeordnet, der die Komponenten -1, 0 und +1 besitzt, nämlich 0, wenn der entsprechende Bogen nicht zu dieser Kette bzw. zu diesem Cozyklus gehört, während für alle Bögen, die dazugehören, ihr Richtungsfaktor die Vektorkomponente bildet. Bei den Operationen mit den Bogenfolgen Kette und Zyklus bzw. mit der Bogenmenge Cozyklus haben wir eigentlich schon deren Vektordarstellung genutzt, aber da die Operationen strukturell gedeutet werden können, wurde die Vektorinterpretation zunächst nicht hervorgehoben.
Zur Vereinfachung wollen wir in der Symbolik nicht zwischen der Folge von Bogenbenennungen Kette bzw. Zyklus und dem zugeordneten Vektor unterscheiden, denn aus der Bogenbenennungsfolge ergibt sich leicht der Vektor, und ist umgekehrt ein Vektor gegeben, der einer Kette zugeordnet ist, so ist es nicht schwer, die Folge vorzeichenbehafteter Bogennummern zu ermitteln, die den eindeutigen Durchlauf durch eine offene Kette beschreibt bzw. einen der Durchläufe durch einen Zyklus. In gleicher Weise werden wir für die Bogenmenge Cozyklus und den ihr zugeordneten Vektor ein und dasselbe Symbol benutzen.

Da die $z(k)$ Vektoren sind, so ist x auf der linken Seite der Formel (6.1) natürlich auch ein Vektor.

Definition 6.2 *Eine Linearkombination von Zyklusvektoren eines gerichteten Graphen G heißt* S t r o m *oder* Z i r k u l a t i o n *in G.*
Die k-te Komponente eines Stromvektors heißt F l u ß *durch den Bogen k.*

Da jeder Zyklus Linearkombination (mit -1 oder +1 als Faktoren) von Basiszyklen ist, ist natürlich jede Linearkombination beliebiger Zyklen auf eine Linearkombination der Basiszyklen zurückführbar. Wir können (6.1) also als die Definitionsformel für Ströme ansehen.

Beispiel 6.1   In dem Graphen von Bild 6.1 mit Tabelle 6.1 als Bogenliste ist ein Gerüst durch fett gezeichnete Bögen markiert. Zu diesem Gerüst gehören drei Basiszyklen ($m = 8, n = 6, p = 1$), die den Bögen *[Kn2, Kn5], [Kn4, Kn6] und [Kn5, Kn6]* zugeordnet sind:
$z([Kn2, Kn5]) = [[Kn2, Kn5], -[Kn3, Kn5] , -[Kn1, Kn3], [Kn1, Kn2]]$
  $= (1, -1, 0, 1, -1, 0, 0, 0)$ - als Bogenvektor.
$z([Kn4, Kn6]) = [[Kn4, Kn6], [Kn6, Kn1] , [Kn1, Kn2], [Kn2, Kn4]]$
  $= (1, 0, 1, 0, 0, 1, 0, 1)$ - als Bogenvektor.
$z([Kn5, Kn6]) = [[Kn5, Kn6], [Kn6, Kn1] , [Kn1, Kn3], [Kn3, Kn5]]$
  $= (0, 1, 0, 0, 1, 0, 1, 1)$ - als Bogenvektor.
Wir wählen für einen Strom gemäß Formel (6.1) als Koeffizienten zu diesen Basiszyklen die Zahlen 2, 3 bzw. 4 und erhalten die in Bild 6.1 an den Bögen notierten Komponenten eines Stromvektors: $x = 2(1, -1, 0, 1, -1, 0, 0, 0,) +$
$+ 3(1, 0, 1, 0, 0, 1, 0, 1) + 4(0, 1, 0, 0, 1, 0, 1, 1) = (5, 2, 3, 2, 2, 3, 4, 7)$.

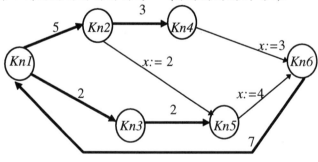

k	AK(k)	EK(k)
1	Kn1	Kn2
2	Kn1	Kn3
3	Kn2	Kn4
4	Kn2	Kn5
5	Kn3	Kn5
6	Kn4	Kn6
7	Kn5	Kn6
8	Kn6	Kn1

Tabelle 6.1   Bild 6.1

Im Bild 6.1 sind die „erzeugenden" drei Komponenten durch $x:=\ldots$ markiert.

Am Beispiel 6.1 sind die beiden folgenden charakteristischen Eigenschaften eines Stromes zu erkennen.

> **Satz 6.1** *Jeder Strom besitzt folgende Eigenschaften:*
> 1) *Er ist durch die Vorgabe seiner Flüsse auf den Bögen eines Gerüstes eindeutig festgelegt.*
> 2) *Für jede Untermenge K' der Knoten gilt: Die Summe der Flüsse ihrer Eingangsbögen ist gleich der Summe der Flüsse ihrer Ausgangsbögen.*

Beweis: Die erste Eigenschaft ist gemäß unserer Einführung trivial. Sie ist lediglich eine verbale Formulierung der Formel (6.1), die wir als Definition des Stroms ansehen. Die zweite Eigenschaft ist in der Einschränkung auf Knotenmengen K', die nur einem Knoten enthalten, also auf die Ein- und Ausgangsbögen eines Knotens, als Kirchhoffsche Knotenbedingung für elektrische Ströme bekannt:
Die Summe der in einen Knoten einfließenden Flüsse ist gleich der Summe der den Knoten verlassenden Flüsse. Im Knoten geht kein Strom verloren.
Von der letzten Formulierung ist auch die manchmal anstelle Strom gebrauchte Bezeichnung „Zirkulation" abgeleitet. Der Beweis der Eigenschaft 2 folgt unmittelbar aus dem folgenden Satz. □

> **Satz 6.2** *Das Skalarprodukt aus einem beliebigen Zyklusvektor und einem beliebigen Cozyklusvektor ist Null.*

Beweis: Wir betrachten Bild 6.2. Das Bild zeigt einen Zyklus Z und einen Cozyklus $CZ(K')$. Die Knotenmenge K', die den Cozyklus erzeugt, ist durch eine Umrißlinie angedeutet. Die vier Z und CZ gemeinsamen Bögen sind fett hervorgehoben. Es ist leicht einzusehen, daß ein Zyklus und ein Cozyklus, wenn sie überhaupt gemeinsame Bögen besitzen, eine gerade Anzahl gemeinsamer Bögen haben: Einem gemeinsamen Bogen k, mit dem der Zyklus in einen Knoten des Untergraphen $U(K')$ eintritt, folgt im Zyklendurchlauf stets ein Bogen k', mit dem er den Untergraphen wieder verläßt. k und k' sind Bogenbenennungen aus der Sicht des Zyklus. Sollten die Originalrichtungen der beiden Bögen nicht der im Bild dargestellten Zyklusdurchlaufrichtung entsprechen, so ändert das nichts an der folgenden Argumentation, da sich dann das jeweilige Vorzeichen sowohl im Zyklus als auch im Cozyklus ändert: Die Zykluskomponenten beider Bögen sind Eins. Die Cozykluskomponenten jedoch sind +1 bzw. -1, folglich gilt im Skalarprodukt $1 \cdot 1 + 1 \cdot (-1) = 0$. □

106   6   Stromprobleme

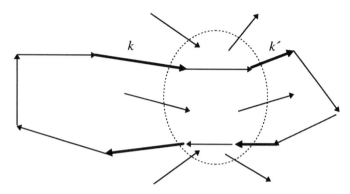

Bild 6.2

Damit können wir den Beweis der zweiten Stromeigenschaft antreten (Satz 6.1): Gemäß Formel (6.1) und Satz 6.2 ist das Skalarprodukt aus einem Stromvektor x und einem Cozyklusvektor $CZ(K')$ gleich Null.
$CZ(K') = ABg(K') \cup (-EBg(K'))$, folglich $\Sigma\{x_k \mid k \in CZ(K')\} = 0$ oder
$\Sigma\{x_k \mid k \in ABg(K') \cup (-EBg(K'))\} = 0$ oder
$\Sigma\{x_k \mid k \in ABg(K')\} = \Sigma\{x_k \mid k \in EBg(K')\}$. (6.2)
Letzteres ist die formale Beschreibung der zweiten Aussage des Satzes 6.1.

Beispiel 6.2 Bezogen auf Bild 6.1 gilt $K' = \{Kn2, Kn3, Kn4\}$,
$EBg(K') = \{[Kn1,Kn2],[Kn1,Kn3]\}$,
$ABg(K') = \{[Kn2,Kn5],[Kn3,Kn5],[Kn4,Kn6]\}$,
$x([Kn1,Kn2])+x([Kn1,Kn3]) = x([Kn2,Kn5])+ x([Kn3,Kn5])+x([Kn4,Kn6]) = 7$.

Die Formel (4.2) wird analog zur Formel (4.1) verallgemeinert zu
$y = \Sigma\{\alpha_k \cdot cz(k) \mid k \in B\}$. (6.3)

Definition 6.3 *Eine Linearkombination von Cozyklusvektoren eines gerichteten Graphen G heißt* S p a n n u n g *in G*.

Da jeder Cozyklus Linearkombination (mit -1 oder +1 als Faktoren) von Basiscozyklen ist, ist natürlich jede Linearkombination beliebiger Cozyklen auf eine Linearkombination der Basiscozyklen zurückführbar, so daß wir (6.3) als die Definitionsformel für Spannungen ansehen können.

Beispiel 6.3 In dem Graphen von Bild 6.3, Tabelle 6.1, ist ein Gerüst durch fett gezeichnete Bögen markiert. Zu diesem Gerüst gehören fünf Basiscozyklen ($n = 6$, $p = 1$), die den Gerüstbögen *[Kn1, Kn2], [Kn1, Kn3], [Kn2, Kn4], [Kn3, Kn5]* und *[Kn6, Kn1]* zugeordnet sind:

6.1 Strom und Spannung

$cz([Kn1, Kn2])$ = $\{[Kn1, Kn2], -[Kn2, Kn5], -[Kn4, Kn6]\}$
= (1, 0, 0, -1, 0, -1, 0, 0) - als Bogenvektor.
$cz([Kn1, Kn3])$ = $\{[Kn1, Kn3], [Kn2, Kn5], -[Kn5, Kn6]\}$
= (0, 1, 0, 1, 0, 0, -1, 0) - als Bogenvektor.
$cz([Kn2, Kn4])$ = $\{[Kn2, Kn4], -[Kn4, Kn6]\}$
= (0, 0, 1, 0, 0, 1, 0, 0) - als Bogenvektor.
$cz([Kn3, Kn5])$ = $\{[Kn3, Kn5], [Kn2, Kn5], -[Kn5, Kn6]\}$
= (0, 0, 0, 1, 1, 0, -1, 0) - als Bogenvektor.
$cz([Kn6, Kn1])$ = $\{[Kn6, Kn1], -[Kn4, Kn6], -[Kn5, Kn6]\}$
= (0, 0, 0, 0, 0, -1, -1, 1) - als Bogenvektor.

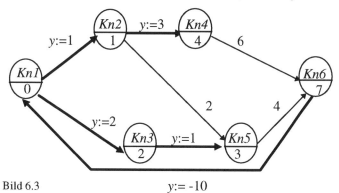

Bild 6.3

Wir wählen für eine Spannung gemäß Formel (6.3) als Koeffizienten zu diesen Basiszyklen die Zahlen 1, 2, 3, 1 bzw. -10 und erhalten die in Bild 6.3 an den Bögen notierten Komponenten eines Spannungsvektors:
y = (1, 0, 0, -1, 0, -1, 0, 0) + 2(0, 1, 0, 1, 0, 0, -1, 0) + 3(0, 0, 1, 0, 0, -1, 0, 0) +
+ (0, 0, 0, 1, 1, 0, -1, 0) - 10 (0, 0, 0, 0, 0, -1, -1, 1) = (1, 2, 3, 2, 1, 6, 7, -10).
Die „erzeugenden" fünf Komponenten sind durch $y:=...$ markiert.

Satz 6.3 *Jede Spannung besitzt folgende Eigenschaften:*
1) *Sie ist durch die Vorgabe ihrer Werte auf den Bögen eines Gerüstes eindeutig festgelegt.*
2) *Für jeden Zyklus gilt: Die Summe der Produkte aus Spannungskomponente und Richtungsfaktor ist Null.*

Beweis: Die erste Eigenschaft ist gemäß unserer Einführung trivial. Sie ist lediglich eine verbale Formulierung der Formel (6.3), die wir als Definition der Spannung ansehen. Die zweite Eigenschaft ist in der Einschränkung auf solche Zyklen, die nur

aus zwei parallelen Wegen bestehen, als Kirchhoffsche Maschenbedingung bekannt: Der Spannungsabfall über parallelen Leiterzweigen ist gleich.
Der Beweis dieser Eigenschaft folgt unmittelbar aus Satz 6.2 und Formel (6.3): Jedes Skalarprodukt aus einem Zyklusvektor und einer Spannung ist Null. □

Die charakteristischen Eigenschaften einer Spannung sind noch besser zu erkennen, wenn man den Begriff des Potentials hinzunimmt, den wir mit der Definition 5.1 eingeführt haben. Wir bezeichnen für eine Bogenbenennung k als Potentialdifferenz:
$y(k) = t(EK(k)) - t(AK(k))$. (6.4)

Satz 6.4 *Zu einer Spannung* $y = (y_1, y_2, ..., y_m)$ *kann ein Potential* t *so angegeben werden, daß* $y(k) = y_k$ *auf allen Bögen gilt.*
Ein solches der Spannung z u g e o r d n e t e s P o t e n t i a l *ist bis auf p frei wählbare Werte eindeutig bestimmt.*
(p ist die Anzahl der zusammenhängenden Komponenten des Graphen.)

Beweis: Wir bilden zu dem Spannungsvektor ein Potential, indem wir jeder der p Wurzeln i den Wert Null zuordnen, $t(i) := 0$. Statt Null wäre jeder beliebige andere Wert möglich. Im Ergebnis würden sich die Potentialwerte aller Knoten einer zusammenhängenden Komponente lediglich additiv um diesen frei gewählten Wert ändern. Für alle restlichen Knoten, die keine Wurzeln sind, bestimmen wir die Potentialwerte durch die Forderung $y(k) = y_k$ auf den Bögen des Gerüstes, auf dem die Spannung erzeugt wurde. Das ist sicher eindeutig möglich, wenn wir, ausgehend von einer Wurzel, etwa im Sinne Breitensuche auf dem Gerüst vorwärtsgehen.
Ist nun $Kt = [k_1, k_2, ..., k_r]$ eine Kette, so gilt $y(k_1) + y(k_2) + ... + y(k_r) =$
$= (t(EK(k_1)) - t(AK(k_1))) + (t(EK(k_2)) - t(AK(k_2))) + ... + (t(EK(k_r)) - t(AK(k_r)))$
$= t(EK(k_r)) - t(AK(k_1))$, wegen $AK(k_{i+1}) = EK(k_i)$.
Betrachten wir einen Bogen k, der nicht zum Gerüst gehört. Wir können voraussetzen, daß der Endknoten von k Wurzel des Stützgerüstes ist, da wir andernfalls mit *SetzWrz(EK(k))* die Wurzel in diesen Knoten plazieren können, ohne das Gerüst zu ändern. $Kt = [k_1, k_2, ..., k_r]$ sei die Kette aus Gerüstbögen, die von $EK(k)$ zu $AK(k)$ führt. Es gilt $y(k) = -(y(k_1) + y(k_2) + ... + y(k_r))$ oder
$y(k) = \Sigma\{ -y(l) \mid l \in Kt \}$. Da für $l \in Kt$ der entsprechende Bogen $|l|$ ein Gerüstbogen ist, $|l| \in B'$, erzeugt er einen Cozyklusvektor $cz(|l|)$, dessen k-te Komponente wir mit $cz(|l|, k)$ bezeichnen wollen. Es gilt $cz(|l|, |l|) = 1$. Für $l \in Kt$ besteht $y(l)$ aus dem Vorgabewert der Spannung $y_{|l|}$ auf dem Bogen $|l|$ und der Durchlaufrichtung -1 oder $+1$, die $|l|$ in der Kette Kt hat. Die negative Durchlaufrichtung von $|l|$ in der Kette Kt ist gerade die Richtung, die k im Cozyklus $cz(|l|)$ hat, folglich ist $y(k) = \Sigma\{ y_{|l|} \cdot cz(|l|, k)) \mid l \in Kt \}$. Dies ist die k-te Komponente

der Vektorgleichung (6.4), wenn wir in ihr $l \in Kt$ durch $|l| \in B´$ ersetzen können, d.h., wenn wir einsehen, daß *Kt* alle Gerüstbögen umfaßt, die den Bogen *k* in den ihnen zugeordneten Basiscozyklen enthalten. Nun, jeder Cozyklus, der *k* enthält, schneidet den Zyklus $z(k) = Kt + [k]$ in einem Bogen $|l|$ mit $l \in Kt$, d.h., es gibt keinen Gerüstbogen außerhalb von $z(k)$, dessen Basiscozyklus *k* enthält. □

Beispiel 6.4 Zugrunde liegt der Graph aus Bild 6.3. Nachdem in der Wurzel $t(Kn1) = 0$ gesetzt ist, folgt für den Bogen *[Kn1, Kn2]* aus $t(Kn2) - t(Kn1) = 1$, daß $t(Kn2) = 1$ sein muß, und für den Bogen *[Kn1, Kn3]* folgt $t(Kn3) = 2$ aus $t(Kn3) - t(Kn1) = 2$. Für den Bogen *[Kn6, Kn1]* ergibt sich $t(Kn6) = 10$ aus $t(Kn1) - t(Kn6) = -10$, und schließlich folgt $t(Kn4) = 4$ aus $t(Kn4) - t(Kn2) = 3$ sowie $t(Kn5) = 1$ aus $t(Kn5) - t(Kn3) = 1$. Die Potentialwerte sind in den Knotensymbolen eingetragen.

Die im Satz 6.3 genannte Eigenschaft 2 ist bei Bezug auf ein Potential ziemlich trivial. Es ist klar, daß beispielsweise für alle Wege von *Kn1* nach *Kn7* die Summe der Potentialdifferenzen $t(Kn7) - t(Kn1)$ ist und daß damit die Summe der Potentialdifferenzen jedes Zyklus, der aus zwei solchen Wegen gebildeten wird, Null ist. Im Beweis zu Satz 6.4 wurde das Konstruktionsprinzip eines zu einer Spannung gehörenden Potentials gegeben. Im folgenden benötigen wir Spannungen, die zu einer Bogenbewertung *c(k)* und einem gegebenen Gerüst derart zugeordnet sind, daß für die Gerüstbögen $y(k) = c(k)$ gilt. Wir wollen deren Konstruktionsprinzip durch eine auf der Datenstruktur *Netz1* erklärte Methode Prozedur *InitGrstT* präzisieren:

```
procedure Netz1.InitGrstT ;
{ initialisiert zu dem Stützgerüst, das durch StzBg(i) gegeben ist, ein Potential t(i),
  mit y(k) = c(k) für jeden Stützbogen }   type PArray=Array[1..maxN] of Word;
var i, j, Start, Schreibpos, Lesepos: Word; k: Integer; Hilfsliste: PArray;
Begin  for Start:=1 to n do
         if StzBg(Start)=WrzBg then begin SetzT(Start,0);
         { Breitensuche ausgehend von Start, auf Gerüstbögen: }
           Schreibpos:=1; Hilfsliste[Schreibpos]:=Start; Lesepos:=0;
           while Lesepos<Schreibpos do begin  Lesepos:=Lesepos+1;
             i:=Hilfsliste[Lesepos]; k:=InzBg1(i); { alle mit i inzidenten Bögen }
             while IstBg(k) do begin
               if StzRchtg(k) > 0 then begin { Auswahl der Stützbögen }
                 j:=EK(k);  SetzT(j , t(i)+c(k));
                 Schreibpos:=Schreibpos+1; Hilfsliste[Schreibpos]:=j; end;
               k:=nInzBg(i,k); end;
           end; end;
End { InitGrstT };
```

6.2 Minimalkosten-Stromprobleme

6.2.1 Problemstellung und Anwendungen

Problem 6.1
Gegeben seien ein gerichteter Graph $G = [\,K,\,B\,]$ und zu jedem seiner m Bögen $k \in B$ drei reelle Zahlen a_k, b_k und c_k. Für a_k und b_k möge $a_k \leq b_k$ gelten.
Gesucht ist ein m-dimensionaler Vektor x, der folgende Bedingungen erfüllt:
1) x ist Strom in G.
2) Es gilt $a_k \leq x_k \leq b_k$ für $k \in B$.
3) x ist unter allen Vektoren, die die Bedingungen 1) und 2) erfüllen, einer, der die Funktion $z(x) = \Sigma\,\{\,c_k x_k\ |\ k = 1,\,2,\,...,\,m\,\}$ minimiert.

Das Problem kann als eine mathematische Formulierung einer *Transportkostenminimierung* betrachtet werden, wie die folgende Darlegung zeigt.

Anwendungsbeispiel 6.5.1 Der Graph G stellt ein Straßen-, Schienen- oder auch Leitungsnetz dar. Seine Bogenlängen c_k sind die Kosten für den Transport einer Einheit eines zu transportierenden Gutes entlang der durch den Bogen k dargestellten Strecke. Wir bezeichnen die c_k als „Transportpreise" der Strecke bzw. des Bogens k. a_k ist die Mindestmenge des Transportgutes, die auf der Strecke k in einem fixierten Zeitraum transportiert werden muß. In den meisten Fällen gilt $a_k = 0$. b_k ist die maximale Menge, die in dem fixierten Zeitraum auf der Strecke k transportiert werden kann. Häufig gilt $b_k = \infty$. Einige der Knoten des Netzes sind als Quellen des Transportgutes ausgewiesen mit Angabe der möglichen *Liefermengen*. Andere Knoten sind Empfänger des Gutes mit feststehendem *Bedarf*. Gesucht ist ein Transportplan, der bei Einhaltung aller genannten Bedingungen die Gesamtkosten minimiert.

Zur Überführung dieser Aufgabe in ein Problem 6.1 ergänzen wir den Graphen G durch die beiden Knoten Q (Quelle) und S (Senke) und die folgenden Bögen.

a) Ein Bogen führt von Q zu jedem Knoten, der Quelle des Transportgutes ist. Ein solcher Bogen bekommt als untere Flußschranke a den Wert Null, als obere Flußschranke b die Lieferkapazität des Lieferanten und als Preis c den Wert Null oder den Lieferpreis dieser Quelle.

b) Ein Bogen führt von jedem Knoten, der Empfänger des Transportgutes ist, zu S. Ein solcher Bogen bekommt als untere Flußschranke a den Bedarf des Empfängers, als obere Flußschranke b den Wert Unendlich und als Preis c den Wert Null oder auch mit negativem Vorzeichen den Preis, zu dem der Empfänger bereit ist, die Ware zu übernehmen.

c) Ein Bogen, der sogenannte *Rückkehrbogen*, führt von S nach Q. Er erhält die untere Flußschranke Null, die obere Flußschranke Unendlich und den Bogenpreis Null.

Eine Lösung x des Problems 6.1 auf dem so erweiterten Netz G' liefert offensichtlich eine Lösung des Transportproblems. Die Flüsse der von Q ausgehenden Bögen geben die Liefermengen der Lieferanten an. Die Flüsse der in S einmündenden Bögen geben die bei den Empfängern ankommenden Mengen an. Diese müssen gleich den Bedarfswerten sein, da sonst die Gesamtkosten nicht minimal wären, und schließlich ist der Fluß durch den Rückkehrbogen gleich der Summe aller bei den Empfängern eingehenden Mengen und außerdem gleich der Summe aller Lieferungen der Quellen. Die Flüsse des Originalgraphen G beschreiben den Transportplan.

Anwendungsbeispiel 6.5.2 Die Aufgabe der Transportkostenoptimierung wird häufig durch ein Matrixschema gemäß Tabelle 6.2 beschrieben. Bei l Lieferanten enthält die erste Spalte die Lieferkapazitäten α_i, $i = 1, 2, ..., l$; bei e Empfängern enthält die erste Zeile die Bedarfszahlen β_j, $j = 1, 2, ..., e$, und schließlich gilt für $i = 1, 2, ..., l$ und $j = 1, 2, ..., e$, daß das Matrixelement γ_{ij} den Preis für den Transport einer Einheit des betrachteten Gutes vom i-ten Lieferanten zum j-ten Empfänger darstellt. Diese Schematisierung entsteht aus einem Anwendungsbeispiel 6.5.1, indem man von jedem Lieferknoten zu jedem Empfängerknoten im Graphen G den kürzesten Weg γ_{ij} berechnet. Die starke Schematisierung ist überflüssig.

	β_1	β_2	...	β_e
α_1	γ_{11}	γ_{12}	...	γ_{1e}
α_2	γ_{21}	γ_{22}	...	γ_{2e}
.	.	.		.
.	.	.		.
.	.	.		.
α_l	γ_{l1}	γ_{l2}	...	γ_{le}

Tabelle 6.2

Sie schränkt die Allgemeinheit unnötig ein - z.B. dadurch, daß die Größe einer Lieferung nicht beschränkt werden kann. Im übrigen kann sie ihrerseits auf ein Minimalkosten-Stromproblem in dem im Bild 6.4 gezeigten Graphen abgebildet werden, wobei dann die Einschränkung auf $a_k = 0$ und $b_k = \infty$, die die Matrizenformulierung implizit enthält, aufgehoben werden kann.
Bevor wir uns weiteren Anwendungsbeispielen zuwenden, wollen wir uns mit der **Lösbarkeit des Problems 6.1** beschäftigen.

Betrachten wir die Formel (6.2) und schätzen die Flüsse der Bögen aus $EBg(K')$ durch ihre unteren Schranken a_k ab und die der Bögen aus $ABg(K')$ durch ihre oberen Schranken b_k, so muß gelten:

$$\Sigma\{\, a_k \mid k \in ABg(K')\,\} \le \Sigma\{\, b_k \mid k \in EBg(K')\,\}. \tag{6.5}$$

Zur Verdeutlichung ein Blick auf die einfache Transportaufgabe (Bild 6.4): Die Summe aller Bedarfszahlen muß kleiner oder gleich der Summe der möglichen Liefermengen sein, damit das Problem eine Lösung besitzt. Diese Aussage liefert (6.5), wenn wir die Formel auf die Menge K' anwenden, die aus allen Lieferanten- und allen Empfängerknoten besteht.

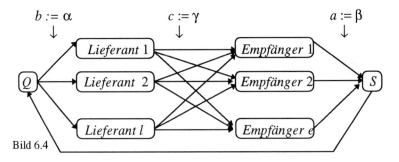

Bild 6.4

Es ist also leicht einzusehen, daß notwendigerweise (6.5) für jede Teilmenge der Knoten gelten muß. Sie ist auch eine hinreichende Bedingung für die Lösungsexistenz (ohne Beweis). Aus (6.5) ersehen wir, daß eine Lösung, nämlich die triviale Lösung $x = 0$, immer dann existiert, wenn $a = 0$ gilt, d.h., wenn alle unteren Flußschranken Null sind. Bei der Formulierung praktischer Aufgaben kann man Existenzfragen folglich ausweichen, wenn man versucht, untere Schranken zu vermeiden. So sollte man die einfache Transportaufgabe 6.5.2 (Bild 6.4) besser so formulieren, daß auch die Bedarfszahlen als obere Flußschranken angesetzt werden ($b := \beta$ auf den Bögen zur Senke S) und dafür eine maximale Bedarfsdeckung dadurch bewirkt wird, daß auf dem Rückkehrbogen als Bogenpreis ein negativer Wert - also ein Gewinn - angesetzt wird, dessen Betrag genügend groß sein muß, nämlich größer als das Maximum aller Summen der Bogenpreise längs der Wege von der Quelle Q zur Senke S. Die Wirkung, die ein negativer c-Wert des Rückkehrbogens erzielt, erreicht man auch mit negativen c-Werten auf den Bögen zur Senke S. Solche negativen Preise kann man überdies sinnvoll als Preise interpretieren, zu denen die Empfänger kaufen. Bei diesem Ansatz ist auch einzusehen, daß der Bedarf als obere Schranke angesetzt wird, nämlich als Schranke für die Gültigkeit des Kaufpreises, der sich beim Überschreiten dieser Schranke ändert. Modelliert man in dieser Weise, so erhält man in jedem Fall eine Lösung, die allerdings im Falle zu geringer Gesamtliefermenge bei einigen Empfängern den

Bedarf nicht deckt. Es sind natürlich diejenigen, zu denen die Lieferkosten vergleichsweise groß sind.

Anwendungsbeispiel 6.6 Transport mit Zwischenlager
Das allgemeine Problem 6.1 ist wesentlich leistungsfähiger als das Transportschema. Dies demonstriert das folgende Beispiel. Grundsätzlich liegt die gleiche Situation vor, die im Anwendungsbeispiel 6.5.1 geschildert ist. Allerdings wird die Ware jetzt nicht direkt von den Lieferanten zu den Empfängern transportiert, sondern über eine Reihe von Zwischenlagern. Die Produzenten liefern an eines der Lager, und die Empfänger decken ihren Bedarf aus den Lagerbeständen. In den Zwischenlagern entstehen natürlich Lagerkosten, und die Lager haben nur eine begrenzte Lagerkapazität.
Zur Umformung auf ein Minimalkosten-Stromproblem 6.1 werden die Knoten, in denen sich Lager befinden, durch Hilfsbögen *[Lagereingang, Lagerausgang]* ersetzt. Der Knoten *Lagereingang* bekommt als Eingangsbögen alle Eingangsbögen des Originalknotens und als einzigen Ausgangsbogen den neuen Bogen. Der Knoten *Lagerausgang* bekommt als einzigen Eingangsbogen den neuen Bogen und als Ausgangsbögen alle Ausgangsbögen des Originalknotens. Die Bögen *[Lagereingang, Lagerausgang]* erhalten die untere Flußschranke Null, als obere Flußschranke die Kapazität des Lagers und als Bogenpreis die Kosten der Lagerung für eine Einheit der Ware in diesem Lager.
Bild 6.5 und Tabelle 6.3 skizzieren das so gebildete Netz mit schematischen direkten Transportverbindungen *Lieferanten→ Lager* und *Lager → Empfänger*.

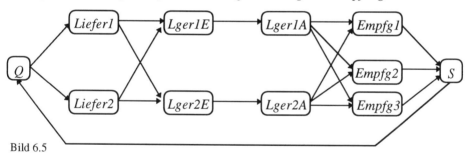

Bild 6.5

Von	Nach	a	b	c
Q	LIEFERi	0	Lieferkapaz.$_i$	0
LIEFERi	LAGERjE	0	∞	γ_{ij}
LAGERiE	LAGERiA	0	Lagerkapaz.$_i$	Lagerpreis$_i$
LAGERiA	EMPFGj	0	∞	γ'_{ij}
EMPFGi	S	0	Bedarf$_i$	0
S	Q	0	∞	-gross

Tabelle 6.3

114 6 Stromprobleme

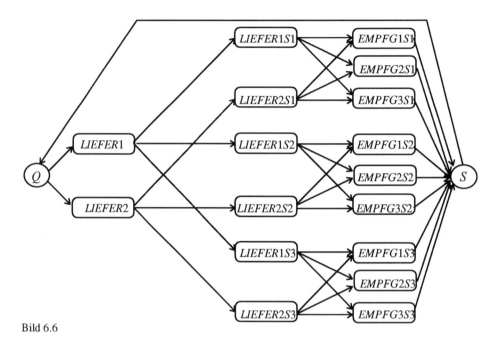

Bild 6.6

Von	Nach	a	b	c
Q	LIEFERi	0	Gesamtlieferkapaz.$_i$	0
LIEFERi	LIEFERiSj	0	Sortenkapaz.$_{ij}$	0
LIEFERiSj	EMPFGkSj	0	∞	Transportpreis$_{ik}$ für S_j
EMPFGkSj	Q	0	Bedarf$_{kj}$	0
S	Q	0	∞	-gross

Tabelle 6.4

Anwendungsbeispiel 6.7   Ein Mehrgütertransport

In vielen praktischen Transportaufgaben werden mehrere Güter gleichzeitig betrachtet. Wir unterstellen, daß eine Reihe von Produzenten ein Spektrum von Gütern herstellen. Jeder der Produzenten hat einerseits eine beschränkte Gesamtlieferfähigkeit und andererseits für jedes der Güter eine obere Kapazitätsschranke - z.B. ist es denkbar, daß er einige Waren des Sortenspektrums überhaupt nicht produziert. Die verschiedenen Waren werden getrennt transportiert.

In dem einfachen Fall, daß sich die Mengenangaben so dimensionieren lassen, daß die Gesamtlieferung jedes Produzenten durch die Summe der von ihm produzierten Mengen aller Sorten gegeben ist, läßt sich die Aufgabe durch das mit Bild 6.6 und Tabelle 6.4 skizzierte Netz modellieren. Auch in diesem Fall beschränkt sich die Skizze auf schematische Liefernetze für jede Warensorte. Jedes „Sortennetz" hat für jeden Produzenten *i* einen Lieferknoten *LIEFERiSj* dieser Sorte *j*. Alle Lieferknoten des gleichen Produzenten *i* sind durch eine Konstruktion verbunden, die über einen gemeinsamen Eingangsbogen des Knotens *LIEFERi* sichert, daß die Summe aller Lieferungen kleiner/gleich der oberen Flußschranke des Bogens *[Q, LIEFERi]* ist.

6.2.2 Mathematische Grundlagen des Lösungsalgorithmus

Das Problem 6.1 ist eine lineare Optimierungsaufgabe. Wir wollen uns im folgenden auf den Begriff der *Basis-* oder *Eckpunktlösung* stützen. Von einer Ecke des zulässigen Bereiches, der in unserem Fall durch die Forderungen 1) und 2) des Problems 6.1 gegeben ist, spricht man, wenn eine zulässige Lösung *x* eindeutige Lösung eines aus den Restriktionen abgeleiteten Gleichungssystems ist, d.h. wenn man aus den gegebenen Ungleichungen eine Teilmenge so auswählen und als Gleichungen ansetzen kann, daß dieses Gleichungssystem eine eindeutige Lösung besitzt und diese Lösung überdies die übrigen Ungleichungen erfüllt.

Unser Restriktionensystem 1), 2) besteht aus den Strombedingungen (etwa in Form der Kirchhoffschen Knotenbedingungen), die Gleichungsform haben, und den Forderungen 2) nach Einhaltung der Flußschranken. Aus den letzteren müssen wir einen Satz so auswählen und als Gleichungen behandeln, daß diese, zusammen mit den Strombedingungen, einen Vektor *x* eindeutig festlegen. Dabei hilft uns Satz 6.1, Eigenschaft 1: Wir legen auf den Bögen *k* eines Cogerüstes (Definition 3.6) $x_k := a_k$ oder $x_k := b_k$ fest und bilden den zugehörigen Strom. Falls der so erzeugte Vektor *x* auch auf den Gerüstbögen seinen Flußschranken genügt, stellt er eine Basislösung des Problems 6.1 dar.

Definition 6.4 *Eine* B a s i s l ö s u n g *des Problems 6.1 ist ein zulässiger Strom, der für* $k \in B \setminus B'$ $x_k = a_k$ *oder* $x_k = b_k$ *erfüllt. Dabei bezeichnet* **B´** *die Bogenmenge eines Gerüstes im Graphen G = [K, B].*

Eine Grunderkenntnis der Theorie der linearen Optimierung besagt: Falls ein Problem überhaupt eine Lösung besitzt, so gibt es auch eine Basislösung, die optimale Lösung ist. Ist die Optimallösung nicht eindeutig, so ist jede konvexe Linearkombination aus optimalen Eckpunktlösungen $x_1, x_2, ...$, d.h. jeder Vektor $\lambda_1 x_1 + \lambda_2 x_2 + ...$ mit $0 \leq \lambda_1, \lambda_2, ...$ und $\lambda_1 + \lambda_2 + ... = 1$, wieder optimale Lösung. Es ist möglich und günstig, die optimale Lösung unter den optimalen Basislösungen zu suchen.

Der folgende Satz 6.5, der sogenannte Dualitätssatz der linearen Optimierung, ist die Basis des Lösungsalgorithmus für das Problem 6.1. Auf die Wiedergabe eines Beweises wollen wir verzichten.

6 Stromprobleme

Satz 6.5 *Gegeben sei eine Basislösung* x *des Problems 6.1 mit dem Gerüst* $G' = [K, B']$. *Auf* G' *definieren wir eine Spannung durch* $y(k) = c_k$ *für* $k \in B'$. x *ist genau dann optimale Lösung, wenn folgende Bedingung erfüllt ist:*
Für $k \in B \setminus B'$ *gilt:*
Falls $x_k = a_k$, *so ist* $y(k) \leq c_k$, *und falls* $x_k = b_k$, *so ist* $y(k) \geq c_k$.

Wir unterstellen im weiteren eine Datenstruktur **Netz**, in der Funktionen $a(k)$, $b(k)$, $c(k)$, $x(k)$, $y(k)$, ... für $1 \leq k \leq m$ erklärt und wie folgt auch auf k mit $-m \leq k \leq -1$ verallgemeinert sind:

Definition 6.5 $a(-k) = -b(k)$, $b(-k) = -a(k)$, $c(-k) = -c(k)$, $x(-k) = -x(k)$, $y(-k) = -y(k)$.

Die Funktionen $a(k)$, $b(k)$, $c(k)$ werden durch Eingabe der Vektorkomponenten a_k, b_k und c_k initialisiert.
Die Initialisierung von Funktionen $x(k)$, $t(i)$, ..., die Variablen zugeordnet sind, erfolgt während des Algorithmus. Um sie durchführen zu können, braucht man Wertzuweisungsoperationen, die wir mit *SetzX(k, Wert)*, *SetzT(i, Wert)*, ... bezeichnen werden. *SetzX(k, Wert)* bedeutet also, daß $x(k)$ zukünftig *Wert* „liefert", daß also im weiteren $x(k) = Wert$ gilt.

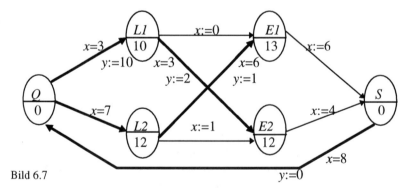

Bild 6.7

Beispiel 6.8 Bild 6.7 und Tabelle 6.5 beschreiben eine einfache Transportaufgabe und deren optimale Lösung. Für die Lieferanten wurden Lieferpreise $c(1)$ und $c(2)$ angesetzt und ebenso negative Preise $c(7)$ und $c(8)$ bei den Empfängern. Im Bild 6.7 ist ein Gerüst durch fett gezeichnete Bögen markiert. Auf den Bögen dieses Gerüstes wird eine Spannung bzw. ein Potential aus deren c-Werten bestimmt (markiert durch y:=). Auf den Cogerüstbögen werden die Werte eines Stroms aus den Schranken bestimmt (markiert durch x:=). Dieser Strom ist auch auf den Gerüstbögen zulässig, und Strom und Potential genügen den im Satz 6.5 genannten Bedingungen auf den Cogerüstbögen (in Tabelle 6.5 unschattiert). Folglich liegt eine optimale Lösung vor.

k	Von	Nach	a(k)	x(k)	b(k)	y(k)	c(k)
1	Q	L1	0	3	8	10	10
2	Q	L2	0	5	5	12	12
3	L1	E1	0	0	∞	3	4
4	L1	E2	0	3	∞	2	2
5	L2	E1	0	4	∞	1	1
6	L2	E2	1	1	∞	0	3
7	E1	S	0	4	6	-13	-13
8	E2	S	0	4	4	-12	-13
9	S	Q	0	8	∞	0	0

Tabelle 6.5

Für die Aussage des Satzes 6.5 gibt es eine **ökonomische Plausibilitätserklärung**, die wir an dem obigen Beispiel 6.8 erläutern wollen. Zunächst ist festzustellen, daß die Werte $t(i)$ des Potentials die gleiche Dimension besitzen wie die Werte $c(k)$, also in unserem Beispiel Geldeinheiten. Die Potentialwerte $t(i)$ lassen sich als Abgabepreis der Ware an ein oder mehrere Transportunternehmen im Knoten i deuten. Wenn z.B. $c([Q, Li])$ der Herstellungspreis der Ware beim Lieferanten Li ist, so muß der Abgabepreis $t(Li)$ größer/gleich $c([Q, Li])$ sein. Insbesondere kann $t(Li) > c([Q, Li])$ gelten, ohne daß ein Lieferplan aus dem Gleichgewicht geriete, wenn $x([Q, Li]) = b([Q, Li])$ ist, d.h., wenn Li (kurzfristig) nicht in der Lage ist, noch mehr zu liefern.

Unterstellen wir, daß der Transport von einem oder mehreren Unternehmen ausgeführt wird. Ist $c(k)$ der Preis, den ein Transportunternehmen für den Transport einer Wareneinheit entlang der Strecke k beanspruchen kann, und nehmen wir an, daß ein Transportunternehmen die Ware im Knoten $i = AK(k)$ zum Preis $t(i)$ kauft und sie im Knoten $j = EK(k)$ zum Preis $t(j)$ wieder verkauft, so muß $y(k) = c(k)$ mindestens auf den Strecken gelten, auf denen ein Transportplan $a(k) < x(k) < b(k)$ vorsieht. Gilt für eine Strecke k die Beziehung $y(k) > c(k)$, so erzielt das Transportunternehmen, das eine solche Strecke bedient, einen außerplanmäßigen Gewinn der Größe $b(k) \cdot (y(k) - c(k))$. Es wird also bestrebt sein, auf dieser Strecke viel zu transportieren, d.h., ein Transportplan muß in diesem Fall $x(k) = b(k)$ erzwingen. Im obigen Beispiel 6.8 tritt $y(k) > c(k)$ nur für $k = 8$ ein, also für den Bogen, der dem Empfänger $E2$ zugeordnet ist. Dies bedeutet, daß $E2$ mehr Gewinn erzielt als vorgesehen (er kauft zum Preis 12 statt zum kalkulierten Preis 13). Unter

diesen Bedingungen ordert er natürlich die maximale Menge $b(8)$. Andererseits ist $b(8)$ die Grenze seines Aufnahmeinteresses.
In gleicher Weise ist denkbar, daß für eine Strecke $y(k) < c(k)$ gilt. Ein Transportunternehmen, das eine solche Strecke bedient, macht Verlust in Höhe von $a(k) \cdot (c(k) - y(k))$, und ein Transportplan muß auf einer solchen Strecke die Mindestmenge $x(k) = a(k)$ erzwingen (z.B. durch Subventionen). Dieser Fall tritt in unserem Beispiel 6.8 für den Bogen 6 ein. Dort gilt die untere Flußschranke $a(6) = 1$. Sie kann als technisch oder traditionell bedingte Lieferbeziehung gedeutet werden, und $y(6) < c(6)$ sagt, daß es aus der hier möglichen Sicht unökonomisch ist, sie einzuhalten. Dieser Transport muß extra stimuliert werden.

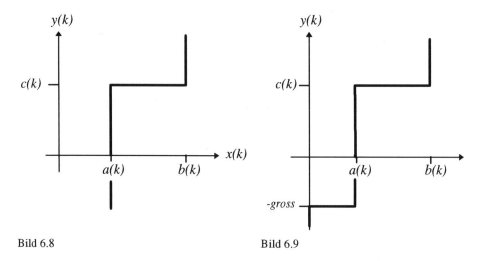

Bild 6.8   Bild 6.9

Durch den Satz 6.5 wird für den Fall der Optimalität zu jedem Bogen k eine Abbildung, $y(k) = Char(x(k))$, aus der Menge der zulässigen Werte $x(k)$ in die Menge der zulässigen Werte $y(k)$ definiert. Bild 6.8 zeigt diese Abbildung als Treppenkurve im $(x(k), y(k))$ - Koordinatensystem. Sie wird als *Charakteristik des Bogens k* bezeichnet.

Definition 6.6 *Gilt für einen Strom x, eine Spannung y und einen Bogen k $y(k) = Char(x(k))$, so wollen wir sagen, k liegt auf seiner* C h a r a k t e r i s t i k *oder auch: k befindet sich in einem Gleichgewichtszustand. Andernfalls sagen wir, der Bogen ist* o u t - o f - k i l t e r *(außerhalb seines Gleichgewichts).*

Mit diesen Begriffen kann Satz 6.5 auch wie folgt formuliert werden:

Ein Strom x ist genau dann optimale Lösung des Problems 6.1, wenn zu ihm eine Spannung y derart existiert, daß alle Bögen des Graphen auf ihrer Charakteristik liegen.

6.2.3 Algorithmus zur Lösung des Problems 6.1

Prinzip des Algorithmus
1. Wir bestimmen eine Basislösung *x*. Das beinhaltet, daß wir zu *x* ein Gerüst *G´ = [K, B´]* des Graphen *G = [K, B]* aufstellen, so daß für $k \in B \setminus B´$ der Fluß *x(k)* durch *a(k)* oder *b(k)* bestimmt ist.
2. Wir bestimmen über das Gerüst *G´* ein zu ihm und *c(k)* zugehöriges Potential *t(i)* (siehe Algorithmus *InitGrstT*) und testen, ob es einen Bogen *k* gibt, der bezüglich seiner Charakteristik out-of-kilter ist. Gibt es keinen solchen Bogen, so ist *x* eine optimale Lösung. Andernfalls versuchen wir
3. den Bogen *k* in einen Zustand zu überführen, in dem er auf seiner Charakteristik liegt, wobei wir dafür sorgen, daß
3.1. der Strom zulässig bleibt und
3.2. kein Bogen, der schon auf seiner Charakteristik liegt, wieder in den Out-of-kilter-Zustand gerät.

Zum 1.Schritt: Wir haben uns schon weiter oben mit der Frage beschäftigt, ob es für jedes Problem 6.1 eine Lösung gibt, und festgestellt, daß dies nicht der Fall ist. Um eine Lösungsexistenzanalyse zunächst zu umgehen, kann man die Aufgabenstellung so abändern, daß man sicher ist, es existiert eine Lösung. Dazu wird der Bereich zulässiger Lösungen erweitert, und über dem erweiterten Teil werden hohe *Strafkosten* angesetzt. Hat die Originalaufgabe keine zulässige Lösung, so wird dies durch hohe Kosten der optimalen Lösung der abgeänderten Aufgabe sichtbar. Wurden die Strafkosten hinreichend groß vereinbart, so ändert sich diese optimale Lösung nicht, wenn man die Strafkosten noch mehr vergrößert. Diese Tatsache kann man ausnutzen, um über die Herkunft der Strafkosten in der optimalen Lösung der erweiterten Aufgabe die Ursachen ihrer Unzulässigkeit bezüglich der Originalaufgabe genauer zu analysieren. In jedem Fall hat dieses Vorgehen den Vorteil, daß man sich mit der Lösungsexistenzfrage nur beschäftigen muß, wenn sie akut ist.
Unsere allgemeine Lösungsexistenzanalyse hat gezeigt, daß positive untere Flußschranken stören können. Existieren keine postiven Werte *a(k)*, so ist *x* = **0** (bzw. *x(k)* = 0 für alle *k*) eine zulässige Lösung. Folglich ändern wir die Charakteristiken (Bild 6.8) so ab, daß wir für den Bereich $0 \leq x(k) < a(k)$ negative Preise mit sehr großem Betrag ansetzen, um dadurch sozusagen ökonomisch die

Einhaltung der unteren Schranke zu stimulieren. Wir ersetzen also *c(k)* durch eine Funktion

$$C(k, x(k)) = \begin{cases} -\infty, & \text{wenn } x_k < a(k) \text{ ist,} \\ c(k) & \text{sonst.} \end{cases}$$

Bild 6.9 zeigt die entsprechend abgeänderte Charakteristik.

Wenn wir unterstellen, daß in der Datenstruktur *Netz*, in der wir uns bewegen, schon bei deren Einrichtung/Initialisierung dafür gesorgt wird, daß *x(k)* für alle *k* den Anfangswert 0 liefert (*for k:=1 to m do SetzX(k, 0);*), dann kann statt *C(k, x(k))* einfach *C(k)* stehen (weil dann ja mit *k* immer auch *x(k)* bestimmt ist). In bezug auf unsere Algorithmen bedeutet das, daß wir in der Datenstruktur die geerbte Methode *Netz1.c(k)* wie folgt „überschreiben" (modifizieren).

Wir unterstellen, daß alle hier genannten Methoden reelle Werte liefern. Zwar wurde bewiesen, daß die betrachtete Aufgabe *unimodular* ist, was bedeutet, daß *x(k)* und *y(k)* ganzzahlig sind, wenn man von ganzzahligen Werten für alle *a(k), b(k)* und *c(k)* ausgeht, aber für praktische Aufgaben sind reelle Werte bequemer. Wir müssen jedoch Tests auf Gleichheit durch entsprechende Tests auf geringfügige Abweichung ersetzen. Zu diesem Zweck unterstellen wir im folgenden, daß unsere Datenstruktur *Netz* mit einer Größe *Eps* ausgerüstet ist, die eine kleine Zahl verkörpert, etwa 0,00001.

function **Netz.c(k)**:*Integer;*
Begin if (1<=k) and (k<=m)
       then if x(k) < aListe[k]-Eps then c:=-gross else c:=cListe[k];
       { *aListe, bListe, cListe* die Originaleingaben für *a, b, c* }
       if (-m<=k) and (k<=-1) then c:=c(-k);
End;

Das in der Funktion benutzte *gross* sei wie das oben eingeführte *Eps* eine Instanzvariable von *Netz*, die beim Initialisieren eingerichtet wird, wobei ihr ein negativer Wert mit großem Betrag zugewiesen wird, z.B *gross:=*10^6.

Es empfiehlt sich, auch die Methoden *a(k)* und *b(k)* auf die Charakteristik im Bild 6.9 einzustellen. Für $1 \leq k \leq m$ gilt im weiteren:

$$a(k) = \begin{cases} 0, & \text{wenn } x(k) < a_k - Eps \text{ ist,} \\ a_k & \text{sonst,} \end{cases}$$

$$b(k) = \begin{cases} a_k, & \text{wenn } x(k) < a_k - Eps \text{ ist,} \\ b_k & \text{sonst.} \end{cases}$$

Für $-m \leq k \leq -1$ gelten die in Definition 6.5 getroffenen Vereinbarungen *a(-k) = -b(k)* und *b(-k) = -a(k)*.

6.2 Minimalkosten-Stromprobleme

Die **Vorbereitungsschritte 1** und **2** unseres Algorithmus sind damit wie folgt fixiert: $x = 0$ ist die Ausgangslösung, die durch eine leicht abgeänderte Aufgabenstellung ermöglicht wird, und diese Änderung der Aufgabenstellung drückt sich in einer Änderung der Methode $c(k)$ aus, die zu Charakteristiken gemäß Bild 6.9 führt. Zum Ausgangsstrom $x(k) = 0$, für $k = 1, 2, ..., m$, erzeugen wir mit *BFS(1)* ein beliebiges Gerüst, denn dieser Strom kann über jedes Cogerüst definiert werden. Schließlich bestimmen wir zum gegebenen Gerüst mit *InitGrstT* ein zugehöriges Potential, nämlich ein Potential, für das $y(k) = c(k)$ auf allen Gerüstbögen gilt. Damit haben wir eine Basislösung x und eine Spannung y, für die alle Gerüstbögen auf ihrer Charakteristik liegen.

Im **3. Schritt** suchen wir unter den Cogerüstbögen einen, der out-of-kilter ist. Er möge durch *kOut* bezeichnet werden. Es gilt anfangs $x(kOut) = 0$ oder $x(kOut) = a(kOut)$ und $y(kOut) > c(kOut)$. $x(kOut) = b(kOut)$ kommt bei unserem Vorgehen nicht vor, denn wir werden sichern, daß sich für jeden Bogen k der Punkt $(x(k), y(k))$ der Ebene, der sich anfangs oberhalb der Charakteristik befindet, nicht über die Charakteristik hinwegbewegt, also stets oberhalb bleibt bzw. auf ihr liegt. Wir können die folgende Prozedur einrichten:

*function **OoK**(k: Word):Boolean;* { prüft, ob der Bogen k out-of-kilter ist }
Begin OoK := (StzRchtg(k) = 0)
        and not ((Abs(x(k) - a(k)) < Eps) and (y(k) < c(k) + Eps))
        and not ((Abs(x(k) - b(k)) < Eps) and (y(k) > c(k) - Eps));
End;

Mit dieser Prozedur prüfen wir sämtliche Bögen, und falls einer den Wert *true* liefert, führen wir eine Prozedur *Glgwcht* aus, die ihn in einen Gleichgewichtszustand überführt: *for k := 1 to m do if OoK(k) then Glgwcht(k);*
In der *procedure **Glgwcht**(kOut: Word)* stellen wir zuerst die Frage, ob $x(kOut)$ vergrößert werden kann. Dazu bestimmen wir den Zyklus $z(kOut)$ und das maximale Δx, für das gilt, die Punkte $(x(l) + \Delta x, y(l))$ aller Bögen l aus $z(kOut)$ liegen links von oder auf ihrer Charakteristik:
DeltaX := b(kOut) - x(kOut); kFlusskrit := kOut; SetzWrz(EK(kOut));
k:=StzBg(AK(kOut));
repeat
  if DeltaX > b(k) - x(k) then begin DeltaX := b(k) -x(k); kFlusskrit := k; end;
  k :=StzBg(AK(k));
until k = WrzBg;

kFlusskrit sei die Bogenbenennung des Bogens in $z(kOut)$, der den maximalen Wert von Δx bestimmt. Wir wollen unterstellen, *kFlusskrit* sei eine positive

Bogennummer. Der Leser möge für den Fall, daß *kFlusskrit* negativ ist, die leichten Änderungen der nachfolgenden Ausführungen herausarbeiten.
Nun führen wir die Flußtransformation aus:

$x := x + \Delta x \cdot z(kOut)$ (6.6)

oder anders ausgedrückt:
k := kOut;
repeat SetzX(Abs(k), Abs(x(k)+DeltaX)); k := StzBg(AK(k)); until k = WrzBg;
(Es ist zu beachten, daß *k* negativ sein kann.)
Wenn *kFlusskrit = kOut* gilt, so ist *kOut* nach der Flußtransformation in einem Gleichgewichtszustand. Im allgemeinen Fall gilt natürlich *kFlusskrit ≠ kOut*, und wir versuchen nun, die Spannung *y* so zu ändern, daß *y(kOut)* kleiner wird, damit auf diesem Weg der Punkt *(x(kOut), y(kOut))* näher zu seiner Charakteristik wandert. Dafür können wir den Basiscozyklus *cz(kFlusskrit)* des Gerüstbogens *kFusskrit* nutzen, denn dieser schneidet *z(kOut)* in den Bögen *kFlusskrit* und *kOut*:

$y := y + \Delta y \cdot cz(kFlusskrit).$ (6.7)

(6.7) ändert die Spannungswerte *y(kOut)* und *y(kFlusskrit)* zwar um denselben Betrag Δy, aber mit entgegengesetztem Vorzeichen. Die positive Spannungsänderung auf dem Bogen *kFlusskrit* ist mit einer negativen Spannungsänderung gleichen Betrags auf dem Bogen *kOut* verbunden. Wegen $y(kOut)_{neu} = y(kOut) - \Delta y$ und *czKoeff(kOut)* = -1 beträgt die Spannungsänderung, die wir uns wünschen, $\Delta y = y(kOut) - c(kOut)$. Folglich beschränken wir Δy durch $\Delta y \leq c(kOut) - y(kOut)$. Der kritische Bogen *kFusskrit* der Stromtransformation ist nach deren Ausführung entweder in dem Gleichgewichtszustand, der der Ecke *(b(kFlusskrit), c(kFlusskrit))* seiner Charakteristik entspricht, oder in dem, der der Ecke *(a(kFlusskrit), -gross)* entspricht. Im erstgenannten Fall kann seine Spannung unbeschränkt wachsen. Im zweiten Fall muß jedoch $\Delta y \leq c(kFlusskrit) + gross$ gelten.
Der Cozyklus *cz(kFlusskrit)* enthält natürlich noch weitere Cogerüstbögen, deren Spannung ebenfalls geändert wird, und wir müssen dafür sorgen, daß, falls sie sich im Gleichgewicht befinden, dieses nicht verletzt wird.
Für $k \in cz(kFlusskrit), k \neq kFlusskrit$, können wir folgende Fälle unterscheiden:
1. *k* < 0: Das bedeutet, daß *y(-k)* verkleinert wird.
1.1. Ist *x(-k) = a(-k)* oder *x(k) = b(k)*, so gibt es keine Beschränkung für Δy.
1.2. Ist dagegen *x(k) = 0* oder *x(-k) = b(-k)*, so müssen wir Δy durch
$\Delta y \leq y(-k) - c(-k)$ bzw. $\Delta y \leq c(k) - y(k)$ einschränken.
2. *k* > 0: Das bedeutet, daß *y(k)* wächst.
2.1. Ist *y(k) > c(k)*, so ist entweder *k* out-of-kilter oder es gilt *x(k) = b(k)*. In beiden Fällen kann *y(k)* beliebig wachsen.
2.2. Ist *y(k) < c(k)*, so kann nur *x(k) = a(k)* gelten, und Δy muß durch die Forderung $\Delta y \leq c(k) - y(k)$ beschränkt werden.
Wir fassen diese Überlegungen zu einem kleinen Unterprogramm zusammen, das für Bogenbenennungen von Cogerüstbögen die maximale Spannungserhöhung liefert:

*function **yBeweg**(k: Integer):real;   var r:Real;*
Begin if StzRchtg(k)<>0 then r:=gross
*   else if (Abs(x(k) - a(k)) < Eps) and (y(k) < c(k) + Eps*
*   then r := c(k) - y(k)   else r := gross;*
* yBeweg := r; End;*
Insgesamt erhalten wir folgende Befehlsfolge:
cz(kFlusskrit); kSpannkrit := -kOut; DeltaY := y(kOut) - c(kOut);
d := c(kFlusskrit) + gross;
if Abs(x(kFlusskrit) - a(kFlusskrit)) < Eps) and (DeltaY > d)
* then begin DeltaY := d; kSpannkrit := kFlusskrit end;*
for k := 1 to m do if CozykKoeff(k) <> 0 then begin   d := yBeweg(k);
* if DeltaY > d then begin DeltaY := d; kSpannkrit := k; end;*
end;
- und für die nachfolgende Durchführung der Spannungsänderung:
for i := 1 to n do if Marke(i) = 2 then SetzT(i, t(i) + DeltaY);

Nach dieser Spannungsänderung gilt im allgemeinen Fall (*DeltaY > Eps*) *y(kFlusskrit) ≠ c(kFlusskrit)* sowie *y(kSpannkrit) = c(kSpannkrit)*, vorausgesetzt, *kSpannkrit ≠ kFlusskrit*. Das bedeutet, *kFlusskrit* muß aus dem Gerüst entfernt und durch *kSpannkrit* ersetzt werden. Diese Gerüständerung ist mittels Aufruf der Methode *TauschGrstBg(kFlusskrit, kSpannkrit)* leicht zu bewerkstelligen. Anschließend ist zu unterscheiden, ob *kOut* in einem Gleichgewichtszustand ist und somit das Ziel erreicht wurde oder nicht. Ist *OoK(kOut)* noch immer *false,* so beginnen wir erneut mit dem Versuch, *x(kOut)* zu vergrößern. Da entweder das Gerüst und insbesondere der Zyklus *z(kOut)* geändert ist oder mindestens *kFlusskrit* einen neuen Gleichgewichtszustand angenommen hat, bestehen neue Erfolgsaussichten für diesen Versuch.
Wir fassen unsere algorithmischen Erkenntnisse in der folgenden Prozedur zusammen.

*procedure Netz.**MinKostStrom**(var kFehler: Integer; var Kosten: Real);*
  { Lösung des Minimalkosten-Flußproblems: Bei *kFehler* = 0 wird die optimale Lösung durch *x(k)* beschrieben. *Kosten* gibt die Kosten der optimalen Lösung an. *y(k)* bzw. *t(i)* und *StzBg(i)* liefern weitere Informationen. Bei *kFehler* > 0 enthält die durch *x(k)* gegebene Lösung mindesten den Bogen *kFehler* als einen Bogen, auf dem *x(kFehler)* kleiner ist, als die geforderte untere Flußschranke. Die Lösung ist also dann nicht zulässig. *kFehler* ist Gerüstbogen und *cz(kFehler)* liefert einen Cozyklus, auf dem die Existenzbedingung (6.5) nicht erfüllt ist. }
*function **OoK**(k: Word):Boolean;*
  { prüft, ob der Bogen *k* out-of-kilter ist; Quelltext siehe weiter oben }

124   6   Stromprobleme

*procedure **Glgwcht**(kOut:Word);*
  *function **yBeweg**(k: Integer):real;* { Quelltext siehe weiter oben }
<u>var</u> *k, l, kFlusskrit, kSpannkrit: Integer;   d, DeltaX, DeltaY: Real;*

Begin { Glgwcht }
  while OoK(kOut) > Eps do begin k := kOut; DeltaX := b(k) - x(k);
    kFlusskrit := k; SetzWrz(EK(k)); k:=StzBg(AK(k));
    repeat
      if DeltaX>b(k)-x(k) then begin DeltaX:=b(k)-x(k); kFlussrit:= k; end;
      k :=StzBg(AK(k));
    until k = WrzBg;
    k := kOut;
    repeat SetzX(Abs(k), x(k)+DeltaX); k:= StzBg(AK(k)) until k = WrzBg;
    if kFlusskrit <> -kOut then begin cz(kFlusskrit);
      k:=kSpannkrit := -kOut; DeltaY := y(kOut) - c(kOut);
      d := c(kFlusskrit) + gross;
      if (Abs(x(kFlusskrit) - a(kFlusskrit)) < Eps) and (DeltaY > d)
        then begin DeltaY := d; kSpannkrit := kFlusskrit end;
        for k := 1 to m do if CozykKoeff(k) <> 0 then begin d := yBeweg(k);
        if DeltaY > d then begin DeltaY := d; kSpannkrit := k; end;
      end;
      for i := 1 to n do if Marke(i) = 2 then SetzT(i, t(i) + DeltaY);
      if kFlusskrit<>kSpannkrit then TauschGrstBg(kFlusskrit, kSpannkrit);
    end;
  end;
End; { Glgwcht }

<u>var</u> *k: Word;*
Begin { MinKostStrom}   BFS(1);   InitGrstT;
  for k := 1 to m do if OoK(k) then Glgwcht(k); Kosten := 0; kFehler := 0;
  for k := 1 to n do begin Kosten := Kosten + c(k)* x(k);
    if (kFehler = 0) and Abs(y(k) - c(k)) + gross) < Eps)
          and (StzRchtg(k)<>0) then Fehler:=k;
  end;
End;

6.2.4 Beispiele, Aufgaben, unzulässige Lösungen

Beispiel 6.9 Durch Tabelle 6.6 wird ein Zahlenbeispiel beschrieben - Bild 6.10. Die Teilbilder a - d zeigen jeweils ein Gerüst, das zugehörige Potential und die aktuelle Basislösung. Die Basislösung zum Bild 6.10a ist *x* = **0**. In der Startsituation 6.10a

6.2 Minimalkosten-Stromprobleme 125

sind die Bögen *[Kn4, Kn1]*, *[Kn3, Kn4]* und *[Kn2, Kn3]* out-of-kilter. Wir wählen
kOut = *[Kn4, Kn1]* und erhalten
z(*[Kn4, Kn1]*) = [*[Kn4, Kn1]*, *[Kn1, Kn2]*, *[Kn2, Kn4]*] sowie
kFlusskrit = *[Kn1, Kn2]* mit $\Delta x = b([Kn1, Kn2]) - x([Kn1, Kn2]) = 5$.
cz(*[Kn1, Kn2]*) = { -*[Kn4, Kn1]*, *[Kn1, Kn2]* , -*[Kn2, Kn3]*, *[Kn3, Kn4]* }.

k	AK(k)	EK(k)	a(k)	b(k)	c(k)
1	Kn1	Kn2	0	5	5
2	Kn1	Kn3	0	10	4
3	Kn2	Kn3	3	∞	3
4	Kn2	Kn4	0	8	6
5	Kn3	Kn4	0	7	4
6	Kn4	Kn1	0	∞	-100

Tabelle 6.6

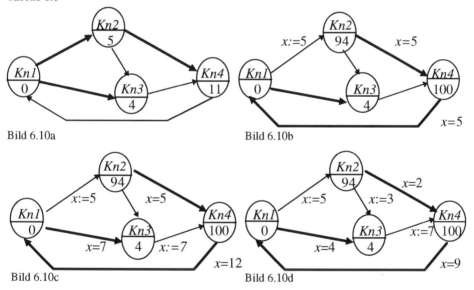

Bild 6.10a Bild 6.10b

Bild 6.10c Bild 6.10d

Spannungserhöhung auf -*[Kn4, Kn1]* bzw. Spannungssenkung auf *[Kn4, Kn1]* würde bei $\Delta y = 89$ zum Gleichgewicht führen. Spannungserhöhung auf *[Kn1, Kn2]* ist bei $x([Kn1, Kn2]) = b([Kn1, Kn2])$ unbeschränkt möglich. Die Spannungserhöhung auf -*[Kn2, Kn3]* führt bei $\Delta y \geq y([Kn2, Kn3]) - c([Kn2, Kn3]) = gross$-1 zum Gleichgewicht, und Spannungserhöhung auf *[Kn3, Kn4]* ändert nichts am Out-of-kilter-Zustand des Bogens. Folglich ist kSpannkrit = kOut, und wir erhalten nach Austausch von *[Kn2, Kn4]* gegen *[Kn4, Kn1]* im Gerüst die im Bild 6.10 b gezeigte Situation.
In der Situation 6.10 b wählen wir unter den beiden Out-of-Kilter-Bögen

[Kn3, Kn4] und *[Kn2, Kn3]* *kOut* = *[Kn3, Kn4]* und erhalten *z([Kn3, Kn4])* =
=[*[Kn3, Kn4], [Kn4, Kn1], [Kn1, Kn3]*] sowie *kFlusskrit = kOut* mit
$\Delta x = b([Kn1, Kn2]) - x([Kn1, Kn2]) = 3$ (Bild 6.10c).
In der Situation 6.10 c ist nur noch *kOut* = *[Kn2, Kn3]* zu bearbeiten:
z([Kn2, Kn3]) = [*[Kn2, Kn3], -[Kn1, Kn3], -[Kn4, Kn1] , -[Kn2, Kn4]*] sowie
kFlusskrit = kOut mit $\Delta x = b([Kn2, Kn3]) - x([Kn2, Kn3]) = 3$.
Wir erhalten die im Bild 6.10d gezeigte Situation der optimalen Lösung.

Zum Abschluß der Erörterungen zum Programm *MinKostFluß* ist noch eine Bemerkung zur Unzulässigkeit von Lösungen zu machen: Am Schluß des Programmes wird auf Zulässigkeit getestet und im Negativ-Fall eine Bogennummer *kFehler* übermittelt, über die Fehler in den Ausgangsdaten nachgewiesen werden können. Unzulässigkeit der Originalaufgabe heißt, daß für mindestens eine Bogennummer *k* in der optimalen Lösung *x* der abgeänderten Aufgabe $x(k) < a_k$ gilt. Für diesen Bogen muß *y(k) = -gross* gelten, und er muß Gerüstbogen sein, wenn $0 < x(k)$ gilt. Sollte letzteres nicht gelten, so bilden wir seinen Basiszyklus und bestimmen auf ihm den bezüglich *x(k)*-Vergrößerung kritischen Bogen. Wenn *gross* hinreichend groß gewählt wurde, muß der Fluß dieses Bogens ebenfalls kleiner/gleich seiner unteren Schranke sein (sonst wäre die Lösung nicht optimal), und dieser Bogen ist im Gerüst, wir können ihn als *kFehler* verwenden. Wir betrachten *cz(kFehler)* unter dem Aspekt, daß unsere Lösung für beliebig große Werte von *gross* optimal ist, daß wir also die Spannung im Cozyklus beliebig senken können. Das ist nur möglich, wenn für alle Bögen, die mit positiver Bogenbenennung *k* zum Cozyklus gehören, *y(k) = -gross* verbunden mit $x(k) \leq a_k$ gilt oder aber $y(k) \leq c(k)$ verbunden mit $x(k) = a_k$. Da für wenigstens ein *k* $x(k) < a_k$ gilt, folgt
$\sum \{ a_k \mid k \in cz(kFehler)$ und $k > 0 \} > \sum \{ x(k) \mid k \in cz(kFehler)$ und $k > 0 \}$.
Gleichzeitig muß für alle $k \in cz(kFehler)$, die negativ sind, $x(-k) = b_{-k}$ gelten und damit
$\sum \{ b_{-k} \mid k \in cz(kFehler)$ und $k < 0 \} = \sum \{ x(k) \mid k \in cz(kFehler)$ und $k < 0 \}$.
Folglich ist auf dem Cozyklus *cz(kFehler)* die Existenzbedingung (6.5) verletzt.
Wir demonstrieren diese Zusammenhänge an einem bewußt sehr einfach gewählten Beispiel:

Beispiel 6.10 (Bild 6.11 und Tabelle 6.7): Im Bild 6.11 ist die optimale Lösung der erweiterten Aufgabe zu Tabelle 6.7 dargestellt. Die Flüsse der beiden Bögen *[Kn1, Kn2]* sind aus Sicht der Originalaufgabe unzulässig. Für *cz(1)* = *{ 1, 2, -3 }* gilt $a_1 + a_2 = 8 > b_3 = 2$, d.h., (6.5) ist nicht erfüllt.

Aufgabe 6.1 Lösen Sie das durch Tabelle 6.7 gegebene Minimalkosten-Stromproblem mit der Änderung $b_3 = 12$ nach dem angegebenen Algorithmus.

6.2 Minimalkosten-Stromprobleme

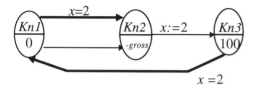

Bild 6.11

k	AK(k)	EK(k)	a(k)	b(k)	c(k)
1	Kn1	Kn2	3	∞	0
2	Kn1	Kn2	5	∞	0
3	Kn2	Kn3	0	2	0
4	Kn3	Kn1	0	∞	-100

Tabelle 6.7

Aufgabe 6.2 Betrachtet wird der Transport einer Ware von zwei Lieferanten $L1$ und $L2$ zu zwei Zwischenlagern $Lg1$ und $Lg2$ und von dort zu drei Empfängern $E1$, $E2$, $E3$ (Anwendungsbeispiel 6.6). Die Tabellen 6.8a und 6.8b enthalten die Liefer- und Lagerkapazitäten sowie die Transportpreise in die Lager bzw. die Bedarfszahlen und die Transportpreise von den Lagern zu den Empfängern. Lösen Sie die Aufgabe mit dem angegebenen Algorithmus.

	Lg1	Lg2	Liefermenge
L1	6	1	10
L2	3	5	20
Lagerkap.	15	25	

Tabelle 6.8a

	E1	E2	E3
Lg1	2	4	1
Lg2	6	2	2
Bedarf	18	3	6

Tabelle 6.8b

Aufgabe 6.3 Tabelle 6.9 beschreibt mit den Teiltabellen a, b, c die an sich unabhängigen Transporte von drei Gütern, die jedoch durch gemeinsame Kapazitätsschranken bei den Lieferanten verbunden sind (Anwendungsbeispiel 6.7). Neben den in den Tabellen angegebenen Lieferkapazitäten in den Sorten gilt, daß die Summe aller Lieferungen von $L1$ 15 und die Summe aller Lieferungen von $L2$ 25 nicht überschreiten darf. Lösen Sie die Aufgabe mit dem angegebenen Algorithmus.

	E1	E2	E3	Prod.-kap.
L1	3	9	6	10
L2	8	1	3	5
Bedarf	6	3	5	

Tabelle 6.9a Sorte1

	E1	E2	E3	Prod.-kap
	2	7	5	5
	5	1	2	20
	2	7	1	

Tabelle 6.9b Sorte2

	E1	E1	E2	Prod.-kap.
	4	9	7	10
	7	2	5	15
	10	2	4	

Tabelle 6.9c Sorte3

6.3 Maximalflußproblem

Wenn wir das Problem 6.1 wie folgt spezialisieren, entsteht das bekannte

Problem 6.2 Maximalflußproblem
Man bestimme den maximalen Fluß durch einen ausgezeichneten Bogen k^* unter den folgenden Bedingungen: $a_k = 0$ für alle Bögen k, $c_k = 1$ für alle Bögen k mit Ausnahme des Bogens k^*, für ihn gilt $c_{k^*} = $ -gross; b_{k^*} ist irrelevant.

Allgemein bezeichnet man bei Stromproblemen einen Cozyklus $CZ(K'')$ mit der Eigenschaft, $-k^* \in CZ(K'')$, als *Schnitt durch den Bogen* k^*.
$Kap(CZ(K'')) = \sum \{ b_k \mid k \in CZ(K''), k > 0 \} - \sum \{ a_k \mid k \in CZ(K''), k < 0, k \neq -k^* \}$
wird als *Kapazität des Schnittes* bezeichnet.
Ein Zyklus Z mit der Eigenschaft $k^* \in Z$ heißt *flußvergrößernde Kette durch* k^*, wenn für $k \in Z$ $x(k) < b(k)$ gilt ($b(k) = 0$ für $k < 0$ und $b(k) = b_k$ für $k > 0$).

Beispiele 6.11 Im Beispiel 6.9 mit der optimalen Lösung gemäß Bild 6.10d gilt:
$cz(-[Kn4, Kn1]) = \{ -[Kn4, Kn1], [Kn1, Kn2], [Kn3, Kn4], -[Kn2, Kn3] \}$ ist Schnitt durch den Bogen *[Kn4, Kn1]* und hat die Kapazität $Kap(cz(-[Kn4, Kn1]))$
$= 5 + 7 - 3 = 9$.
Im Beispiel 6.10 mit der optimalen Lösung gemäß Bild 6.11 gilt:
$cz(-[Kn1, Kn2]_1) = \{ -[Kn1, Kn2]_1, -[Kn1, Kn2]_2, [Kn2, Kn3] \}$ ist Schnitt durch den Bogen *[Kn1, Kn2]$_1$* und hat die Kapazität $Kap(cz(-[Kn1, Kn2]_1)) = 2 - 5 = -3$.

Es leuchtet unmittelbar ein, daß der Fluß durch k^* dann optimal ist, wenn es keine flußvergrößernde Kette durch ihn gibt.

Max-Flow-Min-Cut-Theorem *Der maximale Wert des Flusses durch den Bogen k^* ist gleich der minimalen Kapazität aller Schnitte durch k^*.*

Auch diese Aussage ist leicht einzusehen:
$x(k^*) = \sum \{ x(k) \mid k \in CZ(K''), k > 0 \} - \sum \{ x(k) \mid k \in CZ(K''), k < 0, -k \neq k^* \}$
und daraus wegen $0 \leq x(k) \leq b_k$ für $k > 0$
$x(k^*) \leq \sum \{ x(k) \mid k \in CZ(K''), k > 0 \} = Kap(CZ(K''))$.
$x(k^*)$ ist also kleiner/gleich der Kapazität aller Schnitte durch k^*.
Wir zeigen, daß im Optimalfall für den Basiscozyklus $cz(-k^*) = CZ(K'')$ das Gleichheitszeichen gilt. Ist $k \neq k^*$ ein Bogen dieses Schnittes, so gilt für $k < 0$, $y(-k) < 1$ und somit $x(k) = 0$. Für $k \in cz(-k^*)$, $k > 0$ gilt dagegen $y(k) > 1$, also

$x(k) = b_k$. Somit gilt $Kap(cz(-k^*)) = x(k^*)$, d.h., $cz(-k^*)$ ist ein Schnitt kleinster Kapazität.

Beispiele 6.12 Im Beispiel 6.9 kann der Fluß durch den Bogen *[Kn4, Kn1]* nicht größer sein als 9, weil der Schnitt *cz(-[Kn4, Kn1])*, den die optimale Lösung ermittelt hat, nur diese Kapazität besitzt.
Wir haben schon darauf hingewiesen, daß es ratsam ist, Tansportprobleme so zu modellieren, daß auf dem Rückkehrbogen ein negativer Bogenpreis mit sehr großem Betrag angesetzt wird. Diese Modellierung bedeutet, daß vordringlich der Fluß des Rückkehrbogens, also die transportierte Gesamtmenge, maximiert wird. Nur unter den Lösungen dieses Maximalflußproblems wird die billigste ausgewählt. Entsprechend zeigt der Basiscozyklus, der für die optimale Lösung zum Rückkehrbogen existieren muß (warum?), den Schnitt minimaler Kapazität auf.
Im Beispiel 6.10 hat der Schnitt $cz(-[Kn1, Kn2]_1)$ durch den Bogen $[Kn1,Kn2]_1$, den die im Bild 6.11 enthaltene Lösung ausweist, die negative Kapazität -3. Der Bogen kann also keinen zulässigen Fluß haben.

Wenn wir den Algorithmus *MinKostStrom* auf ein Maximalflußproblem anwenden, gibt es einige Spezialisierungen. Wir setzen voraus, daß die anfängliche Breitensuche *BFS(AK(k*))* den Endknoten von k^* erreicht.
Das Potential $t(i)$ hat für alle i - auch für $AK(k^*)$ - einen Wert, der die Mindestanzahl der Bögen angibt, die ein Weg von $EK(k^*)$ nach i haben muß. Diese Eigenschaft ergibt sich aus dem Charakter der von $EK(k^*)$ aus durchgeführten Breitensuche und aus $c(k) = 1$ für alle Bögen außer k^*: Ist $i = AK(k)$ und $j = EK(k)$, so muß für $k \neq k^*$ $t(j) - t(i) \leq 1$ gelten, weil j, wenn nicht von i, so schon vorher erreicht wurde, also über einen kürzeren. Folglich befindet sich jeder Bogen $k \neq k^*$ in einem Gleichgewichtspunkt $E_1 = (\ 0,\ y(k)\ )$ mit $y(k) \leq 1$.
Für k^* gilt $t(EK(k^*)) - t(AK(k^*)) > -gross$. Er ist also out-of-kilter.
StzBg enthält genau einen (bezüglich der Bogenanzahl) kürzesten Weg vom $EK(k^*)$ zum $AK(k^*)$. Dieser Weg, ergänzt durch k^*, bildet den Zyklus $z(kOut)$, also die aktuelle flußvergrößernde Kette. Δx ist die kleinste obere Schranke auf diesem Weg, die auf den Bogen *kFlusskrit* angenommen wird.
Betrachten wir die Spannungserhöhung auf dem Cozyklus *cz(kFlusskrit)* im allgemeinen Fall. Ein von k^* verschiedener Bogen k dieses Cozyklus befindet sich entweder in einem Gleichgewichtspunkt $E_1 = (\ 0,\ y(k)\ )$ mit $y(k) \leq 1$ oder in einem Gleichgewichtspunkt $E_2 = (\ b(k),\ y(k)\ )$ mit $y(k) \geq 1$. Ist k Ausgangsbogen des Cozyklus, also $k \in cz(kFlusskrit)$ und $k > 0$, so ergibt sich im ersten Fall $\Delta y \leq 1 - y(k)$, während im zweiten Fall die Bogenspannung unbeschränkt wachsen kann. Ist k Eingangsbogen des Cozyklus, also $-k \in cz(kFlusskrit)$) bei $k > 0$, so ergibt sich im ersten Fall, daß die Bogenspannung unbeschränkt fallen kann, während im zweiten Fall $\Delta y \leq y(k) - 1$ sein muß. Die Minimumbildung über alle

oberen Schranken von Δy führt somit zur Auswahl des Bogens *kSpannkrit* im aktuellen Schnitt *cz(kFlusskrit)* zu k^*, der die nächstkürzeste flußvergrößernde Kette gegenüber der durch $z(k^*)$ gegebenen erzeugt. Wir können somit feststellen, daß unser Algorithmus in jedem Schritt mit einer flußvergrößernden Kette arbeitet, die eine minimale Bogenanzahl hat. Daraus folgt nach einem Satz von Edmonds und Karp, daß maximal $m \cdot n/2$ Schritte notwendig sind. Da jeder Schritt maximal $O(m)$ Operationen ausführt, können wir die Zeitkomplexität für das Maximalflußproblem durch $O(m^2 \cdot n)$ abschätzen.

Mit einer Spannungstransformation, die zu $t(AK(k^*)) := gross$ führt, gelangt schließlich k^* in einen Gleichgewichtszustand. Danach findet noch einmal *TauschGrstBg(kFlusskrit, k^*)* statt, und der letzte Cozyklus *cz(kFlusskrit)* wird nun zum Cozyklus *cz(-k^*)*, nämlich zum Schnitt minimaler Kapazität durch den Rückkehrbogen.

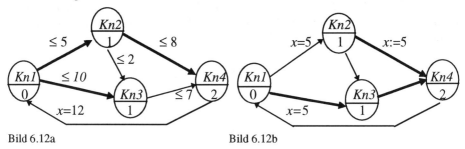

Bild 6.12a   Bild 6.12b

Beispiel 6.13 Wir betrachten Bild 6.12a. Die Zahlen, die mit vorangestellten ≤ an den Bögen notiert sind, seien die oberen Flußschranken eines Maximalflußproblems für den Bogen *[Kn4, Kn1]*. Das Bild zeigt weiter das Ausgangsgerüst und das Ausgangspotential.

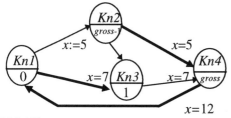

Bild 6.12c

Für *kOut = [Kn4, Kn1]* ist *z(kOut) = [[Kn4, Kn1], [Kn1, Kn2], [Kn2, Kn4]]* mit *kFlusskrit = [Kn1, Kn2]* und Δx = b([Kn1, Kn2]) = 5.
cz([Kn1, Kn2]) = { -[Kn4, Kn1], [Kn1, Kn2] , -[Kn2, Kn3], [Kn3, Kn4]}.
Spannungserhöhung auf *-[Kn4, Kn1]* bzw. Spannungssenkung auf *[Kn4, Kn1]*

würde bei $\Delta y = gross$-2 zum Gleichgewicht führen. Spannungserhöhung auf *[Kn1, Kn2]* ist bei $x([Kn1, Kn2]) = b([Kn1, Kn2])$ unbeschränkt möglich. Die Spannungserhöhung auf -*[Kn2, Kn3]* ist unbeschränkt möglich. Spannungserhöhung auf *[Kn3, Kn4]* würde bei $\Delta y > 0$ aus dem Gleichgewichtszustand führen. Folglich ist *kSpannkrit = [Kn3, Kn4]*, und wir erhalten nach Austausch *[Kn1, Kn2]* gegen *[Kn3, Kn4]* im Gerüst die im Bild 6.12b gezeigte Situation.
$z(kOut) = [[Kn4, Kn1], [Kn1, Kn3], [Kn3, Kn4]]$ mit *kFlusskrit = [Kn3, Kn4]* und $\Delta x = b([Kn3, Kn4]) = 7$.
$cz([Kn3, Kn4]) = \{$ -*[Kn4, Kn1]*, *[Kn3, Kn4]*, *[Kn1, Kn2]*, -*[Kn2, Kn3]* $\}$.
Spannungserhöhung auf -*kOut* bzw. Spannungssenkung auf *kOut* würde bei $\Delta y = gross$-2 zum Gleichgewicht führen. Spannungserhöhung auf *[Kn3, Kn4]* ist bei $x([Kn3, Kn4]) = b([Kn3, Kn4])$ unbeschränkt möglich. Spannungserhöhung auf *[Kn1, Kn2]* ist bei $x([Kn1, Kn2]) = b([Kn1, Kn2])$ unbeschränkt möglich. Die Spannungserhöhung auf -*[Kn2, Kn3]* ist unbeschränkt möglich. Es folgt $\Delta y = gross$-2, *kSpannkrit = kOut*, und wir erhalten nach Austausch *[Kn3, Kn4]* gegen *[Kn4, Kn1]* im Gerüst die im Bild 6.12c gezeigte Situation der optimalen Lösung.

6.4 Minimalkosten-Stromproblem mit einem freien Parameter

Die mathematische Modellierung eines Problems der Praxis ist meistens aufwendig und geschieht selten mit dem Ziel, eine einzelne Berechnung anzustellen, sondern ihr Ziel ist die gedankliche Durchdringung der Praxisproblematik und die Erstellung von Werkzeugen zur Simulation möglicher Varianten zukünftigen Handelns, um Entscheidungshilfen zu bekommen.

Betrachten wir das gewöhnliche Transportproblem (Anwendungsbeispiel 6.5.1). Einer der Beteiligten, also ein Lieferant oder ein Transportunternehmer oder ein Empfänger, stelle Kalkulationen an, in die er natürlich Verhaltensvarianten seiner Konkurrenten einbeziehen möchte, z.B. was geschieht, wenn Lieferant X billiger liefert oder wenn durch Streckensperrungen erhöhte Transportkosten entstehen usw. Bei seinen Überlegungen möchte er durch ein Softwarewerkzeug unterstützt werden. Um diesen Überlegungen Rechnung zu tragen, ist die folgende Aufgabe zu lösen.

Problem 6.3 Parametrisches Minimalkosten-Stromproblem
Gegeben sind ein gerichteter Graph *G = [K, B]* und zu jedem seiner Bögen $k \in B$ sechs reelle Zahlen a_k, da_k, b_k, db_k, c_k und dc_k. Für a_k und b_k möge $0 \le a_k \le b_k$ gelten.
Gesucht ist für $\lambda \ge 0$ ein *m*-dimensionaler Vektor *x(λ)*, der folgende Bedingungen

132   6 Stromprobleme

erfüllt:
1) $x(\lambda)$ ist Strom in G.
2) Es gilt $a_k + \lambda \cdot da_k \leq x_k(\lambda) \leq b_k + \lambda \cdot db_k$ für $k \in B$.
3) $x(\lambda)$ minimiert die Funktion $z(\lambda, x(\lambda)) = \Sigma\{(c_k + \lambda \cdot dc_k)\cdot x_k(\lambda) \mid k = 1, 2, ..., m\}$.

Für jeden festen Wert von λ ist die Aufgabe die uns bekannte Minimalkosten-Stromaufgabe. Neu ist nur, daß wir sie nicht für einzelne λ-Werte lösen wollen, sondern folgende Fragen stellen:
1) Gegeben ist eine optimale Basislösung $x(\lambda_0)$. Gesucht ist das maximale $\lambda_1 \geq \lambda_0$ so, daß für alle λ, mit $\lambda_0 \leq \lambda \leq \lambda_1$, die gegebene Lösung *stabil* ist.
Zum Begriff der *Stabilität* machen wir uns klar, daß eine Basislösung gemäß (6.1) die Form $x(\lambda_0) = \Sigma\{\alpha_k \cdot z(k) \mid k \in B \setminus B'\}$ hat, wobei bekanntlich α_k entweder gleich $a_k + \lambda_0 \cdot da_k$ oder gleich $b_k + \lambda_0 \cdot db_k$ ist.
Wir fragen nun, für welches *Stabilitätsintervall* $\lambda_0 \leq \lambda \leq \lambda_1$ können wir das Gerüst, d.h. die Bogenmenge B', unverändert lassen, um eine optimale Basislösung $x(\lambda)$ zu erhalten. Bleibt das Gerüst unverändert, so wird aus $\alpha_k = a_k + \lambda_0 \cdot da_k$ oder $\alpha_k = b_k + \lambda_0 \cdot db_k$ lediglich $\alpha_k(\lambda) = a_k + \lambda \cdot da_k$ bzw. $\alpha_k(\lambda) = b_k + \lambda \cdot db_k$.
2) $ZOp(\lambda) = z(\lambda, x(\lambda))$ sei der optimale Wert der Zielfunktion in Abhängigkeit von λ. Gefragt sind Definitionsbereich und Verlauf der *Optimalwertfunktion ZOp(λ)*.

Beispiel 6.14 Bild 6.13 und Tabelle 6.10 beschreiben ein Zahlenbeispiel. In drei Teilbildern sind die Flüsse der jeweiligen optimalen Lösung an den Bögen angegeben, außerdem ist das Gerüst markiert, und es sind die Potentialwerte gegeben.

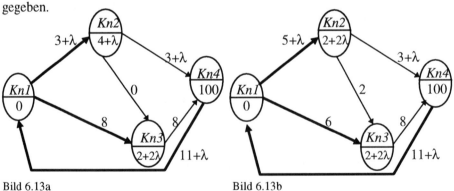

Bild 6.13a   Bild 6.13b

6.4 Minimalkosten-Stromproblem mit einem freien Parameter   133

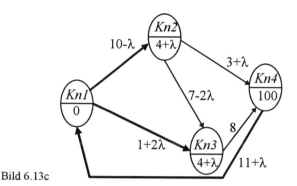

Bild 6.13c

k	AK(k)	EK(k)	a(k)	da(k)	b(k)	db(k)	c(k)	dc(k)
1	Kn1	Kn2	1	1	5	1	4	1
2	Kn1	Kn3	1	2	10	1	2	2
3	Kn2	Kn3	0	0	∞	0	0	0
4	Kn2	Kn4	0	0	3	1	5	0
5	Kn3	Kn4	0	0	8	0	3	0
6	Kn4	Kn1	0	0	∞	0	-100	0

Tabelle 6.10

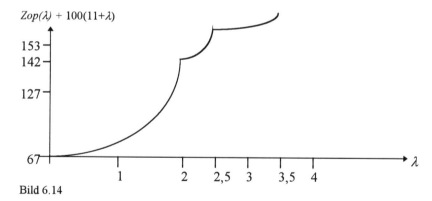

Bild 6.14

Bevor wir Detailbetrachtungen anstellen, sei folgendes vereinbart: Anstelle der Vektorkomponenten-Bezeichnungen a_k, b_k, c_k, ... werden wir wieder die funktionalen Bezeichnungen $a(k)$, $b(k)$, $c(k)$, ... benutzen. Der Leser beachte, daß diese auf vorzeichenbehaftete Bogenbenennungen verallgemeinert sind (Definition 6.5). Die weiteren Überlegungen werden übersichtlicher, wenn wir zusätzlich vereinbaren:

$A(\lambda,k) = a(k)+\lambda \cdot da(k)$, $B(\lambda,k) = b(k)+\lambda \cdot db(k)$, $C(\lambda,k) = c(k)+\lambda \cdot dc(k)$,
$X(\lambda,k) = x(k)+\lambda \cdot dx(k)$, $Y(\lambda,k) = y(k)+\lambda \cdot dy(k)$, $T(\lambda,i) = t(i) + \lambda \cdot dt(i)$.

Betrachtungen zum Definitionsbereich der Optimalwertfunktion

In der Aufgabenstellung haben wir formuliert, daß wir das Problem für $\lambda \geq 0$ betrachten wollen. Es könnte natürlich der Fall eintreten, daß die Aufgabe für $\lambda = 0$ keine Lösung besitzt, obwohl für $\lambda > 0$ Lösungen existieren. Wir wollen im weiteren jedoch annehmen, daß das kleinste λ, für das das gegebene Problem 6.3 lösbar ist, $\lambda = 0$ sei. Auf Grund der Bereichserweiterung, die wir schon beim gewöhnlichen Minimalkosten-Stromproblem zur Vermeidung eines leeren Bereiches vorgenommen haben, können wir das ohne Schwierigkeiten. Wir bestimmen einfach die Optimalwertfunktion der erweiterten Aufgabe und schneiden den Teil ab, in dem sie nicht Optimalwertfunktion der Originalaufgabe ist.

Für den rechten Rand des Definitionsbereichs der Optimalwertfunktion können wir eine obere Schranke angeben: Es muß für jedes λ und jeden Bogen *k* die Ungleichung $A(\lambda, k) \leq B(\lambda, k)$ erfüllt sein. Aus ihr folgt: Falls für einen Bogen *k* $da(k) - db(k) > 0$ ist, so muß λ durch die Bedingung $\lambda \leq -(b(k) - a(k))/(db(k) - da(k))$ beschränkt werden. Gibt es keinen Bogen *k*, für den $da(k) - db(k) > 0$ ist, so ist $max\lambda = \infty$. Im Beispiel 6.14 ergibt sich aus den Schranken des Bogen *[Kn1,Kn3]* $max\lambda = 4,5$. Folglich gilt:

Regel 1 λ *wird durch folgende Bedingung global beschränkt:*
$\lambda \leq max\lambda = min\{-(b(k) - a(k))/(db(k) - da(k)) \mid k \in \boldsymbol{B} \text{ und } da(k) - db(k) > 0\}$

Berechnung des rechten Randes des Stabilitätsintervalls einer gegebenen Basislösung $x(\lambda_0)$

a) Falls der Bogen *k* Gerüstbogen ist, $k \in \boldsymbol{B}'$ bzw. $StzRchtg(k) \neq 0$, darf er durch Vergrößerung von λ nicht seine Zulässigkeit verlieren:
$A(\lambda, k) \leq X(\lambda, k) \leq B(\lambda, k)$. Ein Nichtgerüstbogen kann seine Zulässigkeit nicht verlieren, da für ihn $X(\lambda, k) \in \{A(\lambda, k), B(\lambda, k)\}$ gilt. Daraus folgt:

Regel 2.1 *Falls für einen Gerüstbogen k* $dx(k) - da(k) < 0$ *ist, so muß* λ *durch die Bedingung*

$\lambda \leq -(a(k) - x(k))/(da(k) - dx(k))$ \hfill (6.8.1)

beschränkt werden.

Falls für einen Gerüstbogen k $dx(k) - db(k) > 0$ *ist, so muß* λ *durch die Bedingung*

$\lambda \leq -(b(k) - x(k))/(db(k) - dx(k))$ \hfill (6.8.2)

beschränkt werden.

6.4 Minimalkosten-Stromproblem mit einem freien Parameter

b) Falls der Bogen k kein Gerüstbogen ist, $k \in B \setminus B'$ oder $StzRchtg(k) = 0$, darf er durch Vergrößerung von λ nicht seinen Gleichgewichtszustand verlieren:

Regel 2.2 *Falls für einen Nichtgerüstbogen k $X(\lambda_0, k) = A(\lambda_0, k)$ und $dy(k) - dc(k) > 0$ gilt, so muß λ durch die Bedingung*
$$\lambda \leq c(k) - y(k)) / (dy(k) - dc(k)) \qquad (6.9.1)$$
beschränkt werden.
Falls für einen Nichtgerüstbogen k $X(\lambda_0, k) = B(\lambda_0, k)$ und $dy(k) - dc(k) < 0$ gilt, so muß λ durch die Bedingung
$$\lambda \leq (c(k) - y(k)) / (dy(k) - dc(k)) \qquad (6.9.2)$$
beschränkt werden.

Um den rechten Rand des Stabilitätsintervalls der gegebenen Basislöung $x(\lambda_0)$ zu ermitteln, müssen wir somit folgendes tun:
Gemäß den angegebenen Kriterien durchmustern wir alle Bögen und ermitteln den Minimalwert λ_1 aller relevanten Schranken (6.8) bzw. (6.9). Gleichzeitig bestimmen wir einen Bogen *kParKrit* (kritisch gegenüber Parametervergrößerung), dessen Schranke gleich λ_1 ist.
Gibt es keinen Bogen *kParKrit*, so gilt: Die Lösung ist für $\lambda_0 \leq \lambda \leq max\lambda$ stabil.

Beispiel 6.15 Im Beispiel 6.14, Bild 6.13a gilt: Das Minimum aller oberen Schranken wird auf dem Bogen *kParKrit* = 3, *[Kn2, Kn3]*, mit $\lambda_1 = 2$ erreicht, denn es muß $Y(3, \lambda) \leq C(3, \lambda)$ gelten, also $(2+2\lambda) - (4+\lambda) \leq 0$, woraus $\lambda \leq 2$ folgt.
Bild 6.13b: Das Minimum aller oberen Schranken wird auf dem Bogen *kParKrit* =2, *[Kn1, Kn3]*, mit $\lambda_1 = 2,5$ erreicht, denn es muß $(2, \lambda) \leq X(2, \lambda)$ gelten, also $(1+2\lambda) \leq 6$, woraus $\lambda \leq 2,5$ folgt.
Bild 6.13c: Das Minimum aller oberen Schranken wird auf dem Bogen *kParKrit* =3, *[Kn2, Kn3]*, mit $\lambda_1 = 3,5$ erreicht, denn es muß $A(3, \lambda) \leq X(3, \lambda)$ gelten, also $0 \leq (7-2\lambda)$, woraus $\lambda \leq 3,5$ folgt.

Eigenschaften der Optimalwertfunktion $ZOp(\lambda)$:
Aus der Theorie der parametrischen Linearoptimierung (z.B. [Noz]) ist folgendes bekannt:
1) Ist der zulässige Bereich des Problems 6.3 unabhängig von λ ($da(k) = db(k) = 0$ für alle k), so ist $ZOp(\lambda)$ konvex und in jedem Stabilitätsintervall linear.
2) Ist die Zielfunktion des Problems 6.3 unabhängig von λ ($dc(k) = 0$ für alle k), so ist $ZOp(\lambda)$ konkav und in jedem Stabilitätsintervall linear.

> **Satz 6.6a** *$ZOp(\lambda)$ ist in jedem Stabilitätsintervall eine lineare oder quadratische Funktion.*

Beweis: $ZOp(\lambda) = z(\lambda, x(\lambda)) = \Sigma \{ C(\lambda, k) \cdot X(\lambda, k) \mid k = 1, 2, ..., m \}$. Da $x(\lambda_0) = \Sigma\{\alpha_k \cdot z(k) \mid k \in B \setminus B'\}$ gilt, mit $\alpha_k \in \{a_k + \lambda_0 \cdot da_k, b_k + \lambda_0 \cdot db_k\}$, und die Komponenten der Zyklusvektoren $z(k)$ die Zahlen -1, 0 oder 1 sind, haben alle $X(\lambda, k)$ die Form $x(k) + \lambda \cdot dx(k)$, also alle Summanden der Zielfunktion haben die Form $c(k) \cdot x(k) + \lambda \cdot (c(k) \cdot dx(k) + dc(k) \cdot x(k)) + \lambda^2 \cdot dc(k) \cdot dx(k)$. □

Bezüglich der Stetigkeit werden wir im folgenden beweisen:

> **Satz 6.6b** *Ist die Optimalwertfunktion über den rechten Rand λ_1 eines ihrer Stabilitätsintervalle hinaus erklärt, so gibt es für λ_1 entweder zwei verschiedene Darstellungen durch verschiedene Gerüste der optimalen Lösung $x(\lambda_1)$ oder zwei verschiedene optimale Lösungen $x(\lambda_1)$ und $x'(\lambda_1)$. $x(\lambda)$ ist optimal für $\lambda_0 \leq \lambda \leq \lambda_1$, und $x'(\lambda)$ ist optimal für $\lambda_1 \leq \lambda$.*

Aus diesem Satz folgt die Stetigkeit von $Zop(\lambda)$ in den Randpunkten der Stabilitätsintervalle.

Beispiel 6.16 Wir beziehen uns wieder auf Beispiel 6.14, Bild 6.13a: Bei $\lambda_1 = 2$ gilt für den Nichtgerüstbogen $k = 3$, *[Kn2, Kn3]*, $Y(3, \lambda_1) = C(3, \lambda_1)$. Daraus folgt die Existenz der zweiten, im Bild 6.13b gezeigten Optimallösung mit dem Fluß $Y(3, \lambda_1) = 2$. Bild 6.13b: Bei $\lambda_1 = 2{,}5$ gilt für Gerüstbogen $k = 2$, *[Kn1, Kn3]*, $X(2, \lambda_1) = A(2, \lambda_1)$. Daraus folgt, daß er auch zur Darstellung der Optimallösung benutzt werden kann, d.h., es existiert eine zweite, im Bild 6.13c gezeigte Darstellung derselben Optimallösung mit dem Fluß $Y(2, \lambda) = 1+2\lambda$. Der Leser überzeuge sich, daß in diesem Fall die Lösungen aus Bild 6.13b und 6.13c für $\lambda = 2{,}5$ identisch sind.

Fortsetzung der Optimalwertfunktion über den rechten Rand eines Stabilitätsintervalls hinaus

Gegeben sei eine Basislösung $x_0(\lambda)$, die für $\lambda_0 \leq \lambda \leq \lambda_1$ optimal ist. Das Gerüst, über das $x_0(\lambda)$ bestimmt ist, sei durch $StzBg(i)$ dargestellt.
Die Lösung selbst wird durch $x(k)$ und $dx(k)$ beschrieben, und $t(i)$ sowie $dt(i)$ beschreiben das zum Gerüst und zu $c(k)$ bzw. $dc(k)$ zugehörige Potential mit

6.4 Minimalkosten-Stromproblem mit einem freien Parameter

$y(k) = c(k)$ sowie $dy(k) = dc(k)$ für alle Gerüstbögen. *kParKrit* ist der kritische Bogen bezüglich λ-Vergrößerung über λ_1 hinaus.
Wir haben zwei Fälle zu unterscheiden:
1. *StzRchtg(kParKrit)* = 0, d.h., *kParKrit* ist kein Gerüstbogen. In diesem Fall würde ohne eine Änderung der Lösung bei λ-Vergrößerung *kParKrit* seinen Gleichgewichtszustand verlieren. λ-Vergrößerung ist also nur möglich, wenn wir diesen Bogen in das Gerüst aufnehmen (dann gilt *y(kParKrit)* = *c(kParKrit)* sowie *dy(kParKrit)* = *dc(kParKrit)*, der Bogen ist also dann unabhängig von λ im Gleichgewicht). Wir legen fest:

$$kNeu := \begin{cases} kParkrit, \text{ falls } X(\lambda_0, kParKrit) = A(\lambda_0, kParKrit), \\ -kParkrit, \text{ falls } X(\lambda_0, kParKrit) = B(\lambda_0, kParKrit). \end{cases}$$

Die Aufnahme des Bogens *kNeu* in das Gerüst muß mit der Entfernung eines Bogens *kAlt* aus dem Gerüst verbunden werden. *kAlt* muß zum Zyklus *z(kNeu)* gehören und muß bei der Entfernung aus dem Gerüst $X(\lambda_1, kAlt) = B(\lambda_1, kAlt)$ genügen. Da für alle $k \in z(kNeu)$ $Y(\lambda_1, k) = C(\lambda_1, k)$ gilt, können wir bei $\lambda = \lambda_1$ eine Stromänderung um $\Delta X \cdot z(kNeu)$ mit einem $\Delta X \geq 0$ durchführen und *kAlt* als Benennnung ihres kritischen Bogens ermitteln.
Es gilt also $X(\lambda_1, kAlt) + \Delta X = B(\lambda_1, kAlt)$, d.h., den notwendigen Austausch *TauschGrstBg(kAlt, kNeu)* können wir mit folgenden anschließend auszuführenden Transformationen verbinden:

$x(k) := x(k) + \Delta x$ für $k \in z(kAlt)$ mit $\Delta x = b(kAlt) - x(kAlt)$, (6.10)

$dx(k) := dx(k) + \Delta dx$ für $k \in z(kAlt)$ mit $\Delta dx = db(kAlt) - dx(kAlt)$, (6.11)

$t(i) := t(i) + \Delta y$ für $i = EK(k), k \in cz(kNeu)$, $\Delta y = c(kNeu) - y(kNeu)$, (6.12)

$dt(i) := dt(i) + \Delta dy$ für $i = EK(k), k \in cz(kNeu)$, $\Delta dy = dc(kNeu) - dy(kNeu)$.(6.13)

Bezüglich (6.12) und (6.13) ist zu beachten, daß
$\Delta Y = \Delta y + \lambda_1 \cdot \Delta dy = c(kNeu) - y(kNeu) + \lambda_1 \cdot (dc(kNeu) - dy(kNeu)) = 0$ gilt, weil λ_1 die gemäß (6.9) bestimmte Schranke ist. Das bedeutet, diese Änderung ist formaler Natur und keine Wertänderung. Sie dient nur dazu, das Potential dem neuen Gerüst anzupassen. Dies beweist für den hier betrachteten Fall die Richtigkeit des Satzes 6.6b.

Es sind folgende **Sonderfälle** denkbar:
- Es gibt keinen kritischen Bogen bezüglich der Stromänderung (6.10) und (6.11), d.h., für alle $k \in z(kNeu)$ gilt $B(\lambda_1, kParKrit) = \infty$. Diesen Fall vermeiden wir dadurch, daß wir auf allen Bögen des Netzes eine endliche obere Flußschranke ansetzen.
- *kAlt* = *kNeu*. In diesem Fall werden einfach die Transformationen (6.12) und (6.13) sowie *TauschGrstBg(kAlt, kNeu)* nicht ausgeführt.

Beispiel 6.17 Bild 6.15 zeigt ein einfaches Beispiel für die Sonderfälle. ($\rightarrow$ und

← markieren Flüsse.)

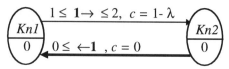
optimal für $0 \leq 1-\lambda$, d.h. für $\lambda \leq 1$

Bild 6.15a

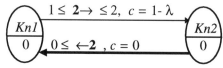
optimal für $0 \geq 1-\lambda$, d.h. für $\lambda \geq 1$

Bild 6.15b

2. *StzRchtg(kParKrit)* $\neq 0$, d.h., *kParKrit* ist Gerüstbogen:
Wir führen zunächst folgende Bogenbenennung durch:
$$kNeu := \begin{cases} -kParkrit, & \text{falls } X(\lambda_1, kParKrit) = A(\lambda_1, kParKrit), \\ kParkrit, & \text{falls } X(\lambda_1, kParKrit) = B(\lambda_1, kParKrit). \end{cases}$$
In diesem Fall wäre ohne eine Änderung der Lösung $X(\lambda, kAlt)$ bei λ-Vergrößerung nicht mehr zulässig. Eine λ-Vergrößerung ist also nur möglich, wenn wir diesen Bogen aus dem Gerüst entfernen. Dann ist $X(\lambda, kParKrit)$ aus den Flußschranken bestimmt, also unabhängig von λ zulässig.
Die Enfernung eines Bogens *kAlt* aus dem Gerüst muß jedoch verbunden werden mit der Aufnahme eines Ersatzbogens *kNeu* in das Gerüst. Der Bogen *kNeu* muß dem Cozyklus *cz(kParKrit)* angehören und nach seiner Aufnahme in das Gerüst die Eigenschaft $Y(\lambda_1, kNeu) = C(\lambda_1, kNeu)$ haben. Folglich müssen wir den aktuellen Wert $Y(\lambda_1, kNeu)$ um $\Delta y(kNeu) := Y(\lambda_1, kNeu) - C(\lambda_1, kNeu)$ ändern.
Da $X(\lambda_1, kAlt) = B(\lambda_1, kAlt)$ gilt, kann $Y(\lambda_1, kAlt)$ beliebig vergrößert werden, d.h., wir suchen unter den $k \in cz(kAlt)$ mit $X(\lambda_1, k) = A(\lambda_1, k)$ ein *kNeu* als dasjenige, für das $\Delta Y = C(\lambda_1, k) - Y(\lambda_1, k)$ minimal ist und führen *TauschGrstBg(kAlt, kNeu)* sowie die Transformationen (6.10) bis (6.13) aus.
Zu beachten ist, daß in diesem Fall $\Delta X = \Delta x + \lambda_1 \cdot \Delta dx =$
$b(kAlt) - x(kAlt) + \lambda_1 \cdot (db(kAlt) - dx(kAlt)) = B(\lambda_1, kAlt) - X(\lambda_1, kAlt) = 0$
wegen (6.8) gilt. *kAlt* ist vorzeichenbehaftet, so daß für $kAlt < 0$ aus
$B(\lambda_1, kAlt) - X(\lambda_1, kAlt) = 0$ $A(\lambda_1, kAlt) - X(\lambda_1, kAlt) = 0$ wird.
Die Stromänderung dient somit nur dazu, die Darstellung des Stroms dem geänderten Gerüst anzupassen. Woraus auch für diesen Fall die Gültigkeit des Satzes 6.6b folgt.

Es kann folgender **Sonderfall** auftreten: Es existiert kein $k \in cz(kAlt)$, das die

6.4 Minimalkosten-Stromproblem mit einem freien Parameter

Bedingung $X(\lambda_1, k) = A(\lambda_1, k)$ erfüllt, d.h., für $k \in cz(kAlt)$, $k < 0$, gilt $X(-k, \lambda_1) = A(-k, \lambda_1)$, und für $k \in cz(kAlt)$, $k > 0$, gilt $X(k, \lambda_1) = B(k,\lambda_1)$. Das aber bedeutet, daß $\sum\{X(k, \lambda_1) \mid k \in cz(kAlt)\} = \sum\{B(k, \lambda_1) \mid k \in cz(kAlt)\} = 0$ gilt. Gemäß der Existenzbedingung für Ströme muß $\sum\{B(k, \lambda) \mid k \in cz(kAlt)\} \geq 0$ sein (Formel (6.5)). Die λ-Vergrößerung fordert jedoch Verkleinerung von $\sum\{B(k, \lambda) \mid k \in cz(kAlt)\}$ und damit eine Verletzung der Existenzbedingung. Folglich ist λ_1 der rechte Rand des Definitionsbereichs der Optimalwertfunktion.

Beispiel 6.18 Der letztgenannte Sonderfall tritt in dem im Bild 6.13c gezeigtem Beispiel auf: *kParKrit* = 3 mit $\lambda_1 = 3,5$, da für $\lambda > 3,5$ $X(3, \lambda) = 7 - 2\lambda < 0$ wäre. Es gilt: *kAlt* = -*kParKrit*, $cz(-3) = \{-2, -3, 5\}$, $X(3, \lambda_1) = A(3, \lambda_1) = 0$, $X(2, \lambda_1) = A(2, \lambda_1) = 1+2\lambda_1$ und $X(5, \lambda_1) = B(5, \lambda_1) = 8$.
$B(5, \lambda) - A(2, \lambda) - A(2, \lambda) = 8 - (1+2\lambda) \geq 0$ ist nur für $\lambda \leq 3,5$ möglich. In der Tat müßte für $\lambda > 3,5$ auf dem Bogen *[Kn1, Kn3]* ein Fluß größer 8 fließen, von dem der Bogen *[Kn3, Kn4]* nur 8 Einheiten aufnehmen kann, und das ist unmöglich, weil kein weiterer Bogen aus *Kn3* hinausführt, der den Zufluß, der größer als 8 ist, abführen könnte. Es folgt der Abbruch der Parametervariation.

Zusammenfassung: Um die Optimalwertfunktion über den rechten Rand λ_1 eines ihrer Stabilitätsintervalle hinaus fortzusetzen, sind Bogenbenennungen *kAlt* und *kNeu* zu bestimmen, von denen eine die Bogenbenennung *kParKrit* ist.
Es sind folgende Transformationen auszuführen:
$x(\lambda) := x(\lambda_0) + (b(kAlt) - x(kAlt) + \lambda \cdot (db(kAlt) - dx(kAlt))) \cdot z(kNeu)$,
$y(\lambda) := y(\lambda_0) + (c(kNeu) - y(kNeu) + \lambda \cdot (dc(kNeu) - dy(kNeu))) \cdot cz(kAlt)$.
Anschließend ist der zu *kAlt* gehörende Bogen aus dem Gerüst zu entfernen und durch den durch *kNeu* benannten Bogen zu ersetzen. Die neue Lösung ist für $\lambda \geq \lambda_1$ optimal.

Beispiel 6.19 Im obigen Beispiel Bild 6.13a gilt: *kNeu* = *kParKrit* = 3, *[Kn2, Kn3]*. $z(3) = [3, -2, 1]$; $\Delta X = B(1, \lambda_1 = 2) - X(1, \lambda_1 = 2) = 7 - 5 = 2$, also *kAlt* = 1, *[Kn1, Kn2]*. (6.10) - (6.13) sowie *TauschGrstBg(1, 3)* führen zu Bild 6.13b.
Bild 6.13b: *kAlt* = -*kParKrit* = -2, *[Kn1, Kn3]*. $cz(-2) = \{-1, -2, 4, 5\}$; $\Delta Y = C(-1, \lambda_1 = 2,5) - Y(-1, \lambda_1 = 2) = -6,5 - (-7) = 0,5$, also *kNeu* = 1, *[Kn1, Kn2]*.
(6.10) - (6.13) sowie *TauschGrstBg(1, 3)* führen zu Bild 6.13c.
Bild 6.13c: *kAlt* = -*kParKrit* = -3, *[Kn2, Kn3]*. $cz(-3) = [-3, -2, 5]$; ein *kNeu* existiert nicht, also bricht die Parametervariation ab. Die Optimalwertfunktion hat den Definitionsbereich [0; 3,5] mit den Stabilitätsintervallen [0; 2], [2; 2,5] und [2,5; 3,5].

6.5 Aufgaben

Aufgabe 6.4 Führen Sie das angegebene Verfahren zur Flußmaximierung im Netz aus Bild 6.16 für den Bogen *[Kn4, Kn1]* aus.

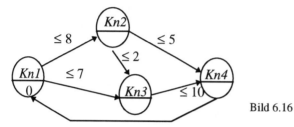

Bild 6.16

Aufgabe 6.5 Betrachtet werden n Arbeitskräfte und m Maschinen, $m < n$. Jede Arbeitskraft A_i, $i=1, 2, ..., n$, kann jede der Maschienen M_j, $j=1, 2, ..., m$, bedienen, allerdings bestehen Leistungsunterschiede, die durch eine Bewertung w_{ij} beurteilt werden. Gesucht ist eine *Zuordnung* $A_i \to M_j$ so, daß
$\Sigma\{ w_{ij}$ | für alle i, j, für die $A_i \to M_j$ existiert $\}$ maximal ist.
Bilden Sie das Problem ab auf
a) ein bewertetes Matchingproblem (Abschnitt 5.3),
b) ein Minimalkosten-Stromproblem (Abschnitt 6.2).

Aufgabe 6.6 Lösen Sie die Aufgabe 6.2 (Abschnitt 6.2.4) unter der Bedingung, daß die Kapazität des Lagers *Lg1* $15+\lambda$ beträgt, d.h., ermitteln Sie die Optimalwertfunktion $ZOp(\lambda)$ und die Lösungen $x(\lambda)$ an ihren Knickstellen.

7 Potentialprobleme

7.1 Minimalkosten-Potentialproblem

Nach unserer ausführlichen Betrachtung von Stromproblemen liegt es nahe, das folgende Potentialproblem zu betrachten.

Minimalkosten-Potentialproblem
Gegeben seien ein gerichteter Graph $G = [\,K, B\,]$ und zu jedem seiner Bögen $k \in B$ drei reelle Zahlen a_k, b_k und c_k. Für a_k und b_k möge $a_k \leq b_k$ gelten.
Gesucht ist ein n-dimensionaler Vektor t, so daß für die Spannung y mit $y(k) = t(EK(k)) - t(AK(k))$ folgende Bedingungen erfüllt sind:
1) $a_k \leq y(k) \leq b_k$ für $k \in B$.
2) Die von dem Potential t erzeugte Spannung $y = (\,y(1), y(2), ..., y(m)\,)$ minimiert die Funktion $z(y) = \Sigma\,\{\,c_k y(k)\ |\ k = 1, 2, ..., m\,\}$.

Es ist nicht schwer, mit Hilfe der dualen Begriffe Strom und Spannung, Zyklus und Cozyklus, Gerüst und Cogerüst usw. die theoretischen Zusammenhänge und Algorithmen aus Kapitel 6 von der Strom- auf die Spannungs- bzw. Potentialproblematik zu übertragen. Wir tun dies zunächst für die wichtigsten Aussagen, wobei wir die aus Kapitel 6 bekannten Funktionen der Datenstruktur *Netz* verwenden.

Lösbarkeit des Potentialproblems Wir betrachten einen Zyklus Z und schätzen die Spannungskomponente $y(k)$ jeder Bogenbenennung k aus Z durch ihre obere Schranke $b(k)$ ab. Wir erhalten folgende notwendige Bedingung:
$$\Sigma\{\,b(k)\ |\ k \in Z\,\} \geq 0. \tag{7.1}$$
Man kann zeigen, daß die Bedingung auch hinreichend für die Lösungsexistenz ist. Interessant ist insbesondere der Fall, daß Z ein Kreis ist.

Satz 7.1 *Eine Lösung des Minimalkosten-Spannungsproblems existiert nur dann, wenn es weder einen Kreis gibt, längs dem die Summe der unteren Schranken negativ ist, noch einen Kreis, längs dem die Summe der oberen Schranken positiv ist.*

---

7 Potentialprobleme

Definition 7.1 *Eine* B a s i s l ö s u n g *des Minimalkosten-Spannungsproblems ist eine zulässige Spannung, die für* $k \in B'$ $y(k) = a(k)$ *oder* $y(k) = b(k)$ *erfüllt, wobei* **B'** *die Bogenmenge eines Gerüstes im Graphen* **G = [K, B]** *bezeichnet.*

Satz 7.2 *Gegeben sei eine Basislösung* **y** *des Minimalkosten-Spannungsproblems mit dem zugehörigen Gerüst* **G' = [K, B']**. *Auf dem Cogerüst* **G'' = [K , B \ B']** *zu* **G'** *definieren wir einen Strom durch* $x(k) = c(k)$ *für* $k \in B \setminus B'$.
y *ist genau dann optimale Lösung, wenn folgende Bedingungen erfüllt sind:*
Für $k \in B'$ *gilt:*
Falls $y(k) = a(k)$, *so ist* $x(k) \leq c(k)$, *und*
falls $y(k) = b(k)$, *so ist* $x(k) \geq c(k)$.

Durch den Satz 7.2 wird analog zum Stromproblem 6.1 für den Fall der Optimalität zu jedem Bogen *k* eine Abbildung aus der Menge der zulässigen *y(k)* in die Menge der zulässigen Dualwerte *x(k)* erzeugt. Diese Abbildung wird durch die im Bild 7.1 dargestellte Treppenkurve *y(k) = Char(x(k))* beschrieben.

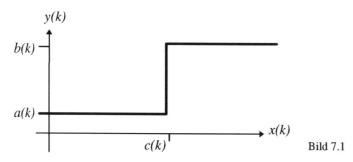

Bild 7.1

Sie wird als *Charakteristik des Bogens k* bezeichnet. Man beachte, daß es sich um eine Abbildung $y(k) \rightarrow x(k)$ handelt, die als Zugeständnis zu den Bezeichnungen bei Stromaufgaben in der Form *y(k) = Char(x(k))* graphisch dargestellt ist.
Gilt für eine Spannung *y*, einen Strom *x* und einen Bogen *k* *y(k) = Char(x(k))*, so wollen wir sagen, *k liegt auf seiner Charakteristik* bzw. *k befindet sich in einem Gleichgewichtszustand*. Andernfalls sagen wir, der Bogen ist *out-of-kilter*

(außerhalb seines Gleichgewichts). Mit diesen Begriffen kann Satz 7.2 auch wie folgt formuliert werden:
Eine Spannung y ist genau dann optimale Lösung des Potentialproblems, wenn zu ihr ein Strom x derart existiert, daß alle Bögen des Netzes auf ihrer Charakteristik liegen.

Algorithmus zur Lösung des Problems 7.1
1. Wir bestimmen eine Basislösung *y*. Das beinhaltet, daß wir zu *y* ein Gerüst *G´ = [K, B´]* des Graphen *G = [K, B]* aufstellen, so daß für $k \in B´$ die Spannungskomponente *y(k)* durch *a(k)* oder *b(k)* bestimmt ist.
2. Wir bestimmen einen Strom *x*, der *x(k) = c(k)* für $k \in B \setminus B´$ erfüllt, und testen, ob es einen Bogen *kOut* gibt, der bezüglich seiner Charakteristik out-of-kilter ist. Gibt es keinen solchen Bogen, so ist *y* eine optimale Lösung. Andernfalls versuchen wir
3. den Bogen *kOut* in einen Zustand zu überführen, in dem er auf seiner Charakteristik liegt, wobei wir dafür sorgen, daß
3.1. die Spannung zulässig bleibt und
3.2. kein Bogen, der schon auf seiner Charakteristik liegt, wieder in den Out-of-kilter-Zustand gerät.
Da der Bogen *kOut* ein Gerüstbogen ist, können wir zur Spannungsänderung den Cozyklus *cz(kOut)* nutzen. Ist der bezüglich dieser Änderung kritische Bogen *kSpannKrit* nicht der Bogen *kOut*, so ändern wir den dualen Strom für $k \in z(kSpannKrit)$ und tauschen anschließend den bezüglich dieser Stromänderung kritischen Bogen *kStromKrit* im Gerüst gegen den Bogen *kSpannKrit* aus.

Wir betrachten nachfolgend zwei Spezialfälle des Potentialproblems, wobei gleichzeitig der Lösungsweg für den allgemeinen Fall demonstriert wird.

Beispiel 7.1 Kürzeste Wege von einem *Start*-Knoten zu mehreren *Ziel*-Knoten
In einem gegebenen Netz mit Bogenlängen setzen wir für alle Bögen *k* die obere Spannungsschranke *b(k)* auf den Wert der Länge des Bogens, die untere Spannungsschranke auf den Wert -∞ und die Bogenpreise *c(k)* auf den Wert Null. Nun fügen wir dem Netz einen Knoten Z und für jeden Zielknoten *i* einen zusätzlichen Bogen *[i, Z]* hinzu. Die untere Spannungsschranke eines solchen Zusatzbogens erhält den Wert -∞, die obere den Wert Null und der Bogenpreis den Wert Eins. Schließlich führen wir einen Rückkehrbogen vom Knoten Z zum Knoten *Start* mit *a([Z, Start]) = -∞, b[Z, Start]) = 0* und
c([Z, Start]) = Anzahl der Zielknoten.
Bei *t(Start) = 0* bedeutet das, wir maximieren $\sum \{ t(i) \mid i$ ist Zielknoten} unter den Bedingungen *y(k) ≤ Länge des Bogens k* für alle Bögen.

144   7 Potentialprobleme

Im Bild 7.2 ist *Kn1* = *Start*, die gestrichelt gezeichneten Bögen sind Zusatzbögen von den *Ziel*-Knoten *Kn5*, *Kn6*, *Kn7* sowie der Rückkehrbogen. Die Zahlen an den Bögen geben ihre Länge an. Die Zahlen in den Knoten geben ein optimales Potential, zu dem das durch fett gezeichnete Bögen beschriebene Gerüst gehört. Die von Null verschiedenen Komponenten des Stroms *x* sind an den entsprechenden Bögen angegeben. Sie werden durch die Vorgaben $x([Kn5, Z]) := 1$, $x([Kn7, Z]) := 1$, $x([Z, Kn1]) := 3$ sowie $x([Kni, Knj]) := 0$ auf allen Cogerüstbögen bestimmt. *y* und *x* genügen Satz 7.2, und ersichtlich ist das Gerüst ein Erreichbarkeitsbaum aus kürzesten Wegen vom Knoten *Kn1* zu allen erreichbaren Knoten, und das Potential gibt die dazugehörenden kürzesten Weglängen an.

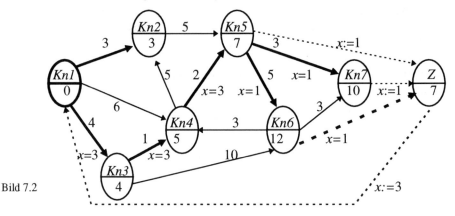

Bild 7.2

Beispiel 7.2 Längste Wege von einem *Start*-Knoten zu mehreren *Ziel*-Knoten
In einem gegebenen Netz mit Bogenlängen setzen wir für alle Bögen *k* die untere Spannungsschranke $a(k)$ auf den Wert der Länge des Bogens, die obere Spannungsschranke auf den Wert ∞ und die Bogenpreise $c(k)$ auf den Wert Null. Nun fügen wir dem Netz einen Knoten *Z* und für jeden Zielknoten *i* einen zusätzlichen Bogen *[i, Z]* hinzu. Die untere Spannungsschranke eines solchen Zusatzbogens erhält den Wert Null, die obere den Wert ∞ und der Bogenpreise den Wert minus Eins. Schließlich führen wir einen Rückkehrbogen vom Knoten *Z* zum Knoten *Start*, mit $a([Z, Start]) = 0$, $b[Z, Start]) = \infty$ und
$c([Z, Start]) = -$ Anzahl der Zielknoten.
Bei $t(Start) = 0$ bedeutet das, wir minimieren $\sum\{ t(i) \mid i$ ist Zielknoten$\}$ unter den Bedingungen $y(k) \geq$ *Länge des Bogens k* für alle Bögen.

Im Bild 7.3 ist *Kn1* = *Start*. Die Zusatzbögen von den *Ziel*-Knoten *Kn5*, *Kn6*, *Kn7* sowie der Rückkehrbogen sind gestrichelt gezeichnet. Die Zahlen an den Bögen geben ihre Länge an. Gegenüber Bild 7.2 mußte die Richtung des Bogens *[Kn6, Kn4]* geändert werden, weil das Netz sonst einen Kreis mit positiver unterer

Schrankensumme enthalten hätte, was gemäß Satz 7.1 für eine Lösung nicht möglich ist. Die Zahlen in den Knoten geben ein optimales Potential, zu dem das durch fett gezeichnete Bögen beschriebene Gerüst gehört. Die von Null verschiedenen Komponenten des Stroms *x* sind an den entsprechenden Bögen angegeben. Sie werden durch die Vorgaben $x([Kn5, Z]) := -1$, $x([Kn6, Z]) := -1$, $x([Z, Kn1]) := -3$ sowie $x([Kni, Knj]) := 0$ auf allen Cogerüstbögen bestimmt. *y* und *x* genügen Satz 7.2, und ersichtlich enthält das Bild die Lösung des Längste-Wege-Problems von *Kn1* zu allen erreichbaren Knoten in Form eines Erreichbarkeitsbaums aus längsten Wegen und des Potentials der dazugehörenden Weglängen.

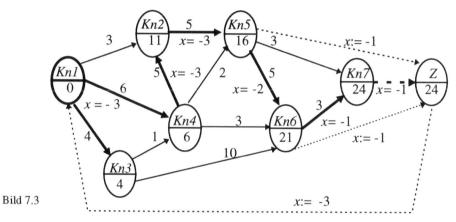

Bild 7.3

7.2 Klassische Netzplantechnik

Seit Ende der fünfziger Jahre wird die Graphentheorie zur Modellbildung bei der Planung von Prozeßabläufen genutzt. Wir werden uns im folgenden an der Realisierung eines Bauvorhabens orientieren, aber ähnliche Fragen entstehen überall, wo Arbeitsprozesse ablaufen und „gemanagt" werden müssen. Die Netzplantechnik ist ein wesentlicher Bestandteil des sogenannten *Projektmanagements*.

Am Beginn der Realisierung eines Projektes steht ein sogenanntes *Leistungsverzeichnis*, d.h. eine Liste zu erledigender Arbeiten. Daraus wird ein Ablaufplan entwickelt, indem zunächst Teilprozesse/Aktivitäten/Vorgänge - diese Bezeichnungen werden weitgehend synonym benutzt - entworfen werden. Dabei können sowohl eine Leistung des Leistungsverzeichnisses auf mehrere Aktivitäten verteilt werden als auch mehrere Leistungen zu einer Aktivität zusammengefaßt werden. Weiter ist es möglich, daß Aktivitäten, wie Baustelleneinrichtung, Materialanlieferungen und dergleichen, die im Leistungsverzeichnis nicht genannt

7 Potentialprobleme

sind, dem Ablaufplan hinzugefügt werden. Für unsere Betrachtungen stehe eine Menge $P = \{A_1, A_2, ..., A_n\}$ von Aktivitäten am Ausgangspunkt.
In diesem Abschnitt wollen wir uns nur für die Zeitplanung des Ablaufs interessieren, und wir wollen unterstellen, daß jede der Aktivitäten A_i in einer vorgegebenen festen Zeit $D(i)$ ohne Unterbrechung zu realisieren ist. $D(i)$ heißt *Dauer* der Aktivität A_i.
Zwischen den Aktivitäten gibt es logische und zeitliche Abhängigkeiten. So kann man einem Gebäude erst dann Mauern geben, wenn sein Fundament fertig ist, und bevor man mit dem Dach beginnt, muß die tragende Konstruktion fertig sein. Die Abhängigkeiten bilden sich ab als zeitliche Distanzen zwischen den Aktivitäten.
Es liegt nahe, das folgende *Netzplanmodell* zu nutzen.

Aktivitäts-Knoten-Netz (Bild 7.4) Jede Aktivität A_i wird auf einen Knoten A_i eines Graphen abgebildet. Dessen Knotenmenge wird ergänzt durch einen *Startknoten S* und einen *Endknoten Z*.
Kann die Aktivität A_j aus technologischen Gründen erst $w(i,j)$ Zeiteinheiten nach dem Beginn der Aktivität A_i beginnen, so führen wir in unserem Netz einen Bogen vom Knoten A_i zum Knoten A_j, dem wir die Bewertung $w(i,j)$ zuordnen. In den meisten Fällen gilt $w(i,j) = D(i)$, d.h., die Aktivität A_j kann frühestens beginnen, wenn die Aktivität A_i beendet ist.

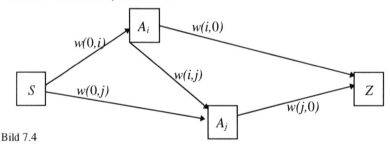

Bild 7.4

Andererseits ist es auch denkbar, daß eine Aktivität A_j spätestens dann beginnen muß, wenn eine Aktivität A_i $\underline{w}(i,j)$ Zeiteinheiten bearbeitet wurde. Beispiel: Damit Beton nicht erhärtet, muß er spätestens $\underline{w}$ Zeiteinheiten nach seinem Antransport (A_i) verarbeitet werden (A_j). Solche Bedingungen können wir modellieren, indem wir dem Abhängigkeitsbogen die Orientierung von j nach i und die Bewertung $w(j,i) = -\underline{w}(i,j)$ geben. Wenn $AT(i)$ den *Starttermin* der Aktivität A_i bezeichnet, so repräsentiert der Bogen $k = [A_i, A_j]$ mit der Bewertung $w(i,j)$ die Restriktion $y(k) \geq w(i,j)$ bzw.
$$AT(j) \geq AT(i) + w(i,j). \tag{7.2}$$
Ein Bogen $[A_j, A_i]$ mit der Bewertung $-\underline{w}(i,j)$ repräsentiert folglich die Restriktion $AT(i) \geq AT(j) - \underline{w}(i,j)$ oder umgestellt $AT(j) \leq AT(i) + \underline{w}(i,j)$, d.h. genau die gestellte Bedingung. Forderungen nach zeitlichen Höchstabständen können also

7.2 Klassische Netzplantechnik 147

durch Umkehrung der Bogenrichtung und des Vorzeichens der Bewertung auf die Forderung eines zeitlichen Mindestabstandes zurückgeführt werden, und dies bedeutet, daß es für die Bogenbewertung $w(i,j)$ im allgemeinen keine Einschränkung ihrer Werte gibt.

Die Knoten S und Z repräsentieren den Beginn bzw. das Ende des Gesamtablaufes. *Alle* Aktivitäten können also erst nach der *Pseudoaktivität S* beginnen und müssen vor der Pseudoaktivität Z beendet sein. Aus diesem Grund führen wir Bögen vom Knoten S zu denjenigen Aktivitätsknoten A_j, die keine Vorläuferaktivität A_i oder nur solche mit negativer Bewertung $w(i,j)$ haben. Entsprechend führen wir Bögen zum Knoten Z von allen Aktivitätsknoten A_i aus, die keine Nachfolgeraktivität A_j haben oder nur solche mit einer Bewertung $w(i,j) < D(i)$.

Bezüglich der Bögen $[S, A_i]$ können wir unser Modell erweitern, indem wir zulassen, daß für die Aktivität A_i ein *frühest-möglicher Beginntermin GAT(i)* vorgegeben wird. Diese Vorgaben modellieren wir durch entsprechende Bögen $[S, A_i]$, denen wir die Bewertung $w(0, i) = GAT(i)$ zuordnen, während die zuvor genannten Bögen $[S, A_i]$ die Bewertung $w(0, i) = 0$ bekommen. Die Verwendung einer unteren Schranke für den Beginntermin als Bewertung $w(0,i) = GAT(i)$ bedeutet, daß wir „intern", d.h. innerhalb des folgenden Modelles, diese Terminvorgabe als relativ zum geplanten Beginntermin des Gesamtprozesses betrachten. Die Bögen $[A_i, Z]$ erhalten die Bewertung $w(i,0) = D(i)$.

In dem Spezialfall $w(i,j) = D(i)$ für alle $i, j \neq 0$ ist auch ein **Aktivitäts-Pfeil-Netz** als Ablaufmodell möglich. Im Aktivitäts-Pfeil-Netz wird die Aktivität A_i auf einen Bogen eines Graphen abgebildet. Die Knoten des Netzes repräsentieren dann sogenannte *Ereignisse*, d.h. Zeitpunkte des Ablaufes, an denen die Voraussetzung für den Beginn von einer oder mehreren Anschlußaktivitäten geschaffen ist.

Das Aktivitätspfeilnetz wird von manchen als anschaulicher empfunden. Es ist jedoch schwerer zu erzeugen. Wenn wir vom Aktivitätsknotennetz ausgehen, das unmittelbar aus der Aufgabenstellung folgt, so gelangen wir zum Pfeilnetz, indem wir die Knoten zu Pfeilen dehnen und die Abhängigkeitsbögen zunächst als Pseudoaktivitäten mit der Dauer Null beibehalten. Dann versuchen wir, überflüssige Pseudoaktivitäten zu entfernen. Dieser Prozeß ist nicht elementar, denn es müssen häufig einige solcher Pseudo- oder „Dummy"-Aktivitäten im Netz bleiben, um die Abhängigkeiten korrekt zu modellieren.

Beispiel 7.3 Bild 7.5a zeigt 5 Vorgänge mit ihren Abhängigkeiten als Aktivitäts-Knoten-Netz. Bild 7.5b zeigt den gleichen Ablauf als Aktivitäts-Pfeil-Netz. E_1 ist das Ereignis, daß A_1 beendet ist und damit A_3 beginnen kann. E_2 ist das Ereignis, daß A_1 und A_2 beendet sind und damit A_4 beginnen kann. E_3 ist das Ereignis, daß A_4 beendet ist und damit A_5 beginnen kann. Der Bogen $[E_1, E_2]$ ist eine notwendige Dummyaktivität. Die Pseudoaktivitäten S und Z sind jetzt Ereignisse.

148   7 Potentialprobleme

Es ist unmittelbar zu sehen, daß die Bestimmung der Knotentermine in einem Aktivitäts-Knoten-Netz, also die Bestimmung der Anfangstermine $AT(i)$ aller Aktivitäten, ein Potentialproblem ist. Fügen wir unserem Modell einen Rückkehrbogen vom Knoten Z zum Knoten S hinzu mit $a([Z, S]) = -\infty$, $b([Z,S]) = \infty$ und $c([Z,S]) = -1$, so erhalten wir genauer den Spezialfall *Längste-Wege-Berechnung* vom Knoten S zu allen (erreichbaren) Knoten des Netzes, insbesondere aber zum Knoten Z. In der Ablaufplanung werden die längsten Wege als *kritische Wege* bezeichnet. Es gibt für jede Aktivität einen kritischen Weg und *den* kritischen Weg von S nach Z für den Ablauf.

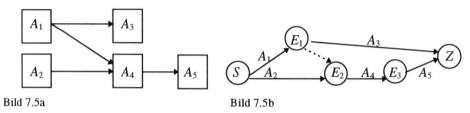

Bild 7.5a   Bild 7.5b

Wir können den oben skizzierten allgemeinen Algorithmus spezialisieren, können aber auch den Algorithmus *KuerzstWeg* aus dem Abschnitt 5.2 nutzen. Bei Nutzung des Algorithmus *KuerzstWeg* müssen wir lediglich die Initialisierung des Potentials t (das im hier betrachteten Fall die gefragten Termine enthält) mit Null vornehmen und die beiden Abfragen *if dt < 0 ...* auf *if dt > 0 ...* abändern.

7.3 Erweitertes Netzplanmodell

Gemäß unserer obigen Einführung in die Netzplantechnik ergibt sich an den klassischen Modellen eine ernsthafte Kritik. Beim Beginn der Planung ist die Vorgangsdauer $D(i)$ im allgemeinen keine feste Größe, sondern vielmehr Gegenstand der Planung, also Variable, denn das Leistungsverzeichnis als Ausgangspunkt enthält nur Arbeitsumfangsangaben, z.B. eine Anzahl von Kubikmeter auszuhebenden Erdreichs oder eine Anzahl von Kubikmetern zu errichtenden Mauerwerks und ähnliche Angaben. Aus diesen „Leistungen" (nach dem physikalischen Begriffssystem handelt es sich um Arbeit) werden Vorgänge abgeleitet, z.B. ein Vorgang „Erdaushub". Wie lange der Vorgang „Erdaushub" dauert, hängt insbesondere davon ab, mit welcher Intensität er ausgeführt wird, d.h. wie viele Maschinen (z.B. Bagger) und Arbeitskräfte für seine Durchführung eingesetzt werden. Dieser Arbeitskräfte- und Maschineneinsatz hängt jedoch häufig von der Betrachtung aller Aktivitäten ab, die das gleiche Gewerk bzw. die gleiche Maschinenart nutzen. Im weiteren gehen wir von folgender Prämisse aus:
Die Arbeitskräfte- und Maschineneinsatzplanung und damit auch die Dauer der betroffenen Vorgänge sind Gegenstand der Ablaufplanung.

7.3 Erweitertes Netzplanmodell

Die Dauer $D(i)$ einer Aktivität A_i kann sicher nicht beliebig variieren. Im allgemeinen gibt es eine effiziente Einsatzgröße für die ausführende(n) Ressource(n). Der Begriff *Ressource* wird im folgendem als Sammelbezeichnung für Gewerke und Maschinenarten benutzt. Die daraus resultierende Dauer wollen wir als *Normaldauer*, $NormD_i$, bezeichnen. Durch erhöhten Einsatz von Ressourcen kann diese Normaldauer verkürzt werden, wobei es für diese Verkürzung ein technologisch sinnvolles Minimum gibt, das wir als *Minimaldauer*, $MinD_i$, bezeichnen wollen. Wir unterstellen im weiteren, daß gilt:
$MinD_i \leq D(i) \leq NormD_i$. (7.3)

Mit der Zielstellung, ein Modell des Minimalkosten-Potentialproblems zu entwickeln, ordnen wir innerhalb einer Datenstruktur *Netzplan* jeder Aktivität A_i einen *Aktivitätsbogen i* zu und diesem Funktionen $y(i)$, $a(i)$, $b(i)$ für seine Spannung und deren untere bzw. obere Schranke. Diese sind so zu initialisieren, daß $y(i) = D(i)$, $a(i) = MinD_i$ und $b(i) = NormD_i$ gilt.
Im folgenden wollen wir das sehr breite Gebiet der *Ressourcen-Einsatzoptimierung* nicht näher betrachten. Es ist auch sinnvoll, die Wahl der Dauer durch Kosten zu stimulieren, d.h., wir unterstellen für jede Aktivität i einen Preis DP_i, der zu den Kosten $DP_i \cdot (NormD(i) - D(i))$ führt, mit dem also die Dauerkürzung bewertet wird, d.h., für jeden Aktivitätsbogen i sei ferner die Funktion $c(i)$ definiert, die $c(i) = -DP_i$ liefern möge.
Wir hatten im vorangehenden Abschnitt schon gesehen, daß die Zeitvorgaben $w(i,j)$ für den Abstand zweier Vorgänge von deren Dauer abhängen. Die Festlegung $w(i,j) = v(i,j) \cdot D(i) - \underline{v}(i,j) \cdot D(j) + W(i,j)$ erfaßt praktisch alle Anwendungsfälle. Ein Bogen $[A_i, A_j]$ repräsentiert damit die folgende Abstandsforderung:
$AT(j) \geq AT(i) + v(i,j) \cdot D(i) - \underline{v}(i,j) \cdot D(j) + W(i,j)$. (7.4)
Dabei sind $AT(i)$ der Anfangstermin der Aktivität A_i, $\underline{v}(i,j)$, $v(i,j)$ und $W(i,j)$ vorgegebene reelle Zahlen. Für $\underline{v}(i,j)$ und $v(i,j)$ ist die Bereichsvorgabe
$0 \leq \underline{v}(i,j), v(i,j) \leq 1$ (7.5)
sinnvoll, d.h., diese Zahlen beschreiben in der Restriktion (7.4) den Fertigstellungsgrad der Aktivitäten A_j bzw. A_i.
$ET(i) = AT(i) + D(i)$ sei der End- bzw. Fertigstellungstermin der Aktivität A_i

Beispiel 7.4 a) A_2 kann beginnen, nachdem A_1 fertig ist: $v(1,2) = 1$, $\underline{v}(1,2) = 0$, $W(1,2) = 0$, also $AT(2) \geq AT(1) + D(1) = ET(1)$.
b) A_2 muß beginnen, bevor A_1 fertig ist: $v(2,1) = 0$, $\underline{v}(2,1) = 1$, $W(2,1) = 0$, also $AT(1) + D(1) = ET(1) \geq AT(2)$.

Die Modellierung einer Abstandsforderung (7.4) im Rahmen eines Potentialproblems ist einfach, wenn die Parameter $\underline{v}(i,j)$ und $v(i,j)$ nur die Werte 0 oder 1 annehmen: Der Anfangs- oder der Endknoten des Aktivitätsbogens i wird

150   7 Potentialprobleme

mit dem Anfangs- oder Endknoten des Aktivitätsbogens j durch einen „Abstandsbogen" wie folgt verbunden: $y(k) = ET(i)$

$v(i,j) = 0, \underline{v}(i,j) = 0 \Rightarrow [AK(i), AK(j)]$,
$v(i,j) = 0, \underline{v}(i,j) = 1 \Rightarrow [AK(i), EK(j)]$,
$v(i,j) = 1, \underline{v}(i,j) = 0 \Rightarrow [EK(i), AK(j)]$,
$v(i,j) = 1, \underline{v}(i,j) = 1 \Rightarrow [EK(i), EK(j)]$.

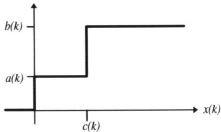

Bild 7.6

Einem Abstandsbogen k wird die untere Spannungsschranke $a(k) = W(i,j)$ zugewiesen, wenn er von einem der Knoten des Aktivitätsbogens i zu einem Knoten des Aktivitätsbogens j führt. Alle Abstandsbögen k erhalten die obere Spannungsschranke $b(k) = \infty$.

Dem Netz werden ein Quellknoten Q, der den Start des Gesamtablaufs repräsentiert, und ein Zielknoten Z, der das Ende des Gesamtablaufs repräsentiert, hinzugefügt. Mit diesen Knoten sind folgende Bögen verbunden:

Bögen $[Q, AK(i)]$ zu Anfangsknoten von Aktivitätsbögen i, zu denen noch kein Abstandsbogen führt oder für die eine Vorgabe $GAT(i)$ bezüglich des Starts der Aktivität A_i besteht mit $a(k) = 0$ oder $= GAT(i)$, $b(k) = \infty$,

Bögen $[EK(i), Z]$ für Endknoten von Aktivitätsbögen i, von denen noch kein Abstandsbogen ausgeht mit $a(k) = 0$, $b(k) = \infty$,

Bogen $[Q, Z]$ als *Rückkehrbogen* des Netzes.

Das Modell kann durch *geplante Endtermine* PET_i für die Aktivitäten A_i, *Preise* PP_i für deren Überschreitung und *Vorgaben* GET_i *für den Endtermin* sinnvoll ergänzt werden. Diese Parameter können wir über *Terminbögen* $k = [Q, EK(i)]$ in unser Modell einfließen lassen. Ein Terminbogen k erhält die Charakteristik gemäß Bild 7.6, wobei wir festlegen wollen, daß $a(k) = PET_i$, $b(k) = GET_i$, $c(k) = PP_i$ gilt. Dies ist eine leichte Abweichung vom Potentialproblem, weil hier $a(k)$ nicht die untere Schranke der Spannung bezeichnet, sondern den Zwischenwert der zweistufigen Treppenfunktion (Bild 7.6). Die Abweichung kann problemlos im Algorithmus abgefangen werden.

Kompliziert wird das Modell durch Abstandsforderungen gemäß (7.4), in denen $0 < v(i,j) < 1$ oder/und $0 < \underline{v}(i,j) < 1$ gilt, denn dann muß die Spannungsschranke des Abstandsbogen von der Spannung des Aktivitätsbogens i oder/und der Spannung des Aktivitätsbogens j abhängen. Wir können zunächst voraussetzen, daß entweder $0 < v(i,j) < 1$ oder $0 < \underline{v}(i,j) < 1$ gilt. Die in der Praxis äußerst seltenen Fälle, in denen beides auftritt, kann man durch eine Hilfskonstruktion auf zwei einfachere Abstandsforderungen zurückführen. Nun können wir den Abstandsbogen durch zwei aufeinanderfolgende Bögen ersetzen, z.B. $[AK(i), H_{ij}]$ und $[H_{ij}, AK(j)]$ für $[AK(i), AK(j)]$, und einen der beiden Bögen mit dem Vorgangsbogen *koppeln*, von dessen Dauer der Abstand abhängt. *Bogenkopplung* bedeutet, daß wir beispielsweise $y([AK(i), H_{ij}]) = \underline{v}(i,j) \cdot y([AK(j), EK(j)]) = \underline{v}(i,j) \cdot D(j)$ fordern, wenn $0 < \underline{v}(i,j) < 1$ und $v(i,j) = 0$ gilt. Der zweite Bogen des Bogenpaares, $[H_{ij}, AK(j)]$, ist normaler Bogen und erhält als untere Abstandsschranke den konstanten Teil $w(i,j)$ der Abstandsforderung, also z.B. $a([H_{ij}, AK(j)]) = w(i,j)$.

Diese Zerlegung von Abstandsbögen ist eine Gedankenkonstruktion, die sich nur im Algorithmus niederschlägt. Äußerlich, also bei der Formung des Anwendermodells und der Dateneingabe, treffen wir die nachfolgenden Festlegungen, damit der Anwender die mit einem Bogen k verbundene Abstandsrestriktion sicher formulieren kann. Dabei gehen wir von deren Form (7.4) aus und behalten die Festlegung bei, daß nicht gleichzeitig $0 < v(i,j) < 1$ und $0 < \underline{v}(i,j) < 1$ gilt.

Dem Bogen $[A_i, A_j]$ ist ein Tupel $[$ Typ, V, W$]$, mit $0 \leq V \leq 100$, V ganzzahlig, zugeordnet, das zur Initialisierung der dem Bogen k zugeordneten Funktionen $AK(k)$, $EK(k)$, $Partner(k)$, $V(k)$ und $W(k)$ wie folgt führt:

Typ = '%A' bedeutet, der Bogen führt von einem Realisierungsstand von V % der Aktivität $i = AK(k)$ zum Anfang der Aktivität $j = EK(k)$. Es gilt: $Partner(k) = i$, $V(k) = V$ ($= 100 \cdot v(i,j)$, $\underline{v}(i,j) = 0$).

Typ = 'A%' bedeutet, der Bogen führt vom Anfang der Aktivität $i = AK(k)$ zu einem Realisierungsstand von V % der Aktivität $j = EK(k)$. Es gilt: $Partner(k) = j$, $V(k) = V$ ($= 100 \cdot \underline{v}(i,j)$, $v(i,j) = 0$).

Typ = '%E' bedeutet, der Bogen führt von einem Realisierungsstand von V % der Aktivität $i = AK(k)$ zum Ende der Aktivität $j = EK(k)$. Es gilt: $Partner(k) = i$, $V(k) = V$ ($= 100 \cdot v(i,j)$, $\underline{v}(i,j) = 1$).

Typ = 'E%' bedeutet, der Bogen führt vom Ende der Aktivität $i = AK(k)$ zu einem Realisierungsstand von V % der Aktivität $j = EK(k)$. Es gilt: $Partner(k) = j$, $V(k) = V$ ($= 100 \cdot \underline{v}(i,j)$, $v(i,j) = 1$).

Die Abstandsbögen, bei denen weder $0 < v(i,j) < 1$ noch $0 < \underline{v}(i,j) < 1$ gilt, sind in dieses System einbezogen, indem $V = 0$ oder $V = 100$ angegeben werden kann, woraus bei der Aufbereitung der Daten auf $Partner(k) = 0$ und $V(k) = 0$ bzw. $V(k) = 100$ geschlossen wird. Die Tupelangabe W wird in jedem Fall zur internen Angabe $W(k)$.

Im gezeichneten Aktivitätsknotennetz können die Abstandsvorgaben in anschaulicher Weise so dargestellt werden, daß eine Beschriftung des Bogens mit der Zahl W die Abstandsforderung ausreichend beschreibt.

Als *Standardtyp* des Abstandes bezeichnen wir den praktisch häufigsten Fall, A_2 kann beginnen, wenn A_1 beendet ist: Der zugeordnete Bogen führt vom Ende der Aktivität $i = AK(k)$ zum Anfang der Aktivität $j = EK(k)$; Typ = 'E%', $V = 0$, $W = 0$ oder Typ = '%A', $V = 100$, $W = 0$.

Beispiel 7.5a Bild 7.7 zeigt einen Netzplan, der aus den beiden Aktivitäten A_1 und A_2 besteht. Der Bogen von A_1 zu A_2 stellt den Standardtyp des Abstandes dar. Der zweite Bogen im Bild 7.7 ist deutlich vom Ende von A_2 zum Anfang von A_1 geführt und mit der Zahl -30 beschriftet und symbolisiert die Abstandsforderung $AT(1) \geq ET(2) - 30$ bzw. $ET(2) - AT(1) \leq 30$, anders ausgedrückt, beide Aktivitäten sollen nach spätestens 30 Zeiteinheiten fertig sein. Die Zahlen in den Aktivitätskästchen geben $MinD(i)$ und $NormD(i)$, also den Spielraum für die Dauer der jeweiligen Aktivität an.

Das Beispiel enthält einen Kreis aus Abstands- und Aktivitätsbögen, dessen Spannungssumme L durch $L \geq D(1)+D(2) - 30 \geq MinD(1)+MinD(2) - 30 \geq -10$ abgeschätzt werden kann. Beispielsweise würde $D(1) = D(2) = 20$ zu $L \geq 20$ führen, also zu einer unmöglichen Situation, denn ein Prozeß, der 40 Tage dauert, kann nicht nach 30 Tagen beendet werden. Damit veranschaulicht das Beispiel, daß eine *Terminrechnung* in dem hier betrachteten Netzplanmodell die Festlegung der Vorgangsdauer mit einbeziehen muß.

Bild 7.7

Kreise, längs denen die Summe der unteren Schranken positiv ist, werden in diesem Modell als *Terminkreise* bezeichnet.

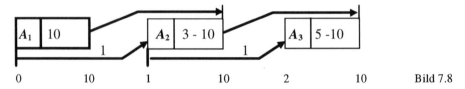

Bild 7.8

Beispiel 7.5b Bild 7.8 zeigt einen Netzplan aus den drei Aktivitäten A_1, A_2, A_3. Die beiden Bögen am oberen Bildrand fordern, daß $ET(3) \geq ET(2) \geq ET(1)$. Die beiden unteren Bögen repräsentieren die Abstandsforderung $AT(3) \geq AT(2)+1 \geq AT(1)+1$. Die Zahlenleiste am unteren Bildrand gibt ein System aus Anfangs- und Endterminen an, das alle Forderungen erfüllt, nämlich:
$AT(1) = 0$, $ET(1) = NomD(1) = 10$;
$AT(2) = 1 = AT(1) + 1$, $ET(2) = ET(1) = 10$;
$AT(3) = 2 = AT(2) + 1$, $ET(3) = ET(2) = 10$.
Die im Bild 7.8 fett gezeichneten Linien beschreiben die *kritischen* Vorgaben der angegebenen Lösung, nämlich die, bei denen die untere Schranke als gültig festgelegt wurde (im Sinne Basislösung). Dagegen folgen $D(2) = ET(2) - AT(2) = 8$ und $D(3) = ET(3) - AT(3) = 9$ aus diesen Vorgaben.

Das Überraschende an diesem Beispiel ist wohl, daß die kürzeste Gesamtdauer 10 des Netzes sich nicht ergibt, wenn man jeden Vorgang so schnell wie möglich erledigt, sondern bei längerer Dauer von A_2 und A_3. $D(2) = 3$ und $D(3) = 5$ würde zur Projektdauer 13 führen mit $AT(2) = 7$.

Beispiel 7.5c Die Bögen in dem Netzplan, den Bild 7.9 zeigt, repräsentieren folgende Restriktionen: $AT(2) \geq AT(1) + 1/3\,D(1)$ der linke Bogen und
$AT(1) + 2/3\,D(1) \geq ET(2)$ oder $ET(2) \leq AT(1) + 2/3\,D(1)$ der rechte Bogen.
Beide Restriktionen zusammen besagen, daß A_2 innerhalb des zweiten Drittels der Realisierungszeit von A_1 realisiert werden muß. Die Spannungssumme L des Zyklus aus den beiden Abstands- und den beiden Vorgangsbögen kann wie folgt abgeschätzt werden: $L \geq -D(1)/3 + D(2) \geq -NormD(1)/3 + MinD(2) = -17$. Aus $L = 0$ folgt $D(2) \leq D(1)/3$.

Bild 7.9　　　　　　　　　　　　　　　　Bild 7.10

7.4 Aufgaben

Aufgabe 7.1 Entwickeln Sie zu dem im Bild 7.10 dargestellten Aktivitätsknotennetz ein Aktivitätspfeilnetz.

Aufgabe 7.2 Bild 7.11 zeigt einen Netzplan des erweiterten Netzplanmodells, in dem folgende Abstandsrestriktionen formuliert sind: $AT(2) \geq AT(1)+0{,}4D(1)$, $AT(3) \geq AT(2)+0{,}8D(2)$, $AT(3) \geq ET(2)$, $ET(1) \geq AT(3) -1$, $ET(1) - 0{,}1D(1) \geq AT(4) - 10$.
Im Bild sind ferner zu jeder Aktivität *NormD* und *MinD* angegeben. Die Kürzungspreise für alle $NormD(i)$ betragen 1 ($DP(i) = -1$ für $i=1, 2, 3, 4$). Gesucht ist der Ablaufplan ($AT(i)$ und $D(i)$ für $i=1, 2, 3, 4$), der die Summe aller Abweichungen von der Normaldauer minimiert.

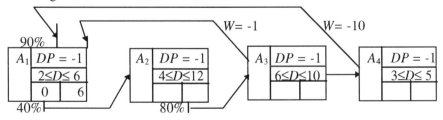

Bild 7.11

8 Testgraphen

Testgraphen (*Zufallsgraphen*, zufällig erzeugte Graphen) werden bei Strukturuntersuchungen und Effizienzbetrachtungen von Algorithmen gebraucht. Diese Graphen können nicht aus einem Katalog entnommen werden, sondern sie müssen stets neu erzeugt werden. Hier wird ein einfaches Verfahren zur Erzeugung gleichverteilter Testgraphen mit gewünschten Eigenschaften angegeben und an Beispielen einschließlich nutzbarer Pascal-Prozeduren illustriert.

8.1 Einführung

Obwohl noch einige Präzisierungen der Aufgabenstellung ausstehen, soll das Anliegen dieses Abschnittes einführend an einem einfachen Beispiel, nämlich der Erzeugung eines Digraphen mit n Knoten, dargestellt werden. Eine Form der Beschreibung eines Digraphen ist bekanntlich die Adjazenzmatrix A (siehe 2.1.2) mit ihren Elementen $a_{ij} \in \{0, 1\}$ und $a_{ii} = 0$. Soll aus der Menge aller Adjazenzmatrizen eine bestimmte erzeugt werden, so muß für jedes Element a_{ij}, $i \neq j$, zwischen 0 oder 1 (Bogen vom Knoten i zum Knoten j existiert nicht oder existiert) mit gleicher Wahrscheinlichkeit entschieden werden. Dies realisiert die Prozedur *AdMatrix*.

Procedure **AdMatrix** *(n: integer; var a: matrix);*
var i, j: integer;
begin
    for i:=1 to n do a[i,i]:=0;
    for j:=1 to n-1 do
        for i:=j+1 to n
            begin a[i,j]:=random(2); a[j,i]:=random(2); end;
end;

Dieses einfache Vorgehen läßt sich leider nicht zur Erzeugung von Graphen mit gewünschten Eigenschaften (z.B. Zusammenhang) übertragen. Außerdem sind mit der Adjazenzmatrix A auch alle Nachteile dieser Darstellungsform ins Spiel gekommen.

Für die Erzeugung von Testgraphen werden deshalb geeignetere Darstellungen (modifizierte Listenform, Prüfercode) eingeführt und verwendet. Das obige Vorgehen in der Prozedur *AdMatrix* wird jetzt auf eine Listendarstellung übertragen.

Für $j = 1$ werden offenbar in der ersten Spalte von A die Vorgänger und in der ersten Zeile von A die Nachfolger des Knotens 1 *zufällig* aus den n-1 restlichen Knoten 2, 3, ..., n ausgewählt. Für $j = 2$ geschieht dies für den Knoten 2, die Auswahl der Nachbarn erfolgt aus den n-2 restlichen Knoten 3, 4, ..., n usw.

8.1 Einführung

Im Schritt j ist also zu klären, wie viele Knoten als Vorläufer und wie viele Knoten als Nachfolger gewählt werden, und danach ist festzulegen, welche der Knoten aus den n-j restlichen Knoten $j+1$, $j+2$, ..., n das sind. Dazu dienen die Funktion *Anzahl* und die Prozedur *Auswahl*.

az Knoten lassen sich aus n-j Knoten auf $\alpha(az) = \binom{n-j}{az}$ verschiedene Weisen auswählen, und es ist $\sum_{az=0}^{n-j} \alpha(az) = 2^{n-j}$. Sollen die Digraphen gleichverteilt sein, muß die Anzahl az als diskrete Zufallsvariable mit den Werten 0, 1, ..., n-j und den zugehörigen Wahrscheinlichkeiten $\alpha(az)/2^{n-j}$ realisiert werden. Dies geschieht auf geschickte Weise durch die Funktion *Anzahl*.

```
Function Anzahl (n, j: integer): integer;
var r, s, x: real; az: integer;
begin
    az:=0; r:=1; s:=r; x:=random*exp((n-j)*ln(2));
    while x>=s do
        begin r:=r*(n-j-az)/(az+1); s:=s+r; az:=az+1; end;
    Anzahl:=az;
end;
```

Die Prozedur *Auswahl* realisiert die Festlegung der az Knoten aus den insgesamt in Frage kommenden n-j Knoten $j+1$, $j+2$, ..., n-j.

```
Procedure Auswahl(n, j, az: integer; var z: vektor);
var b, k, q : integer; w: boolean;
begin
    if az=n-j then q:=1 else q:=2; if az<2 then q:=0;
    z[az]:=j+1+random(n-j);
    case q of
        0: ;
        1: for k:=1 to az do z[k]:=j+k;
        2: begin b:=az;
            while az-1>0 do
                begin w:=false; z[az-1]:=j+1+random(n-j);
                    for k:=az to b do
                        if z[az-1]=z[k] then w:=true;
                    if w=false then az:=az-1; end; end; end;
end;
```

Dies ergibt schließlich zur Erzeugung einer Adjazenzliste eines Digraphen mit n Knoten die folgende Prozedur *AdListe*.

*Procedure **AdListe** (n: integer; var z1, z2: vektor);*
var az1, az2, j: integer;
begin
      for j:=1 to n-1 do
           begin az1:=Anzahl(n, j); Auswahl(n, j, az1, z1);
             az2:=Anzahl(n, j); Auswahl(n, j, az2, z2); end;
end;

Diese Prozedur *AdListe* erzeugt gleichverteilte Digraphen und ist ausbaufähig, um z.B. zusammenhängende Digraphen effizient erzeugen zu können (siehe 8.3.4).

8.2 Anzahlformeln

8.2.1 Numerierte und unnumerierte Graphen

Klassen von Graphen lassen sich auf sehr verschiedene Weisen definieren. Eine Möglichkeit ist die Vorgabe von Parametern (z.B. Knotenanzahl n und/oder Kantenanzahl m), eine andere ist die Charakterisierung durch Eigenschaften (z.B. zusammenhängend, kreisfrei). Desweiteren lassen sich beide Möglichkeiten koppeln (z.B. zusammenhängend mit n Knoten und m Bögen).

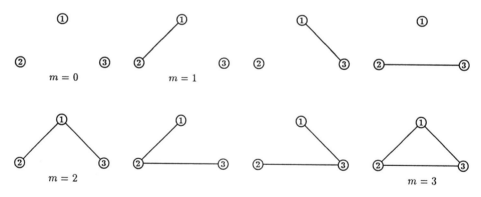

Bild 8.1 Alle ungerichteten und numerierten Graphen mit 3 Knoten

Im folgenden werden nur schlichte Graphen, also Graphen ohne Schlingen und ohne Mehrfachkanten bzw. Parallelbögen, betrachtet. Gerichtete schlichte Graphen heißen auch *Digraphen* (directed graphs). Schlichte Graphen *G* lassen sich bekanntlich allein durch ihre Knotenmenge **K** und ihre Kanten- bzw. Bogenmenge **B** beschreiben: **G** = [**K**, **B**].

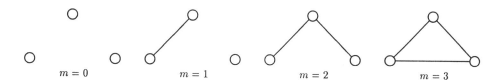

Bild 8.2 Alle ungerichteten und *un*numerierten Graphen mit 3 Knoten

Die Anzahl der Graphen in einer bestimmten Klasse ist vom verwendeten Gleichheitsbegriff abhängig. Man unterscheidet *numerierte* Graphen (labelled graphs) und *unnumerierte* Graphen (unlabelled graphs). Im ersten Fall sind die Knoten von 1 bis n numeriert und entsprechend ihren Nummern zu unterscheiden. Dies führt zum feinsten und einfachsten Gleichheitsbegriff.

Identität *Zwei numerierte Graphen $G_i = [K, B_i]$, i = 1, 2 und $K = \{1, ..., n\}$, heißen* g l e i c h, *wenn $B_1 = B_2$ gilt.*

Beispiel 8.1 Im Bild 8.1 sind die 8 verschiedenen numerierten ungerichteten Graphen und im Bild 8.3 die 64 verschiedenen numerierten Digraphen mit 3 Knoten dargestellt.

Äquivalenz *Zwei numerierte Graphen $G_i = [K, B_i]$, i = 1, 2 und $K = \{1, ..., n\}$, heißen* ä q u i v a l e n t, *wenn sie durch eine Umnumerierung ihrer Knoten ineinander übergehen.*

Unnumerierte Graphen sind die durch obige Festlegung entstehenden Äquivalenzklassen numerierter Graphen. In einer Äquivalenzklasse liegen alle zueinander isomorphen numerierten Graphen. Diese Graphen haben die gleiche Struktur. Die Bildung der Äquivalenzklassen ist in den Beispielen mittels der Bilder 8.1 bzw. 8.3 leicht nachzuvollziehen. Zur allgemeinen Beschreibung sind gruppentheoretische Begriffe notwendig. Darauf wird hier jedoch nicht eingegangen.

Beispiel 8.2 Im Bild 8.2 sind die 4 verschiedenen unnumerierten ungerichteten Graphen und im Bild 8.4 die 16 verschiedenen unnumerierten Digraphen mit 3 Knoten dargestellt.

158   8 Testgraphen

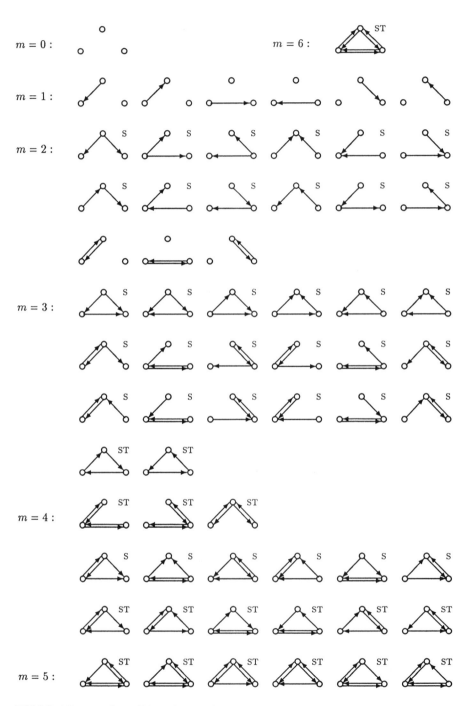

Bild 8.3 Alle numerierten Digraphen mit 3 Knoten
Es gilt: Die Knoten 1, 2 bzw. 3 entsprechen dem oberen, linken bzw. rechten Kreis

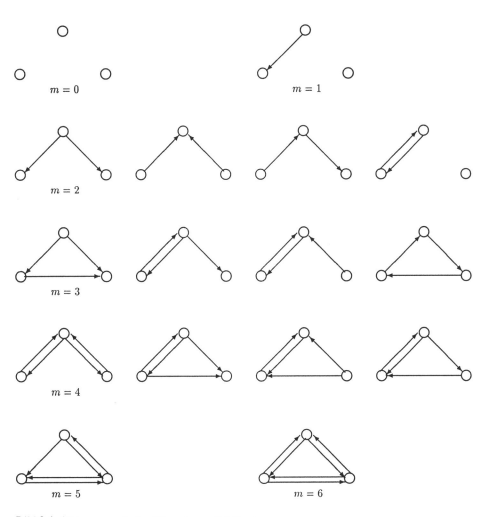

Bild 8.4 Alle *un*numerierten Digraphen mit 3 Knoten

8.2.2 Digraphen mit *n* Knoten und *m* Bögen

Im folgenden werden numerierte Digraphen betrachtet und Anzahlformeln für bestimmte Klassen angegeben. Diese Formeln werden in 8.3 verwendet.

Satz 8.1 *Die Anzahl der verschiedenen Digraphen mit n Knoten und m Bögen ist* $A(n, m) = \binom{n(n-1)}{m}, 0 \leq m \leq n(n-1)$.

160   8 Testgraphen

Beweis: Wenn jeder der n Knoten mit jedem der n-1 anderen Knoten durch einen Bogen verbunden ist, so ergibt dies die maximal mögliche Anzahl von $n(n$-1) Bögen. Folglich gilt für die Anzahl m der Bögen $0 \leq m \leq n(n$-1).
Denkt man sich die insgesamt möglichen $n(n$-1) Bögen von 1 bis $n(n$-1) durchnumeriert, so ist die gesuchte Anzahl $A(n, m)$ gleich der Anzahl der Kombinationen von m aus $n(n$-1) verschiedenen Elementen ohne Wiederholung (Grundaufgabe der Kombinatorik). □

Satz 8.2 *Die Anzahl der verschiedenen Digraphen mit n Knoten ist $B(n) = 2^{n(n-1)}$.*

Beweis: Die Summation von $A(n, m)$ über m ergibt mittels Binomischer Formel

$$B(n) = \sum_{i=0}^{n(n-1)} \binom{n(n-1)}{i} = (1+1)^{n(n-1)} = 2^{n(n-1)}. \quad \square$$

Es ist $B(1) = 1$, $B(2) = 4$, $B(3) = 64$ (siehe Bild 8.3), $B(4) = 4096$, $B(6) = 1.0737 \cdot 10^9$, $B(8) = 7.2076 \cdot 10^{16}$ und $B(10) = 1.23794 \cdot 10^{27}$.

Die Anzahlen $B(n)$ wachsen sehr schnell (nämlich exponentiell) mit n. Es ist also auch mittels Computer unmöglich, Tabellen solcher Graphen anzulegen.
Die im folgenden verwendeten Definitionen der Ordnungssymbole o, O und der asymptotischen Gleichheit sind in 2.2.1 und 2.2.2 zu finden

Beispiel 8.3 Auch die Anzahl $A(n, m)$ wächst sehr schnell. Dies sei für $m = n(n$-1)/2 illustriert. Mittels Stirlingscher Formel und der Definition der Binomialkoeffizienten, also der Formeln

$$x! \sim (x/e)^x \sqrt{2x\pi}, x \to \infty \quad \text{und} \quad \binom{x}{y} = \frac{x!}{y!(x-y)!}, x, y \geq 0 \text{ und ganz,}$$

ergibt sich

$$A(n, n(n-1)/2) = \binom{2m}{m} = (2m)!/(m!)^2 \sim 2^{2m} / \sqrt{4m\pi}, m = n(n-1)/2 \to \infty.$$

Folgerung 8.1 Aus der letzten Formel ergibt sich $A(n, n(n$-1)/2) = o(B(n))$, $n \to \infty$.
Folgerung 8.2 Es gilt sogar $A(n, m) = o(B(n))$, $n \to \infty$ und $m = 0, \ldots, n(n$-1).

Dies ist wegen der Eigenschaft $A(n, m) \leq A(n, n(n$-1)/2) der Binomialkoeffizienten und Folgerung 8.1 richtig. Das bedeutet, daß k e i n e der Klassen der Digraphen mit n Knoten und m Bögen die Mächtigkeit der Klasse aller Digraphen mit n Knoten hat.

8.2.3 Zusammenhängende Digraphen

Sehr oft werden zusammenhängende Graphen gebraucht. Dabei sind bei Digraphen bekanntlich zwei Arten des Zusammenhangs zu unterscheiden (siehe 3.4). Es gilt: Existiert zwischen je zwei verschiedenen Knoten eine sie verbindende *Kette* (Bogenfolge unabhängig von der Richtung der Bögen), so heißt der Digraph *schwach zusammenhängend*. Existiert sogar ein *Weg* (Bogenfolge mit gleicher Richtung aller Bögen), so heißt der Digraph *stark zusammenhängend*.

Jeder stark zusammenhängende Digraph ist auch schwach zusammenhängend. In Bild 8.3 sind von den insgesamt vorhandenen 64 verschiedenen Digraphen mit $n = 3$ Knoten die stark zusammenhängenden Digraphen mit ST und die schwach zusammenhängenden Digraphen mit ST oder S markiert. Oft wird der schwache Zusammenhang auch einfach Zusammenhang genannt.

Für den schwachen Zusammenhang sind mindestens $n-1$ Bögen erforderlich. Die schwach zusammenhängenden Digraphen mit genau $n-1$ Bögen sind gerichtete Bäume. Der starke Zusammenhang erfordert mindestens n Bögen. Die stark zusammenhängenden Digraphen mit genau n Bögen sind Kreise.

Im Bild 8.3 sind von den insgesamt 64 Digraphen mit $n = 3$ Knoten die 12 verschiedenen gerichteten Bäume bei $m = 2$ mit S markiert. Bei $m = 3$ sind die 2 verschiedenen Kreise mit ST markiert.

Satz 8.3 *Für die Anzahl $C(n)$ der verschiedenen schwach zusammenhängenden Digraphen mit n Knoten gilt die Rekursionsformel*
$$C(n) = B(n) - \sum_{i=1}^{n-1} \binom{n-1}{i} B(i)\, C(n-i), \quad C(1) = 1.$$

Beweis: Es wird gezeigt, daß die Summe Σ der Anzahl der n i c h t zusammenhängenden Digraphen entspricht. Eine echte schwach zusammenhängende Komponente des Digraphen hat wenigstens einen und höchstens $n-1$ Knoten. Es sei i die Anzahl der Knoten außerhalb einer solchen Komponente und $n-i$ die Anzahl der Knoten in einer solchen Komponente, $1 \leq i \leq n-1$.
Für festes i gibt es $B(i)$ verschiedene Digraphen mit i Knoten. Für die Auswahl der i Knoten aus $n-1$ Knoten sind $\binom{n-1}{i}$ Möglichkeiten vorhanden. $\binom{n-1}{i} B(i) C(n-i)$ entspricht der Anzahl der Digraphen mit n Knoten und einer schwach zusammenhängenden Komponente mit $n-i$ Knoten. Nun ist über i zu summieren. □

Es ist $C(2) = 3$, $C(3) = 54$ (siehe Bild 8.3, alle Digraphen mit Marke S oder ST), $C(4) = 3834$, $C(6) = 1.0673 \cdot 10^9$, $C(8) = 7.2022 \cdot 10^{16}$, $C(10) = 1.23789 \cdot 10^{27}$.

Die Berechnung der $C(n)$ mit obiger Rekursionsformel ist zeitaufwendig, deshalb ist die folgende asymptotische Beziehung sehr nützlich:

Satz 8.4 *Es ist $C(n) \sim B(n)$ für $n \to \infty$.*

Beweis: Es wird die Summe Σ in der Formel des Satzes 8.3 abgeschätzt. Dabei werden $C(n-i) \leq B(n-i)$ und $B(i) B(n-i) \leq 2^{(n-1)(n-2)}$ für $1 \leq i \leq n-1$ und die Formel $2^{n-1} = (1+1)^{n-1}$ benutzt. Es gilt

$$\Sigma \leq \sum_{i=1}^{n-1} \binom{n-1}{i} B(i) B(n-i) \leq 2^{(n-1)(n-2)} \sum_{i=0}^{n-1} \binom{n-1}{i} = 2^{(n-1)(n-1)}.$$

Folglich ist $\Sigma = o(B(n))$, also $C(n) \sim B(n)$, $n \to \infty$. □

Satz 8.5 *Für die Anzahl $D(n)$ der stark zusammenhängenden Digraphen mit n Knoten gilt die Ungleichung*

$$D(n) \geq B(n) - \sum_{i=1}^{n-1} \binom{n}{i} 2^{(n-1)(n-i)}.$$

Beweis: Die Summe Σ ist eine Abschätzung der Anzahl der n i c h t stark zusammenhängenden Digraphen. Eine stark zusammenhängende Komponente des Digraphen enthält wenigstens einen und höchstens $n-1$ Knoten. Es sei $n-i$ die Anzahl der Knoten. Dann gibt es unter Berücksichtigung der Auswahl von i Knoten aus den n Knoten insgesamt $\binom{n}{i} \cdot B(n-i)$ Digraphen. Jeder dieser $n-i$ Knoten kann mit den restlichen i Knoten verbunden sein, dafür gibt es höchstens $2^{2i(n-i)}$ Möglichkeiten. Die Summation des Produktes der beiden Anzahlen über i ergibt obige Ungleichung. □

Es ist $D(2) = 1$, $D(3) = 18$ (Bild 8.3, alle Digraphen mit Marke ST) und $D(3) \geq 4$ (gemäß Satz 8.5), $D(4) \geq 1632$, $D(6) \geq 8.5602 \cdot 10^8$, $D(10) = 1.21355 \cdot 10^{27}$.
Auch hier ist die Berechnung mit obiger Formel aufwendig und deshalb wieder die folgende asymptotische Darstellung nützlich.

8.2 Anzahlformeln

Satz 8.6 *Es ist $D(n) \sim B(n)$ für $n \to \infty$.*

Beweis: Für die Summe Σ in der Ungleichung des Satzes 8.5 gilt die Abschätzung

$$\Sigma \leq n\, 2^{(n-1)(n-1)} + 2^{(n-1)(n-2)} \sum_{i=0}^{n} \binom{n}{i} = (n+2)\, 2^{(n-1)(n-1)} = o(B(n)),$$

folglich ist $D(n) \sim B(n)$, $n \to \infty$. □

Die Aussagen der Sätze 8.4 und 8.6 beschreibt man mitunter auch kurz so: Fast alle Digraphen sind schwach und auch stark zusammenhängend.

8.2.4 Digraphen mit gegebener Dichte

Definition 8.1 $\rho = \dfrac{m}{n(n-1)}$ heißt D i c h t e *des Digraphen.*

Die Dichte ρ mit $0 \leq \rho \leq 1$ ist ein Maß für die vorhandene Bogenanzahl m zur maximal möglichen Anzahl $n(n-1)$. Mit ρ läßt sich natürlich auch die Anzahl der Elemente $a_{ij} = 1$ (Bogen vorhanden) der Adjazenzmatrix ausdrücken.

Im weiteren wird das asymptotische Verhalten der Summe $E(n, a) = \sum_{\rho \leq a} A(n,m)$ untersucht. Diese Summe entspricht der Anzahl der verschiedenen Digraphen mit n Knoten und höchstens $[a \cdot n(n-1)]$ Bögen bzw. mit einer Dichte $\rho \leq a$.
Es ist $E(n, 0) = 1$ und $E(n, 1) = B(n)$.

Satz 8.7a *Es gilt $E(n, a) = o(B(n))$, $n \to \infty$ und $0 \leq a < 0.5$.*

Beweis: Für $a = 0$ ist die Formel richtig. Es sei $a > 0$ und $m = [a \cdot n(n-1)]$. Wegen $0 < a < 0.5$ ist $A(n, k) \leq A(n, m)$ für $k = 1, ..., m$ und deshalb

$$E(n, a) \leq 1 + an(n-1)\binom{n(n-1)}{m}.$$

164   8 Testgraphen

Für $n, m \to \infty$ mit $m/n(n-1) \sim a$ läßt sich der Binomialkoeffizient mittels seiner Definition und der Stirlingschen Formel wie folgt asymptotisch darstellen

$$\binom{n(n-1)}{m} \sim P^{n(n-1)} / \sqrt{2n(n-1)a(1-a)\pi}, \; P = a^{-a}(1-a)^{a-1}.$$

Setzt man $a = (1-x)/2$, $0 < x < 1$, so ergibt sich schließlich

$$an(n-1)\binom{n(n-1)}{m} \sim \sqrt{\frac{1-x}{2\pi(1+x)}} \sqrt{n(n-1)} \; 2^{n(n-1)} \; Q^{n(n-1)/2}$$

mit $Q = (1-x)^{x-1} / (1+x)^{1+x}$. Für die Funktion $f(x) = (1+x)\ln(1+x) + (1-x)\ln(1-x)$ ist $f'(x) = \ln(1+x)/(1-x) > 0$ und deshalb $f(x) > f(0) = 0$, $0 < x < 1$. Aus $f(x) > 0$ folgt

$$\ln((1-x)/(1+x))^x < \ln(1-x)(1+x).$$

Daraus ergibt sich $Q < 1$ und $\sqrt{n(n-1)} \; Q^{n(n-1)/2} \to 0$ für $n \to \infty$. Also ist nachgewiesen, daß $E(n, a) = o(B(n))$ gilt. □

Satz 8.7b *Es ist $E(n, 0.5) \sim B(n)/2$ für $n \to \infty$.*

Beweis: Aus der Symmetrieformel der Binomialkoeffizienten ergibt sich zunächst $E(n, 0.5) = B(n) - E(n, 0.5) + A(n, n(n-1)/2)$ und daraus zusammen mit Folgerung 8.1 die obige asymptotische Formel. □

Satz 8.7c *Es gilt $E(n, a) \sim B(n)$, $n \to \infty$ und $0.5 < a \leq 1$.*

Beweis: Mit der Abkürzung $b = 1-a$, $0 \leq b < 0.5$, und Satz 8.7a folgt sofort $E(n, a) = B(n) - E(n, b) = B(n) + o(B(n)) \sim B(n)$.

Folgerung 8.3 Es gilt $F(n, b) = E(n, 1-b)$ für die Anzahl der verschiedenen Digraphen mit einer Dichte $\rho \geq b$, $0 \leq b \leq 1$, wegen der Symmetrie der Binomialkoeffizienten.

Die asymptotischen Aussagen der letzten drei Sätze lassen sich auf vorgegebene Dichteintervalle übertragen.

Satz 8.8 *Für die Anzahl G(n, r1, r2) der verschiedenen Digraphen mit einer Dichte r1 < ρ ≤ r2 gilt für n → ∞:*
G(n, r1, r2) ~ B(n) für r1 < 0.5 < r2,
G(n, r1, r2) ~ B(n)/2 für r1 = 0.5 oder r2 = 0.5,
G(n, r1, r2) = o(B(n)) für r2 < 0.5 oder r1 < 0.5.

Beweis: Für die ersten vier Fälle bzgl. $r1$ und $r2$ folgen die Formeln aus der Gleichung $G(n, r1, r2) = E(n, r2) - E(n, r1)$. Im Fall $0.5 < r1 < r2$ benutzt man

$G(n, r1, r2) = F(n, r1) - F(n, r2) + K_2 - K_1$ mit $K_i = \binom{n(n-1)}{ri(n(n-1))}$, falls $ri \cdot n(n-1)$

ganz und $K_i = 0$ sonst, $i = 1, 2$. Die Folgerungen 8.2 und 8.3 ergeben die Richtigkeit in diesem Fall. □

8.2.5 Ungerichtete Graphen und Bäume

Ungerichtete Graphen kann man als Spezialfall gerichteter Graphen auffassen, indem jede Kante durch zwei entgegengesetzt gerichtete Bögen ersetzt wird. Für die Bestimmung von Anzahlen ist dies jedoch ungeeignet und wird nicht benutzt.

Im folgenden werden numerierte ungerichtete und schlichte Graphen betrachtet. Die maximal mögliche Anzahl von Kanten ist $n(n-1)/2$.

Es seien $a(n, m)$ die Anzahl der verschiedenen **ungerichteten Graphen** mit n Knoten und m Kanten, $b(n)$ die Anzahl der verschiedenen ungerichteten Graphen mit n Knoten und $c(n)$ die Anzahl der zusammenhängenden ungerichteten Graphen mit n Knoten.

Satz 8.9 *Für obige Anzahlen gelten die Formeln*

$$a(n, m) = \binom{n(n-1)/2}{m} \text{ mit } 0 \leq m \leq n(n-1)/2,$$
$$b(n) = 2^{n(n-1)/2},$$
$$c(n) = b(n) - \sum_{i=1}^{n-1} \binom{n-1}{i} b(i) c(n-i).$$

166   8 Testgraphen

> **Satz 8.10** *Es ist $c(n) \sim b(n)$ für $n \to \infty$.*

Die Beweise sind wie in 8.2.3 zu führen, weil der Zusammenhang ungerichteter Graphen dem schwachen Zusammenhang gerichteter Graphen entspricht.

Es ist $b(2) = 2$, $c(2) = 1$, $b(3) = 8$ (siehe Bild 8.1), $c(3) = 4$ (siehe Bild 8.1, alle Graphen mit $m = 2$ und $m = 3$), $b(4) = 64$, $c(4) = 38$, $b(6) = 32768$, $c(6) = 26704$, $b(8) = 2.6844 \cdot 10^8$, $c(8) = 2.5155 \cdot 10^8$, $b(10) = 3.5184 \cdot 10^{13}$, $c(10) = 3.4487 \cdot 10^{13}$. Wieder ist die obige asymptotische Formel sehr nützlich.

Bäume (siehe 3.4 und 4.1) sind eine wichtige Klasse von Graphen. Sie lassen sich auf verschiedene Arten charakterisieren, z.B. durch die Aussage, daß Bäume mit n Knoten zusammenhängende Graphen mit genau $n-1$ Kanten sind (Satz 3.1). Die maximale Länge eines Weges in einem Baum ist also $\leq n-1$. Folglich gibt es in einem Baum, der mindestens eine Kante besitzt, wenigstens zwei Knoten, die mit nur einer Kante inzident sind. Solche Knoten heißen *Endknoten* oder *Blätter*.

Die letzten Überlegungen werden genutzt, um den üblichen Darstellungen von Bäumen (siehe 3.4) eine neue und hier besonders geeignete hinzuzufügen.

> **Prüfer-Code** *Jeder Baum mit $n \geq 3$ Knoten läßt sich durch genau ein $(n-2)$-Tupel von Knotennummern darstellen. Dabei kommen Endknotennummern im Tupel nicht vor.*

Der Beweis ist konstruktiv.
a) Baum als Kantenliste gegeben, $(n-2)$-Tupel $(x_1, x_2, \ldots, x_{n-2})$ gesucht:
Der Nachweis erfolgt durch vollständige Induktion nach n. Für $n = 3$ (Induktionsanfang) sind in Bild 8.1 ($m = 2$) die drei verschiedenen Bäume durch ihre mittlere Knotennummer zu unterscheiden, die drei $(n-2)$-Tupel zur Darstellung dieser drei Bäume haben die Form (1), (2), (3).
Ein Baum mit $n-1$ Knoten (Induktionsvoraussetzung) sei beschrieben durch das $(n-3)$-Tupel $(x_2, x_3, \ldots, x_{n-2})$ der nicht notwendig verschiedenen Knotennummern x_i. Dabei kommen keine Nummern von Endknoten vor.
Im Baum mit n Knoten (Induktionsbeweis) sei x_k der Endknoten mit der kleinsten Nummer. x_1 sei der einzige Nachbarknoten. Werden der Knoten x_k und die Kante (x_k, x_1) weggelassen, so entsteht ein Baum mit $n-1$ Knoten, für den die obige Induktionsvoraussetzung gilt. Der Baum mit n Knoten entspricht dem $(n-2)$-Tupel $(x_1, x_2, \ldots, x_{n-2})$.

8.2 Anzahlformeln   167

b) (n-2)-Tupel ($x_1, x_2, ..., x_{n-2}$) gegeben, Baum als Kantenliste gesucht:
Der Endknoten mit der kleinsten Nummer sei x_k. Die einzige Kante (x_k, x_1) wird notiert und x_1 aus dem (n-2)-Tupel gestrichen. Mit dem verkürztem Tupel und der um x_k verkleinerten Knotenmenge wird wieder so verfahren. Die letzte Kante ist (x_{n-2}, x_l), dabei ist x_l die einzige noch nicht genannte Knotennummer. Damit ist der Baum durch eine Kantenliste beschrieben. □

Beispiel 8.4 Für $n = 6$ sind durch (1, 1, 1, 1) der Baum mit den Endknoten 2, 3, 4, 5, 6 und durch (2, 3, 4, 5) der Baum mit den Endknoten 1 und 6 des Bildes 8.5 beschrieben und umgekehrt.

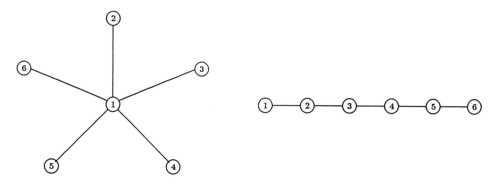

Bild 8.5 Zwei Bäume mit $n = 6$ Knoten

Beispiel 8.5 Für $n = 7$ ist durch das (n-2)-Tupel (5, 1, 5, 2, 1) der Baum mit den Endknoten 3, 4, 6 und 7 des Bildes 8.6 beschrieben und umgekehrt. Dies ergibt sich nach den Überlegungen im Teil b) des Beweises aus folgender Tabelle:

n	(n-2)-Tupel	Knoten	Endknoten	Kante
7	(5, 1, 5, 2, 1)	1, 2, 3, 4, 5, 6, 7	3, 4, 6, 7	(3, 5)
6	(1, 5, 2, 1)	1, 2, 4, 5, 6, 7	4, 6, 7	(4, 1)
5	(5, 2, 1)	1, 2, 5, 6, 7	6, 7	(6, 5)
4	(2, 1)	1, 2, 5, 7	5, 7	(5, 2)
3	(1)	1, 2, 7	2, 7	(2, 1)

Zu den Kanten der Tabelle muß noch die Kante (1, 7) hizugefügt werden, weil 7 der noch nicht genannte Endknoten ist.

Zur Ermittlung der Kantenliste eines durch ein (n-2)-Tupel gegebenen Baumes dient die Prozedur *Pruefer*, die analog Teil b) des Beweises und Beispiel 8.5 arbeitet.

Bild 8.6 Baum zum Beispiel 8.5

*Procedure **Pruefer**(n: integer; var a, b: vektor);*
var i, j: integer; c: vektor;
begin
    for i:=1 to n-2 do
        begin for j:=1 to n do c[j]:=j;
          for j:=i to n-2 do c[a[j]]:=maxint;
          for j:=1 to i-1 do c[b[j]]:=maxint;
          j:=1;
          while c[j]=maxint do j:=j+1; b[i]:=c[j]; end;
    a[n-1]:=a[n-2];
    for j:=1 to n do c[j]:=j;
    for j:=1 to n-2 do c[b[j]]:=maxint; c[a[n-1]]:=maxint;
    j:=1;
    while c[j]=maxint do j:=j+1; b[n-1]:=c[j];
end;

Satz 8.11 *Es gibt $e(n) = n^{n-2}$ verschiedene Bäume mit n Knoten, $n \geq 2$.*

Beweis: Für $n = 2$ ist die Formel richtig. Für $n \geq 3$ wird von der möglichen Darstellung eines Baumes durch ein $(n-2)$-Tupel von Knotennummern (Prüfer-Code) Gebrauch gemacht. Die Anzahl der verschiedenen $(n-2)$-Tupel mit n Knotennummern ist gleich der Anzahl der Variationen von $n-2$ Elementen aus n Elementen mit Wiederholung (Kombinatorik-Grundaufgabe). □

Satz 8.12a *Es gibt $e(n, s) = sn^{n-s-1}$ verschiedene Wälder mit n Knoten und genau s Zusammenhangskomponenten.*

Satz 8.12b *Für die Anzahl $w(n)$ aller Wälder mit n Knoten gilt für $n \to \infty$:*

$$w(n) = \frac{n!}{n+1} \sum_{i=0}^{[n/2]} (-1)^i 2^{-i} \frac{(2i+1)(n+1)^{n-2i}}{i!(n-2i)!} \sim \sqrt{e}\, e(n) = 1.6487213\, e(n).$$

Es ist natürlich $e(n, 1) = e(n)$. Die Anzahl $e(n)$ ist zugleich die Anzahl der verschiedenen Gerüste im vollständigen Graphen mit n Knoten. Ein Beweis von Satz 8.12a ist z.B. in [JU] zu finden. Die Beweise der Sätze 8.12bc sind in Originalarbeiten von L. Takács, A. Rényi und G. Pólya zu finden.

Satz 8.12c *Für die Anzahl $f(n)$ unnumerierter ungerichteter Graphen gilt:*

$$f(n) > \frac{b(n)}{n!}, n \geq 3 \text{ und } f(n) \sim \frac{b(n)}{n!}, n \to \infty.$$

Für $n = 3$ ist aus Beispiel 8.2 $f(3) = 4$ bekannt. Aus obiger Abschätzung ergibt sich $f(3) > b(3)/3! = 8/6$, die Anzahl $f(3)$ ist also mindestens 2.

8.2.6 Aufgaben: Einführung Testgraphen

Aufgabe 8.1 Man ändere die Prozeduren *AdMatrix* und *AdListe* so ab, daß damit die Adjazenzmatrix bzw. Adjazenzliste eines ungerichteten und schlichten Graphen mit n Knoten erzeugt wird!

Aufgabe 8.2 Analog den Beipielen 8.1 und 8.2 gebe man für $n = 2$ alle verschiedenen numerierten und unnumerierten ungerichteten und gerichteten Graphen an!

Aufgabe 8.3 Man zeige, daß für (schwach oder stark) zusammenhängende Digraphen $n = O(m), n \to \infty$, gilt!

Aufgabe 8.4 Man zeige, daß die im Beweis zu Satz 8.4 benutzte Formel $B(i)B(n-i) \leq 2^{(n-1)(n-2)}$, $1 \leq i \leq n-1$, richtig ist!

Aufgabe 8.5 Man berechne die Anzahlen $A(5,10)$, $B(5)$, $C(5)$, $D(5)$ sowie $a(5, 10)$, $b(5)$, $c(5)$, $e(5)$, $e(5,10)$, $w(5)$ und $f(5)$!

Aufgabe 8.6 Man berechne $E(5, 0.1)$, $E(5, 0.2)$ und $G(5, 0.1, 0.2)$!

Aufgabe 8.7 a) Man gebe eine Kantenliste für den durch $(2, 4, 4, 1, 6, 6)$ beschriebenen Baum mit $n = 8$ Knoten an!
b) Man gebe den Prüfer-Code zum Baum des Bildes 3.7 (Bögen als Kanten) an!

Aufgabe 8.8 a) Mittels Prüfer-Code bestimme man Knotengrade in einem Baum!
b) Man beweise: Ein Baum mit n Knoten x_i und zugehörigen Knotengraden d_i existiert genau dann, wenn $d_1+...+d_n = 2(n-1)$ gilt!

8.3 Erzeugung von Testgraphen

Anschließend wird eine Methode beschrieben, mit der sich gleichverteilte Testgraphen mit bestimmten Eigenschaften (z.B. zusammenhängend) erzeugen lassen.

8.3.1 Gleichverteilte Testgraphen

Testgraphen (Zufallsgraphen) sind Ergebnisse eines geeignet konstruierten Zufallsexperimentes. Der zugehörige Wahrscheinlichkeitsraum wird wie folgt beschrieben.

Es sei $G_n(E)$ die Menge aller Digraphen mit fester Knotenanzahl n und der Knotenmenge $K_n = \{1, 2, ..., n\}$. Jeder Graph $G \in G_n(E)$ wird als Elementarereignis aufgefaßt und kann z.B. durch die Prozedur *AdMatrix* aus 8.1 auch tatsächlich erzeugt (gezogen, realisiert) werden. Das Vorgehen in dieser Prozedur entspricht einer Gleichverteilung dieser Graphen, weil die $n(n-1)$ Positionen der Adjazenzmatrix unabhängig voneinander mit 0 oder 1 und mit gleicher Wahrscheinlichkeit p besetzt werden. Als σ-Algebra wird die Potenzmenge $P(G_n(E))$ benutzt. Damit ist der Wahrscheinlichkeitsraum $(G_n(E), P(G_n(E)), p)$ definiert.

8.3.2 Fast immer endliche Verfahren

Es werden schlichte Graphen G mit obiger Knotenmenge K_n betrachtet. $G_n(E)$ bzw. $G_n(F)$ seien die Mengen aller Graphen mit der Eigenschaft E bzw. F und derselben Knotenmenge K_n. Es gelte:

$G_n(F) \subset G_n(E)$ und $|G_n(E)| = e_n \to \infty$, $|G_n(F)| = f_n \to \infty$ für $n \to \infty$ und
$a_n = 1/e_n$, $b_n = 1/f_n$ sowie $c_n = f_n/e_n$.

Definition 8.2 *Ein* f a s t i m m e r e n d l i c h e s V e r f a h r e n **FAST** *besteht aus den zwei Vorschriften:*
(I)   *Erzeuge* $G \in G_n(E)$ *mit Wahrscheinlichkeit* a_n.
(II) *Ist* $G \in G_n(F)$, *dann Halt, sonst zu* (I).

Die Anzahl der Durchführungen der Vorschrift (I) heißt *Schrittzahl* des Verfahrens.

Satz 8.13 *Ist* $f_n > 0$, *so erzeugt* **FAST** *jeden Graphen* $G \in G_n(F)$ *mit derselben Wahrscheinlichkeit* b_n.

8.3 Erzeugung von Testgraphen

Beweis: $G \in G_n(E)$ mit $G \notin G_n(F)$ wird im i-ten Schritt von FAST mit der Wahrscheinlichkeit $p_n = a_n(1-c_n)^{i-1}$ erzeugt. Folglich ist die Wahrscheinlichkeit für

$G \in G_n(F)$: $\sum_{i=1}^{\infty} p_n = a_n/c_n = 1/f_n = b_n$. □

Damit ist die Gleichverteilung der erzeugten Graphen $G \in G_n(F)$ unabhängig von den konkreten Eigenschaften E und F gesichert. Bei gegebenen Eigenschaften E und F ist ein solches Verfahren dann sinnvoll, wenn sich Graphen $G \in G_n(E)$ einfacher erzeugen lassen als Graphen $G \in G_n(F)$, ein effektiver Test in (II) möglich ist und die Schrittzahl des Verfahrens nicht mit n wächst. Dies wird anschließend noch exakter gefaßt.

Es sei S_n die Schrittzahl von FAST bis zur Erzeugung eines Graphen $G \in G_n(F)$. S_n ist eine diskrete Zufallsvariable mit $p(S_n = i) = c_n(1-c_n)^{i-1}$ für $i = 1, 2, \ldots$. Folglich genügt S_n der bekannten geometrischen Verteilung. Jedes Verfahren FAST endet mit der Wahrscheinlichkeit $P = p(\bigcup_{i=1}^{\infty}(S_n = i)) = 1$ nach endlich vielen Schritten mit einem Graphen $G \in G_n(F)$. Damit ist der Name FAST für solche Verfahren motiviert. Für Erwartungswert E und Varianz D^2 gilt bei geometrischer Verteilung:

$E(S_n) = 1/c_n$, $D^2(S_n) = (1-c_n)/c_n^2$.

Mit diesen Größen läßt sich die praktische *Brauchbarkeit* eines Verfahren FAST in Abhängigkeit von c_n untersuchen. Die folgenden Fälle sind möglich:

a) Für $c_n \to +0$ für $n \to \infty$ ist FAST *unbrauchbar* zur Erzeugung von $G \in G_n(F)$, weil die erwartete Schrittzahl $E(S_n)$ zusammen mit dem Aufwand für (I), (II) beliebig groß wird mit wachsendem n.

b) Für $c_n \geq \beta > 0$ für $n \to \infty$ sind $E(S_n)$ und $D^2(S_n)$ gleichmäßig beschränkt in n, der Aufwand von FAST wächst in (I), (II) nur mit der Problemgröße. Eine solche Schranke β existiert z.B. bei $c_n \to \beta+0$ für $n \to \infty$.

c) Für $c_n \to 1-0$, d.h. $e_n \sim f_n$, für $n \to \infty$ gilt $E(S_n) \to 1+0$ und $D^2(S_n) \to +0$. Der Aufwand in (I), (II) wächst mit der Problemgröße, aber die erwartete Schrittzahl $E(S_n)$ fällt gegen 1 bei wachsendem n. Dies ist der günstigste Fall.

In den Fällen b) und c) ist FAST *brauchbar*. Zur quantitativen Beurteilung der Brauchbarkeit wird die Wahrscheinlichkeit $p(S_n < s)$ herangezogen. Es sei $s = k_n+1$ eine Schrittzahl. Mit $S_n < s$ ist das Ereignis beschrieben, daß mit höchstens k_n Schritten von FAST ein Graph $G \in G_n(F)$ erzeugt wird.

Satz 8.14 *Es gelten die Formeln*
$p(S_n < s) = 1 - (1-c_n)^{s-1}$ *und* $p(S_n < s) \geq \alpha$ *für* $s = [\ln(1-\alpha)/\ln(1-c_n)] + 2$.

Beweis: $p(S_n < s) = \sum_{i=1}^{s-1} p(S_n = i) = c_n \sum_{i=1}^{s-1} (1-c_n)^{i-1} = 1 - (1-c_n)^{s-1}$, und nach einfachen Umformungen dieser Gleichung erhält man die Beziehung für vorgebenes α. □

An s läßt sich bei konkreten Eigenschaften E und F die Brauchbarkeit von FAST gut erkennen. Mit Wahrscheinlichkeit α erhält man nach höchstens k_n Schritten von FAST einen Graphen mit der Eigenschaft F. In den brauchbaren Fällen b) und c) wächst s nicht mit n.

Beispiel 8.6 $G_n(E)$ sei die Menge der ungerichteten und numerierten Graphen, und $G_n(F)$ sei die Menge der zusammenhängenden Graphen mit n Knoten. Aus Satz 8.9 entnimmt man $e_n = b(n) \to \infty$, $f_n = c(n) \to \infty$ und $G_n(F) \subset G_n(E)$. Wegen Satz 8.10 liegt Fall c) vor. Dies wird später in der Prozedur *Ungraph* (siehe Aufgabe 8.9) ausgenutzt.
Für $\alpha = 0.9999$ erhält man in Abhängigkeit von n die in der folgenden Tabelle 8.1 angegebenen Ergebnisse.

n	e_n	f_n	c_n	k_n
2	2	1	0.5000	14
4	64	38	0.5938	11
6	32768	26704	0.8149	6
8	$2.6844 \cdot 10^8$	$2.5155 \cdot 10^8$	0.9371	4
10	$3.5184 \cdot 10^{13}$	$3.4487 \cdot 10^{13}$	0.9802	3

Tabelle 8.1 Zusammenhängende ungerichtete Graphen

Beispiel 8.7 Jetzt seien $G_n(E)$ die Menge der numerierten Digraphen sowie $G_n(F1)$ die Menge der schwach zusammenhängenden und $G_n(F2)$ die Menge der stark zusammenhängenden Digraphen.
Aus den Sätzen 8.2, 8.3 und 8.5 folgt $e_n = B(n)$, $f_n(F1) = C(n)$ und $f_n(F2) = D(n)$. Wegen der Sätze 8.4 und 8.6 liegt wieder der obige Fall c) vor. Dies wird in der Prozedur *Digraph* (siehe 8.3.4) verwendet.
Für $\alpha = 0.9999$ sind die Ergebnisse in den Tabellen 8.2 und 8.3 zu finden.

8.3 Erzeugung von Testgraphen 173

n	e_n	$f_n(F1)$	$c_n(F1)$	$k_n(F1)$
2	4	3	0.7500	7
4	4096	3834	0.9360	4
6	$1.0737 \cdot 10^9$	$1.0673 \cdot 10^9$	0.9940	2
8	$7.2076 \cdot 10^{16}$	$7.2022 \cdot 10^{16}$	0.9358	2
10	$1.23794 \cdot 10^{27}$	$1.23789 \cdot 10^{27}$	0.99996	1

Tabelle 8.2 Schwach zusammenhängende Digraphen

n	e_n	$f_n(F2)$	$c_n(F2)$	$k_n(F2)$
2		1	0.2500	33
4	wie in	1632	0.3984	19
6	Tab. 8.2	$8.5602 \cdot 10^8$	0.7972	6
8		$6.7429 \cdot 10^{16}$	0.9358	4
10		$1.21355 \cdot 10^{27}$	0.98030	3

Tabelle 8.3 Stark zusammenhängende Digraphen

Beispiel 8.8 Es seien $G_n(E)$ wieder die Menge der Digraphen mit n Knoten und $G_n(F)$ die Menge der Digraphen mit einer Dichte ρ aus dem vorgegebenen Intervall $r1 < \rho \leq r2$. Für $r1$ und $r2$ gelte $r1 < 0.5 < r2$ oder $r1 = 0.5$ oder $r2 = 0.5$.
Es ist $e_n = B(n)$, und aus Satz 8.8 übernimmt man $f_n = G(n, r1, r2)$ sowie die Tatsache, daß für $r1 = 0.5$ oder $r2 = 0.5$ der obige Fall b) mit β = ½ und sonst Fall c) vorliegt.
Dies wird in der Prozedur *Digraph* (siehe 8.3.4) ausgenutzt. Wegen der Sätze 8.4 und 8.6 kann zusätzlich zur Eigenschaft F noch der schwache oder starke Zusammenhang der mit *Digraph* erzeugten Digraphen gefordert werden.
Es seien z.B. $n = 10$ und $0.40 < \rho \leq 0.55$, dann ist $G(10, 0.40, 0.55) = 9.8083 \cdot 10^{26}$. Es gibt $B(10) = 1.2379 \cdot 10^{27}$ Digraphen insgesamt, davon sind 99.996% schwach und 98.030% stark zusammenhängend. Mit diesen Daten ergibt sich für α = 0.95 stets $k_n = 2$. Folglich läßt sich mit einer Wahrscheinlichkeit von 0.95 mit höchstens 2 Schritten eines Verfahrens FAST ein beliebiger oder ein schwach zusammenhängender oder ein stark zusammenhängender Digraph mit 10 Knoten und der Dichte $0.40 < \rho \leq 0.55$ erzeugen.

Folgerung 8.4 Für vorgegebene Dichte $\rho = r$ mit $0 \leq r \leq 1$ existiert kein Verfahren FAST. Denn diese Vorgabe ist gleichbedeutend mit der Vorgabe einer Bogenanzahl m, und wegen Folgerung 8.2 besteht für die entsprechenden Anzahlen $A(n, m)$ und $B(n)$ keine asymptotische Gleichheit. Es ist also vorteilhaft, mit Dichteintervallen zu arbeiten, wenn die Voraussetzungen wie in Beispiel 8.8 gelten.

8.3.3 Sukzessiv erzeugte Adjazenzlisten

Um in einem Verfahren FAST den Test (II) geschickt durchführen zu können, wird eine dazu geeignete Listen- und Markierungstechnik benutzt [Ti]. Dabei spielt die Überlegung eine Rolle, daß der Graph nicht sofort durch eine vollständige Kanten- bzw. Bogenliste gegeben ist, sondern diese Liste sukzessiv erzeugt (aufgebaut, notiert) wird. Es sei wie bisher $K_n = \{x_1, x_2, ..., x_n\}$ die Knotenmenge des Graphen.

Sukzessiv erzeugte Adjazenzliste für einen ungerichteten Graphen

Knoten g_j Liste A_j aller noch nicht genannten Nachbarn von g_j,
markieren dieser Nachbarn, Marke von g_j löschen

Begonnen wird mit $g_1 = 1$. Dann wird der Knoten g_j, $j = 2, ..., n-1$, aus der Menge U_j der markierten Knoten ausgewählt als der mit der kleinsten Knotennummer. Ist diese Menge leer, wird der Knoten g_j aus $T_j = K_n \setminus \{g_1, ..., g_{j-1}\}$ genommen, z.B. wieder der Knoten mit der kleinsten Knotennummer.
Die Knoten der Listen A_j werden stets aus $S_j = T_j \setminus \{g_j\}$ gewählt.

Beispiel 8.9 Der ungerichtete Graph des Bildes 8.7 läßt sich wie folgt darstellen:

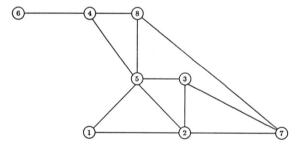

Bild 8.7 Ungerichteter Graph des Beispiels 8.9

Die ersten drei Spalten der Tabelle stellen den Graphen als sukzessiv erzeugte Adjazenzliste dar, die letzten beiden Spalten dienen dem Aufbau dieser Liste. Die Mengen U_j sind zum Prüfen des Zusammenhangs des Graphen zu gebrauchen (siehe Satz 8.15).

Die Wahl des Knotens $g_j = g$ gemäß obiger Vorschrift, das Führen von $A_j = Z$, $T_j = T$ und $U_j = U$ als Vektoren mit $a = |Z|$ und $v = |U|$ geschieht durch die folgenden Prozeduren *Knoten* und *Liste*.

8.3 Erzeugung von Testgraphen

j	Knoten g_j	Liste A_j	Menge U_j	Menge S_j
1	1	2, 5	2, 5	2, 3, 4, 5, 6, 7, 8
2	2	3, 5, 7	3, 5, 7	3, 4, 5, 6, 7, 8
3	3	5, 7	5, 7	4, 5, 6, 7, 8
4	5	4, 8	4, 7, 8	4, 6, 7, 8
5	4	6, 8	6, 7, 8	6, 7, 8
6	6	--	7, 8	7, 8
7	7	8	8	8

Procedure **Knoten**(*n, j : integer; var v, g: integer; var T, U: vektor*);
var i: integer;
begin
   if j=1 then begin v:=0; for i:=1 to n do T[i]:=i; end;
   case v of
      0: begin g:=T[1]; v:=0; end;
      1: begin g:=U[1]; v:=0; end;
      else begin g:=U[1];
            for i:=1 to v-1 do U[i]:=U[i+1]; v:=v-1; end; end;
   for i:=1 to n-j do if T[i]>=g then T[i]:=T[i+1];
end;

Procedure **Liste**(*n, j, a: integer; T, Z: vektor; var v: integer; var U: vektor*);
var i, q, s, k: integer; p: boolean;
begin
   q:=3; if a=0 then q:=1; if a=n-j then q:=2; if (v=0) and (0<a) then q:=2;
   case q of
      1: ;
      2: begin for i:=1 to a do U[i]:=T[Z[i]]; v:=a; end;
      3: begin s:=1; for i:=1 to a do
         begin p:=false; k:=1;
           while k<=v do begin
              if T[Z[i]]=U[k] then
                 begin p:=true; k:=v+1; end else k:=k+1; end;
           if p=false then begin U[v+s]:=T[Z[i]]; s:=s+1; end; end;
         v:=v+s-1; end; end;
end;

Satz 8.15 *Ein ungerichteter Graph ist genau dann nicht zusammenhängend, wenn $U_j = \emptyset$ für ein $j = 1, ..., n-1$ gilt.*

176   8 Testgraphen

Beweis: Ist $U_j = \emptyset$ für ein j, so ist keiner der Knoten $g_1, ..., g_j$ mit den restlichen Knoten benachbart, d.h., es gibt gibt mindestens zwei Komponenten des Graphen. Ist $U_j \neq \emptyset$, so existiert mindestens eine Kante aus dem zusammenhängenden Teilgraphen der Knoten $g_1, ..., g_j$ zu den restlichen Knoten, und dies gilt für jedes j. □

Sukzessiv erzeugte Adjazenzliste für einen Digraphen

Knoten g_j Liste A_j aller noch nicht genannten Vorläufer von g_j,
                Liste B_j aller noch nicht genannten Nachfolger von g_j,
                markieren der Vorläufer mit Plus und der Nachfolger mit Minus,
                Marke oder Marken von g_j löschen

Es wird $g_1 = 1$ gesetzt und der Knoten g_j bei $U_j \neq \emptyset$ aus der Menge U_j der markierten Knoten und sonst aus $T_j = K_n \setminus \{g_1, ..., g_{j-1}\}$ gewählt, $j = 2, ..., n-1$. Die Knoten der Listen A_j und B_j werden aus $S_j = T_j \setminus \{g_j\}$ genommen.

Folgerung 8.5 Ein Digraph ist genau dann nicht schwach zusammenhängend, wenn $U_j = \emptyset$ für ein $j = 1, ..., n-1$ gilt, weil der schwache Zusammenhang von Digraphen dem Zusammenhang von ungerichteten Graphen analog ist und Satz 8.15 gilt.

Beispiel 8.10 Der Digraph des Bildes 8.8 läßt sich als irredundante Adjazenzliste wie folgt darstellen.

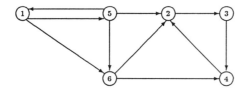

Bild 8.8 Digraph des Beispiels 8.10

j	g_j	Liste A_j	Liste B_j	U_j	$U_j(+)$	$U_j(-)$	Menge S_j
1	1	5	5, 6	5, 6	5	5, 6	2, 3, 4, 5, 6
2	5	--	2, 6	2, 6	--	2, 6	2, 3, 4, 6
3	2	3, 4, 6	--	3, 4, 6	4, 6	3, 6	3, 4, 6
4	3	--	4	4, 6	4, 6	4, 6	4, 6
5	4	--	--	6	6	6	6

8.3 Erzeugung von Testgraphen   177

Die ersten vier Spalten beinhalten die Darstellung des Digraphen, die restlichen Spalten dienen dem Aufbau der Listen. Wegen $U_j \neq \emptyset$ für $j = 1, ..., 5$ ist der Digraph schwach zusammenhängend. Die Mengen $U_j(+)$ und $U_j(-)$ sind die mit + bzw. mit - markierten Knoten aus U_j. Wegen $U_2(+) = \emptyset$ ist der Digraph nicht stark zusammenhängend gemäß des nächsten Satzes.

Satz 8.16 *Ein Digraph ist nicht stark zusammenhängend, wenn $U_j(+) = \emptyset$ oder $U_j(-) = \emptyset$ für ein $j = 1, ..., n-1$ gilt.*

Beweis: Ist $U_j(+) = \emptyset$ für ein j, so ist keiner der Knoten $g_1, ..., g_j$ von den restlichen Knoten aus erreichbar, ist $U_j(-) = \emptyset$ für ein j, so ist von $g_1, ..., g_j$ keiner der restlichen Knoten erreichbar. Wegen des Konstruktionsprinzips der Listen ändert sich an diesem Sachverhalt für $j+1, j+2, ...$ nichts mehr. Der Digraph ist nicht stark zusammenhängend. □

Die Umkehrung des Satzes gilt nicht, wie Beispiele zeigen. Für die Erzeugung von Testgraphen folgt daraus die Notwendigkeit des Prüfens auf starken Zusammenhang nach der Erzeugung und notfalls Neuberechnung. Das Vorgehen ist trotzdem ein Verfahren FAST wegen Satz 8.6.

8.3.4 Prozeduren für die Erzeugung von Graphen

In 8.2.5 ist der Prüfer-Code zur Darstellung von Bäumen eingeführt worden. Dieser eignet sich ausgezeichnet zur Erzeugung von gleichverteilten numerierten Bäumen. Dazu ist lediglich ein $(n-2)$-Tupel der Knotennummern $1, 2, ..., n$ zufällig zu wählen und mittels der Prozedur *Pruefer* in die übliche Form einer Kantenliste zu bringen. In allen folgenden Prozeduren wird wie bisher die Ein- und Ausgabe weggelassen.

*Procedure **Baum**(n: integer; var a, b: vektor);*
var i: integer;
begin
    for i:=1 to n-2 do a[i]:=random(n)+1;
    pruefer(n, a, b);
end;

Für die Erzeugung von ungerichteten Graphen oder Digraphen werden die sukzessiv definierten Adjazenzlisten aus 8.3.3 mit den dort eingeführten Bezeichnungen genutzt. Die Prozedur *Auswahl* von 8.1 muß aus den im folgenden genannten zwei Gründen zur Prozedur *Wahl* überarbeitet werden.

8 Testgraphen

Procedure **Wahl**(*n, j, az: integer; var Z: vektor*);
var i, q, b, k: integer; C: vektor; w: boolean;
Begin {$q = 0...4$ entspricht $az=1$; $1 < az < (n-j)/2$; $(n-j)/2 \leq az < n-j$; $az = n-j$ bzw. $az = 0$}
  if $az=1$ then $q:=0$ else $q:=trunc((2*az)/(n-j))+1$; if $az=0$ then $q:=4$;
  if $q=2$ then $az:=n-j-az$; $Z[az]:=random(n-j)+1$;
  case q of 0, 4: { nichts };
       3:   for $i:=1$ to $n-j$ do $Z[i]:=i$;
       1, 2: begin $b:=az$;
             while $az-1>0$ do begin
               $w:=false$; $Z[az-1]:=random(n-j)+1$;
               for $i:=az$ to b do if $Z[az-1]=Z[i]$ then $w:=true$;
               if $w=false$ then $az:=az-1$; end;
             for $i:=1$ to $n-j$ do $C[i]:=i$;
             for $i:=1$ to b do $C[Z[i]]:=maxint$; $k:=1$;
             if $q=1$ then for $i:=1$ to $n-j$ do
               if $C[i]=maxint$ then begin $Z[k]:=i$; $k:=k+1$; end;
             if $q=2$ then for $i:=1$ to $n-j$ do
               if $C[i]<>maxint$ then begin $Z[k]:=C[i]$; $k:=k+1$; end;
             $az:=k-1$; end;end;
End;

Folgende Änderungen gegenüber *Auswahl* (siehe 8.1) gibt es. Erstens: Die Nachbarknoten stammen i.allg. nicht mehr wie in 8.1 aus den letzten Knoten, sondern müssen aus denen der Menge S_j ausgewählt werden. Zweitens: Sind mehr als die Hälfte der möglichen Knoten als Nachbarn zu wählen, dann ist die zufällige Wahl der *nicht* ausgewählten Knoten und Bildung der Komplementärmenge günstiger.

Mit der Prozedur *Digraph* werden gleichverteilte Digraphen mit n Knoten erzeugt. Zugleich kann diese Prozedur mit den angegebenen Ergänzungen als ein Verfahren FAST genutzt werden, um bestimmte Eigenschaften der erzeugten Graphen zu sichern. Diese Eigenschaften werden durch den Parameter DG beschrieben.

DG = 0: Beliebiger Digraph mit n Knoten;
DG = 1: Schwach zusammenhängender Digraph mit n Knoten;
DG = 2: Stark zusammenhängender Digraph mit n Knoten;
DG = 3: Digraph mit n Knoten und vorgegebenem Dichteintervall;
DG = 4: Schwach zusammenhängender Digraph mit n Knoten und Dichteintervall;
DG = 5: Stark zusammenhängender Digraph mit n Knoten und Dichteintervall.

Das Dichteintervall für ρ (Vorgabe von $r1$ und $r2$) muß bei der Eingabe den Bedingungen $r1 < \rho \leq r2$ mit $r1 < 0.5 < r2$ oder $r1 = 0.5$ oder $r2 = 0.5$ entsprechen (Satz 8.8). Die Vorgabe des Intervalls für ρ läßt sich auch als Vorgabe für die Bogenanzahl m im Rahmen des angegebenen Intervalls ausdrücken.

8.3 Erzeugung von Testgraphen

*Procedure **Digraph**(n, DG: integer; var K: matrix);*
var i, j, aa, bb, p, d: integer; ST1, ST2: vektor;
Begin { Matrix K mit 2*(n-1) Zeilen und n Spalten; ST1 und ST2 zur Markierung }
 for i:=1 to n begin ST1[i]:=0; ST2[i]:=0; end;
 d:=0; if ((DG=2) ~~or (DG=5)~~*) then d:=1;*
 for j:=1 to n-1 do begin
  Knoten(n, j, v, g, T, U); Auswahl des Knotens
  case DG of
   0, 3: {nichts};
   1, 4: repeat aa:=Anzahl(n, j); bb:=Anzahl(n, j) until not(v+aa+bb = 0);
   2, 5: begin repeat aa:=Anzahl(n, j) until not((aa=0) and (ST2[g]=0));
       repeat bb:=Anzahl(n, j) until not((bb=0) and (ST1[g]=0));
       ST1[g]:=1; ST2[g]:=1; end; end;
  Wahl(n, j, aa, Z); Auswahl des Vor- u. Nachlaufs
  if aa>0 then for i:=1 to aa do begin
   → *K[2*j-1, i]:=T[Z[i]]; if d=1 then ST1[T[Z[i]]]:=1; end;*
  Liste(n, j, aa, T, Z, v, U);
  Wahl(n, j, bb, Z);
  if bb>0 then for i:=1 to bb do begin
   → *K[2*j, i]:= T[Z[i]]; if d=1 then ST2[T[Z[i]]]:=1; end;*
  Liste(n, j, bb, T, Z, v, U); end;
  *if d=1 then begin p:=1; for i:=1 to n do p:=ST1[i]*ST2[i]*p;*
       if p=0 then Digraph(n, DG, K); end;
End;

Nach der Erzeugung eines Graphen mit *Digraph* muß bei DG = 2, 5 auf starken Zusammenhang getestet und gegebenenfalls *Digraph* neu gestartet werden. Analog muß bei DG = 3, 4, 5 geprüft werden, ob die Dichte ρ im vorgegebenen Intervall liegt; wenn nicht, so erfolgt ein Neustart. In jedem Fall liegt ein Verfahren FAST vor (für DG = 1, 2 siehe Beispiel 8.7; für DG = 3, 4, 5 siehe Beispiel 8.8).

8.3.5 Aufgaben: Erzeugung von Graphen

Aufgabe 8.9 a) Für den ungerichteten Graphen des Bildes 1.5 gebe man die sukzessiv erzeugte Adjazenzliste an! b) Wie sieht man dort den Zusammenhang?

Aufgabe 8.10 a) Für den Digraphen des Bildes 1.2 gebe man die sukzessiv erzeugte Adjazenzliste an! b) Man vergleiche mit Adjazenz- und Inzidenzmatrix! c) Wie sieht man mit a) den schwachen Zusammenhang?

Aufgabe 8.11 Man gebe eine Prozedur *Ungraph* für ungerichtete Graphen (UG = 0 bzw. 1 für beliebige bzw. zusammenhängende Graphen mit n Knoten) an!

Lösungen der Aufgaben

1.1 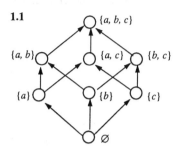   **1.2**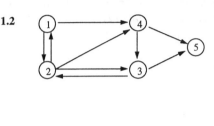

1.3 a) z.B. 1-2-3-4-5-13-12-11-10-9-8-7-6-16-17-18-19-20-14-15-1.
b) Existiert nicht, da Knotengrade 3.

1.4 Maximalfluß 7, Engpaß sind die von Q ausgehenden Bögen.

1.5 Von Knoten Q zu x_1 und x_2 sowie von y_1 und y_2 zu Knoten S Bögen legen; Maximalmenge 7.

2.1 Anzahl der beginnenden bzw. endenden Bögen für Knoten x_i; A symmetrisch.

2.2 $b_{ij}^{(l)}$ = Anzahl der Wege von x_i nach x_j der Länge $\leq l$.

2.3 Definition von $\otimes$ und Vertauschbarkeit der Minimumbildung nutzen.

2.4 B_2 1-4-2-5

```
2 1 2 2 0 1
2 2 1 2 2 1
2 1 3 3 1 1
2 1 1 2 1 2
1 1 0 0 2 1
1 2 2 2 1 1
```

D

```
0 2 1 1 3 2
1 0 2 2 1 1
1 2 0 1 2 1
2 1 1 0 2 2
2 1 3 3 0 2
1 2 2 1 1 0
```

2.5 K 4-2-3-5

```
0  9 12  5 20
0  0  3  5 11
6  6  0  2  8
4  4  7  0 15
9 18 21 14  0
```

2.6 Distanzmatrix K

```
 0  1  5  9 19
 3  0  4 12  9
14 14  0 23  5
 6  3  7  0  4
 9  9 13 18  0
```

Wegematrix W

```
1 2 2 1 3
2 2 2 1 3
5 5 3 1 3
2 4 2 4 4
5 5 2 1 5
```

2.7 a) Aus $e^x = O(e^x)$ und $e^x(1+\sin \ln x) = O(e^x)$ folgt durch Division die falsche Beziehung $1/(1+\sin \ln x) = O(1)$ für $x \to \infty$. b) Aus $x^3 + 3x^2 \sim x^3 + 2x^2$ und $-x^3 \sim -x^3$ folgt durch Addition die falsche asymptotische Gleichung $3x^2 \sim 2x^2$ für $x \to \infty$.

2.8 a) Addition der beiden Ungleichungen, b) Potenzieren der Ungleichung.

2.9 a) $Q = A \otimes B$
Procedure **Stern***(A, B: matrix; n: integer; var Q: matrix);* <u>*var*</u> *i, j,k: integer;*
<u>*Begin*</u> *for i:=1 to n do*
    for j:=1 to n do begin q[i,j]:=maxint;
        for k:=1 to n do if a[i,k]+b[k,j]<q[i,j] then q[i,j]:=a[i,k]+b[k,j]; end; <u>*End;*</u>
b) $O(n^3)$, weil in a) drei Schleifen von 1 bis n vorkommen.
c) $K = C^{[n]}$, eine *Function Vergl(A, B: matrix): boolean* für den Vergleich zweier Matrizen auf Gleichheit wird verwendet.
Procedure **Distanz***(C: matrix; var K: matrix);* <u>*var*</u> *L: integer; W: boolean;*
<u>*Begin*</u> *{ ∞ sei mit maxint bezeichnet }*   *L:=1;*
  while L<maxint do begin Stern(A,A,K); W:=Vergl(A,K); A:=K;
    if W=true then L:=maxint else L:=L+1; end; <u>*End;*</u>

2.10 $O(n^3)$, weil die drei Schleifen für v, i und j je von 1 bis n zu durchlaufen sind.

3.1 <u>*function*</u> *Graph.***EK***(k: Integer): Word;*   <u>*Begin*</u> *EK(k) := AK(-k);* <u>*End;*</u>
<u>*function*</u> *Graph.***EBg1***(i: Word):Word;*   <u>*var*</u> *gefunden:Boolean; k:Word;*
<u>*Begin*</u> *if (0<i) and (i<=n) then begin gefunden:=false; k:=0;*
    while not gefunden and (k < m) do begin k:=k+1; gefunden:=IM[i,k] = -1; end;
    if gefunden then EBg1:=k else EBg1:=0 end
  else EBg1:=0; <u>*End;*</u>
<u>*function*</u> *Graph.***nEBg***(k: Word):Word;*   <u>*var*</u> *gefunden:Boolean; i:Word;*
<u>*Begin*</u> *if IstBg(k) then begin gefunden:=false; i:=EK(k);*
    while not gefunden and (k < m) do begin k:=k+1; gefunden:=IM[i,k] = -1; end;
    if gefunden then nEBg:=k else nEBg:=0 end
  else nEBg:=0; <u>*End;*</u>
<u>*function*</u> *Graph.***InzBg1***(i: Word):Integer;*   <u>*var*</u> *k:Integer;*
<u>*Begin*</u> *if (0<i) and (i<=n) then begin k:=EBg1(i);*
    if IstBg(k) then InzBg1:=-k else InzBg1:= ABg1(k); end
  else InzBg1:=0; <u>*End;*</u>
<u>*function*</u> *Graph.***nInzBg***(k:Integer):Integer; var l:Integer;*
<u>*Begin*</u> *if IstBg(k) then*
    if k < 0 then begin l:=nEBg(-k); if IstBg(l) then nInzBg:=-l else nInzBg:= ABg1(-k); end
    else nInzBg:=nABg(k)
  else nInzBg:=0; <u>*End;*</u>

3.2 a) Nein   b) Ein Cogerüst kann keinen Cozyklus des Ausgangsgraphen enthalten, weil bei jedem Knoten i mindestens der Gerüstbogen $StzBg(i)$ fehlt.
c) $G' = [K, B']$ mit $B' = [1, 2, 4, 5, 9, 10]$ und $G'' = [K, B'']$ mit $B'' = [3, 6, 7, 8, 11, 12]$ sind beide Gerüste und gleichzeitig zueinander Cogerüste.

3.3 a) Zu zeigen ist die Zyklenfreiheit. Sie ergibt sich daraus, daß ein elementarer Zyklus, der k Knoten verbindet, k Bögen umfaßt. Da nach dem Beweis des Satz 3.1 $n-1$ Bögen gerade ausreichen, den Zusammenhang zu sichern, kann ein Zyklus nur durch einen zusätzlichen Bogen geschlossen werden.
b) Zu zeigen ist der Zusammenhang. Nehmen wir an, der Graph zerfalle in einen Baum mit n_1 Knoten und einen Baum mit n_2 Knoten, $n_1 + n_2 = n$, so hätte er nach Satz 3.1 nur $(n_1 -1) + (n_2-1) =$ $n-2$ Knoten.

182 Lösungen der Aufgaben

3.4 Ein elementarer Zyklus Z und ein elementarer Cozyklus CZ mögen beide den Bogen k enthalten. Einer der beiden Knoten, welche k verbindet, muß also außerhalb der Knotenmenge $K´$ liegen, die CZ erzeugt, während der andere zu dieser Knotenmenge gehört. Der Zyklus Z tritt also über k in die Knotenmenge $K´$ ein. Da er diese auch wieder verlassen muß, muß es einen zweiten Bogen geben, der sowohl zu Z als auch zu CZ gehört. Sollte Z ein weiteres Mal in die Knotenmenge $K´$ eintreten, so wiederholt sich die Argumentation.

3.5 Wir führen einen Knotenmarkierungsprozeß aus, den wir mit der Markierung des Endknotens eines schwarzen Bogens $k*$ beginnen. $K´$ sei die Menge der markierten Knoten. Ist $k \in EBg(K´)$ ein roter Bogen, so kann $AK(k)$ markiert werden. Ist $k \in ABg(K´)$ ein schwarzer oder ein roter Bogen, so kann $EK(k)$ markiert werden. Der Prozeß bricht ab, wenn $AK(k*)$ markiert wurde - dann ist zu $k*$ ein Zyklus mit den angegebenen Eigenschaften gefunden - oder wenn $EBg(K´)$ nur noch grüne und schwarze Bögen und $ABg(K´)$ nur noch grüne Bögen enthält. In letzterem Fall ist $CZ(K´)$ ein Cozyklus zu $k*$ mit den angegebenen Eigenschaften.
Zur technischen Durchführung des Knotenmarkierungsprozesses vergleiche man die beiden Erreichbarkeitssuchen DFS und BFS im Abschnitt 5.2.

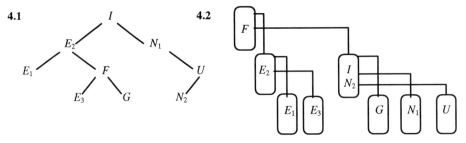

4.1 **4.2**

4.3 Es muß ein Weg von der Wurzel zu einem Blatt existieren, dessen Knoten sämtliche volle Seiten sind, und der Suchprozeß für den neuen Schlüssel muß zu diesem Blatt führen.

4.4 $z(1) = [1, -7, -12, -6, -3]$, $z(2) = [2, -12, -6, -3]$, $z(4) = [4, -8, 7]$, $z(5) = [5, -12, -6]$, $z(9) = [9, 12, 8]$, $z(10) = [10, -11, 12, 8]$; $cz(1) = \{1, 7, 8, -12, 6\}$, $cz(2) = \{2, 3, -7, -8, 12, -6\}$, $cz(4) = \{4, 8, -12, 6\}$, $cz(5) = \{5, -3, 6\}$, $cz(9) = \{9, -11, 6, -12\}$, $cz(10) = \{10, 11\}$.

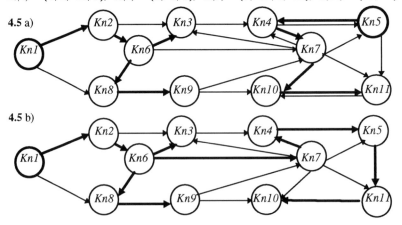

4.5 a)

4.5 b)

4.5 c)

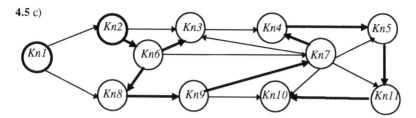

4.6 *CZFaktor([Kn11, Kn10]* = 1, *CZFaktor([Kn7, Kn10]* = 1, *CZFaktor([Kn9, Kn7]* = -1, *CZFaktor([Kn6, Kn7]* = -1, *CZFaktor([Kn7, Kn3]* = 1, *CZFaktor([Kn3, Kn4]* = -1, alle anderen sind gleich Null.

5.1 $Z = [\ k_1, k_2, ..., k_r\ ]$ sei ein Zyklus im Graphen, $EK(k_r) = AK(k_1)$. Die Bögen von Z mögen in der Aufzählungsfolge vom Algorithmus erfaßt werden. Es ergibt sich folgende Operationsfolge: *SetzStzBg(AK(k_1), -k_1)*; *SetzStzBg(EK(k_1), k_1)*; unter der Voraussetzung $c(k_2) < c(k_1)$: *SetzStzBg(AK(k_2), -k_2)*; *SetzStzBg(EK(k_2), k_2)*; unter der Voraussetzung $c(k_3) < c(k_2)$: *SetzStzBg(AK(k_3), -k_3)*; ...; unter der Voraussetzung $c(k_r) < c(k_{r-1})$: *SetzStzBg(AK(k_r), -k_r))*. Würde der Algorithmus jetzt abbrechen, hätten wir den Zyklus im Gerüst. Aus den Voraussetzungen folgt jedoch $c(k_r) < c(k_1)$ und damit *SetzStzBg(AK(k_1), k_r)*.

5.2

w	minEntf(w)	minBg(w)
1	∞ 1	0 1
2	∞ 1	0 0
3	∞ 2 1	0 2 3
4	∞ 2 1	0 4 5

5.3 a) Die Prozeduren liefern nach dieser Änderung Stützgerüste, deren Wurzel der Startknoten ist, deren Bögen aber entgegen der originalen Bogenrichtung orientiert sind. Damit kann man dem Ergebnis entnehmen, von welchen Knoten aus der Startknoten erreichbar ist.

5.3 b) *DFSR(Start: Word)* sei eine gemäß Aufgabenstellung a) umgeschriebene Prozedur, die die Menge aller Knoten liefert, von denen aus der *Start*knoten erreichbar ist. Ihr Ergebnis liefere die Prozedur über ein Hilfsarray *H* analog zu *StzBg*, also $H[j] \ne 0$ bedeute, vom Knoten j aus ist *Start* erreichbar. Wir wählen *Start* = 1 und rufen nacheinander *DFS(1)* und *DFSR(1)* auf. In einer Schleife über alle Knoten i testen wir nun, ob sowohl $StzBg(i) \ne 0$ als auch $H[i] \ne 0$ gilt.

c) *function Graph.**AnzStzshgdKomp**: Word;*
<u>*type*</u> *HArray=array[1..maxN] of Integer;* <u>*var*</u> *i, Start: Word; w, z: Integer; H: HArray;*
<u>*Begin*</u> *InitMarke(0); Start:=1; w:=1;*
    repeat DFS(Start); DFSR(Start); { Für alle Knoten *i*, für die *StzBg(i)* und *H[i]* nicht
    Null sind, wird *Marke(i)* auf den aktuellen Wert *w* gesetzt. In derselben Schleife werden
    alle Knoten mit *Marke(i)* ≠ 0 gezählt → *z*} *z:=0;*
    for i:= 1 to n do
      if (StzBg(i)<>0) and (H[i]<>0)
        then begin SetzMarke(i, w); z:=z+1; end else if Marke(i)<>0 then z:=z+1;
    if z<n then begin { Es existiert mindestens eine weitere stark zusammenhängende
    Komponente. }
      w:=w+1; i:= 1; while Marke(i)<>0 do i:=i+1; Start:=i; end; end;
until z=n;
AnzStzshgdKomp:=w;
<u>*End*</u>;

184 Lösungen der Aufgaben

5.4 Das Stützgerüst darf nicht immer wieder neu initialisiert werden. Im Hauptteil der Prozedur müßte vor der *Repeat*-Anweisung einmalig *InitStzBg(1)* aufgerufen werden, und in der Unterprozedur *Zusammenhang* müßte statt *InitStzBg(Start) SetzStzBg(Start, WrzBg)* erfolgen.

5.5 Beginnend mit $t(Start) := 0$; $SetzStzBg(Start, WrzBg)$ und $K' := \{ Start \}$: Bilde $ABg(K')$ errechne für $k \in ABg(K')$, $i = AK(k)$, $j = EK(k)$ die Werte $\tau(j) := t(i) + c(k)$; bestimme das k und das zugehörige j mit kleinstem Wert $\tau(j)$; erweitere K' um den Knoten j: $K' := K' \cup \{ j \}$; $t(j) := \tau(j)$; nimm den Bogen k, der das Minimum bestimmte, in das Stützgerüst auf. Wiederhole den Prozeß bis $K' = K$ gilt.

<u>procedure</u> **Netz1**.*Dijkstra(Start, Ziel: Word)*;
<u>var</u> *i,j,k,kMin,Min,Tau:Integer*;{ Es wird vorausgesetzt, daß *Start* und *Ziel* zu einer zusammenhängenden Komponente gehören. }
<u>Begin</u> *InitStzBg(Start); SetzT(Start,0); j:=Start;*
 while *(j <> Ziel)* and *(j <> 0)* do begin *k:=Bg1; Min:=Unend; kMin:=0;*
  while *IstBg(k)* do begin *i:=AK(k); j:=EK(k);*
   if *IstBg(StzBg(i))* and not *IstBg(StzBg(j))*
    then begin *Tau:=t(i)+c(k);* if *Tau<Min* then begin *Tau:=Min; kMin:=k;* end;
   k:=nBg(k); end;
  if *IstBg(kMin)* then begin *j:=EK(kMin); SetzT(j, Min); SetzStzBg(j, kMin);* end else *j:=0*;
 end;
<u>End</u>;

5.6 Von *Kn1* aus: *t(Kn2) = 2* und *StzBg(Kn2) = [Kn1, Kn2]*; von *Kn2* aus: *t(Kn4) = 3* und *StzBg(Kn4) = [Kn2, Kn4]*; von *Kn4* aus keine Wirkung; zurück zu *Kn2*; zurück zu *Kn1*; von *Kn1* aus: *t(Kn3) = 3* und *StzBg(Kn3) = [Kn1, Kn3]*; von *Kn3* aus: *t(Kn2) = 1* und *Wdhlg:=true;* zurück zu *Kn1*; Ende *DFSStep*.
Wiederholung: Von *Kn1* aus keine Wirkung; von *Kn2* aus: *t(Kn4) = 2* und *StzBg(Kn4) = [Kn2, Kn4]*; von *Kn4* aus keine Wirkung; zurück zu *Kn2*; zurück zu *Kn1*; von *Kn1* aus keine Wirkung; von *Kn3* aus keine Wirkung; Ende *DFSStep*; Ende *KuerzstWeg*.

5.7 Liefert *ABg1(Kn1)* den Bogen *[Kn1, Kn2]*, so erhalten wir die im Bild 5.7a angegebene Lösung. Liefert *ABg1(Kn1)* den Bogen *[Kn1, Kn3]*, so erhalten wir die im Bild 5.7b angegebene Lösung.

5.8 Beispiel 5.9 enthält eine Kurzbeschreibung. Auf eine ausführliche Darstellung wurde verzichtet.

6.1 Ausgehend von $x = 0$, dem im Bild 6.11 angegebenen Gerüst und dem zu diesen gehörenden Potential erhält man über $z(3) = [3, 5, 1]$ den Strom $x = (3, 0, 3, 3)$, bei *kFlussKrit* = 1. *kSpannKrit* = 2, $\Delta y = 0$ und Austausch Bogen 1 gegen Bogen 2 im Gerüst. Jetzt ist $z(3) = [3, 5, 2]$, und wir erhalten den Strom $x = (3, 5, 8, 8)$, bei *kFlussKrit* = 2. *kSpannKrit* = 2, $\Delta y = gross$ führt zu $t(Kn2) = 0$ ohne Gerüständerung, so daß über den gleichen Zyklus der Strom auf $x = (3, 9, 12, 12)$ geändert wird, *kFlussKrit* = 3. Damit ist Bogen 3 im Gleichgewicht, und eine optimale Lösung ist erreicht.

Lösungen der Aufgaben zu Kapitel 6

6.2

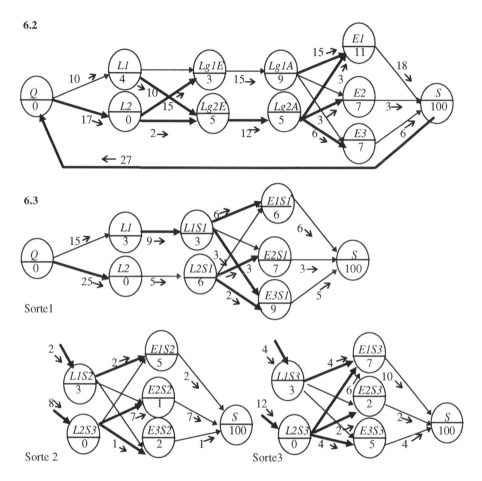

6.3

Sorte 1

Sorte 2   Sorte 3

6.4

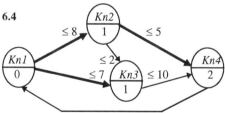

Bezüglich Ausgangslösung ergibt sich das nebenstehende Bild. Wir übernehmen die Bogennumerierung gemäß Tabelle 6.6. Über $z(6) = [\,6, 1, 4\,]$ erhält man den Strom $x = (\,5, 0, 0, 5, 0, 5\,)$, bei $kFlussKrit = 4$. $kSpannKrit = 5$, $\Delta y = 0$ und Austausch im Gerüst Bogen 4 gegen Bogen 5. Jetzt erhält man $z(6) = [\,6, 2, 5\,]$ und damit $x = (\,5, 7, 0, 5, 7, 12\,)$, bei $kFlussKrit = 2$. $kSpannKrit = 3$, $\Delta y = 1$, $t(Kn3) = 2$, $t(Kn4) = 3$ und Austausch im Gerüst Bogen 2 gegen Bogen 3. Damit wird $z(6) = [\,6, 1, 3, 5\,]$ und $x = (\,7, 7, 2, 5, 9, 14\,)$, bei $kFlussKrit = 3$. $kSpannKrit = 6$, $\Delta y = gross$-3, $t(Kn3) = gross$-1, $t(Kn4) = gross$ und Austausch im Gerüst Bogen 3 gegen Bogen 6. Bogen 6 ist im Gleichgewicht, sein Fluß ist optimal und zwar gleich der Kapazität seines Schnittes $Kap(cz(6)) =$ $= Kap(\{\,6, 2, 3, 4\,\}) = 14$.

186 Lösungen der Aufgaben

6.5 a) Wir bilden einen ungerichteten bipartiten Graphen mit den Knoten A_i, $i=1, 2, ..., n$, und M_j, $j=1, 2, ..., m$. Jeder Knoten A_i wird mit jedem der Knoten M_j durch eine Kante $k = (A_i, M_j)$ verbunden, der die Bewertung $c(k) = -w_{ij}$ zugeordnet wird. Eine Menge unabhängiger Kanten mit maximaler Bewertungssumme ist eine optimale Lösung, denn jeder Maschine muß genau ein Arbeiter zugeordnet werden, das heißt, keiner der Knoten darf mit mehr als einer der zur Zuordnung gehörenden Kanten inzidieren.

b) Wir gehen von dem unter a) konstruierten Graphen aus, allerdigs ersetzen wir die Kanten $k = (A_i, M_j)$ durch Bögen $k = [A_i, M_j]$ mit den Bewertungen $c(k) = +w_{ij}$, $a(k) = 0$ und $b(k) = 1$. Diesem gerichteten Graphen fügen wir die Knoten Q und S sowie folgende Bögen hinzu: $k = [Q, A_i]$ mit $a(k) = 0$, $b(k) = 1$, $c(k) = 0$ für $i = 1, 2, ..., n$; $k = [M_j, S]$ mit $a(k) = 0$, $b(k) = 1$, $c(k) = 0$ für $j = 1, 2, ..., m$; $k = [S, Q]$ mit $a(k) = 0$, $b(k) = \infty$, $c(k) = $ -gross. Eine optimale Lösung des Minimalkosten-Stromproblems dieses Netzes ist einerseits eine Lösung des Maximalflußproblems für den Rückkehrbogen $[S, Q]$ und andererseits eine optimale Lösung des Zuordnungsproblems. Die Menge der Bögen $[A_i, M_j]$ einer solchen optimalen Lösung, für die $x([A_i, M_j]) = 1$ gilt, bildet also auch eine optimale Lösung des Matchingproblems von a).

6.6

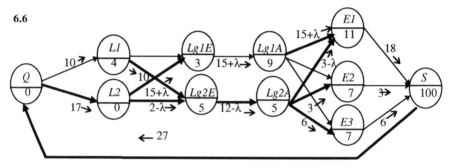

Ausgangspunkt ist die optimale Lösung der Aufgabe 6.2, in die wir über den Zyklus $z([Lg1E, Lg1A])$ λ einfügen. Sie ist stabil für $0 \leq \lambda \leq 2$ und verursacht Kosten der Größe $131 - 6\lambda$.

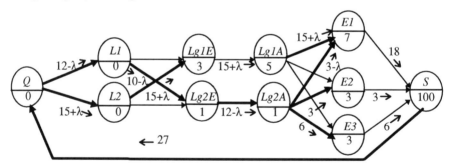

Für $\lambda > 2$ muß der λ-kritische Bogen $[L2, Lg2E]$ aus dem Gerüst entfernt werden. Er wird durch den Bogen $[Q, L1]$ ersetzt. Die neue Lösung ist für $2 \leq \lambda \leq 3$ stabil und verursacht Kosten der Größe $123 - 2\lambda$.

Für $\lambda > 3$ muß der λ-kritische Bogen $[Lg2A, E1]$ aus dem Gerüst entfernt werden. Er wird durch den Bogen $[Lg1E, Lg1A]$ ersetzt. Die neue Lösung ist für $3 \leq \lambda$ stabil und verursacht Kosten der Größe 117.

Lösungen der Aufgaben zu Kapitel 8   187

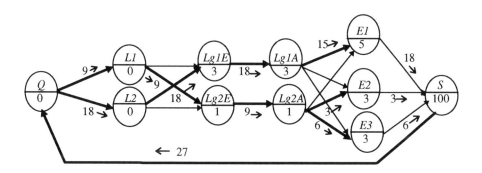

7.1
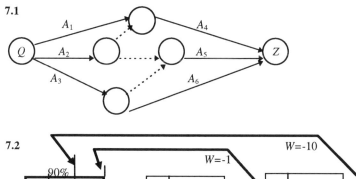

7.2
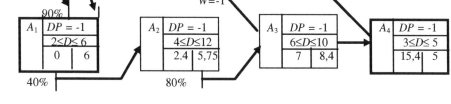

In der unteren Zeile jedes Aktivitätsrechteckes sind *AT* und *D* angegeben. Die fett gezeichneten Linien zeigen die kritischen Bögen, zu denen auch die beiden Aktivitätsbögen(/-rechtecke) A_1 und A_4 gehören. Das Ergebnis folgt aus den beiden Kreisen, für die $-0{,}6D(1) + 0{,}8D(2) \le 1$ bzw. $-0{,}5D(1) + 0{,}8D(2) + D(3) \le 10$ gelten muß, und aus der Zielfunktion: Maximalwert von $D(1)$ ermöglicht über die erste Kreisbedingung $D(2) = 5{,}75$ und damit über die zweite Bedingung $D(3) = 8{,}4$. $D(4)$ kann maximal gewählt werden.

8.1 *AdMatrix*: $a[j,i]:=a[i,j]$;   *AdListe*: $az2$ und $Auswahl(n, j, az2, z2)$ weglassen.

8.2 Anzahlen: numeriert   / ungerichtet bzw. gerichtet   2 bzw. 4
          unnumeriert / ungerichtet bzw. gerichtet   2 bzw. 3

8.3 Baum: $m = n-1$; Kreis: $m = n$; immer also $n-1 \le m \le n(n-1)$; also n/m beschränkt.

8.4 $1 \le i \le n-1$: $B(i)B(n-i) \le B(n-1)B(n-1) = 2^{(n-1)(n-2)}$.

188 Lösungen der Aufgaben

8.5 $A(5, 10) = 184756$; $B(5) = 1048576$, $C(5) = 1027080$, $D(5) \geq 677296$ und $a(5, 10) = 1$, $b(5) = 1024$, $c(5) = 712$, $e(5) = 125$, $e(5, 2) = 50$, $w(5) = 291$, $f(5) > 8$.

8.6 $E(5, 0.1) = 211$, $E(5, 0.2) = 6196$; $G(5, 0.1, 0.2) = E(5, 0.2) - E(5, 0.1) = 5985$.

8.7 a) (3, 2), (2, 4), (4, 5), (4, 1), (1, 6), (6, 7), (6, 8). b) (1, 1, 4, 4, 6).

8.8 a) Knotennummer xj kommt $(di -1)$-mal im $(n-2)$-Tupel vor. b1) Baum hat $n-1$ Kanten, jede mit zwei Knoten inzident, Gleichung gilt. b2) Gilt auch $(d1-1)+...+(dn-1) = n-2$, Knotennummer xi nach a) $(di -1)$-mal in $(n-2)$-Tupel eintragen, damit ist ein Baum in Prüfer-Code gefunden.

8.9 a)

j	gj	Liste Aj	j	gj	Liste Aj
1	1	2, 5, 15	11	11	12
2	2	3, 7	12	12	13, 19
3	3	4, 9	13	13	14
4	4	5, 11	14	14	15, 20
5	5	13	15	15	--
6	7	6, 8	16	16	17, 20
7	6	15, 16	17	17	18
8	8	9, 17	18	18	19
9	9	10	19	19	20
10	10	11, 18			

b) $Uj \neq \emptyset$ für $j = 1, ..., 19$ erfüllt.

8.10 a)

j	gj	Liste Aj	Liste Bj
1	1	--	2, 4, 5
2	2	5	3, 5
3	3	5, 6	6
4	4	--	5, 6
5	5	--	6

b) Adjazenzmatrix hat 36 Elemente. Inzidenzmatrix hat 72 Elemente. Liste hat nur 5+12=17 Elemente.

c) $Uj \neq \emptyset$ für $j = 1, ..., 5$ erfüllt

8.11 Procedure **Ungraph**(n, UG: integer; var K: matrix); var i, j a: integer;
  <u>Begin</u> { Matrix K mit $n-1$ Zeilen und n Spalten }
  for j:=1 to n-1 do begin Knoten(n, j, v, g, T, U);
     repeat a: = Anzahl(n, j); until (odd(UG)=true) and (v+a=0);
     Wahl(n, j, a, Z);
     if a>0 then for i:=1 to a do K[j, i]:= T[Z[i]]; Liste(n, j, a, T, Z, v, U); end;
  <u>End</u>;

Literatur

[Ai] Aigner, M.: Graphentheorie. Eine Entwicklung aus dem 4-Farben Problem. Stuttgart: Teubner-Verlag 1984.

[Bra] Brandstädt, A.: Graphen und Algorithmen. Stuttgart: Teubner-Verlag 1994.

[Ga/Jo] Garey, M.R.; Johnson, D.S.: Computers and intractability: A guide to the theory of NP-completeness. New York: Freeman 1979.

[Hä] Hässig, K.: Graphentheoretische Methoden des Operations Research. Stuttgart: Teubner-Verlag 1979.

[Ju] Jungnickel, D.: Graphen, Netzwerke und Algorithmen. Mannheim-Leipzig-Wien-Zürich: BI-Wissenschaftsverlag 1994.

[Kö] König, D.: Theorie der endlichen und unendlichen Graphen. TEUBNER-ARCHIV zur Mathematik 6. Leipzig: Teubner-V. 1986.

[Neu] Neumann, K.: Operations Research Verfahren. Band III. München-Wien: Hanser-Verlag 1975.

[No] Nožička, F.; Guddat, J.; Hollatz, H.; Bank, B.: Theorie der linearen parametrischen Optimierung. Berlin: Akademie-Verlag 1974.

[Ott] Ottmann, T.; Widmayer, P.: Algorithmen und Datenstrukturen. Mannheim-Leipzig-Wien-Zürich: BI-Wissenschaftsverlag 1990.

[Si] Simon, K.: Effiziente Algorithmen für perfekte Graphen. Stuttgart: Teubner-Verlag 1992.

[TB I] Bronstein, I. N.; Semendjajew, K. A.: Taschenbuch der Mathematik. 25. Auflage. Stuttgart-Leipzig: Teubner-Verlag 1991.

[TB II] TEUBNER-TASCHENBUCH der Mathematik. Teil II. 7. Auflage. Stuttgart-Leipzig: Teubner-Verlag 1995.

[Ti] Tinhofer, G.: Zufallsgraphen. München-Wien: Hanser-Verlag 1980.

[Wa/Nä] Walther, H.; Nägler, N.: Graphen Algorithmen Programme. Leipzig: Fachbuchverlag 1987.

Sachwortverzeichnis

Abstandsmatrix 17
Adjazenzabbildung 29
Adjazenzmatrix 16, 34
Adjazenzliste 174, 176
Aktivität 145
Aktivitäts-Knoten-Netz 146
alternierende Kette 98
Anfangsknoten 29
Array-Implementierung 35
asymptotische Gleichheit 25
Ausgangsbogen 29, 45
AVL-Baum 58

Basislösung 115, 142
Baum 13, 42
B-Baum 62
Bewertungsmatrix 18
Binärbaum 50, 55
bipartiter Graph 31
Blatt 50
Blüte 98
Bogen 11
Bogenbenennung 30, 37
Bogenlängenmatrix 18
Bogenliste 32
Bogenmenge 29
Bogentyp 38
Brauchbarkeit 171
Breitensuche 87

Charakteristik des Bogens 118, 142
Cogerüst 43
Cozyklenbasis 71
Cozyklus 45

Dauer 146
Dichte 163
Digraph 29
Distanzmatrix 17, 18, 96
dualer Graph 81

effizienter Algorithmus 26
Eingangsbogen 29, 45
elementar 40, 45
Endknoten 29, 166
Endtermin 150
Entfernungsmatrix 17
erreichbar 16, 41
Erreichbarkeitsbaum 86
Etage 50
Eulerscher Kreis 10
exponierter Knoten 98

Fluß 104
Flußwert 11

Graph 10, 29, 36
Gegenbogen 30
gekoppelte Bögen 150
gerichteter Graph 11, 29
Gerüst 43
Gleichgewichtszustand 118

Hamiltonscher Kreis 10
Höhe 50

inzident 29
Inzidenzmatrix 21, 34
Isomorphieproblem 33

Kapazität des Schnittes 128
Kante 10, 30
Kette 40
Knoten 10
Knotenmenge 29
Knotentyp 38
Komplexitätsklassen 27
Komponenten 41
Kostenmatrix 18
Kreis 40
kritischer Weg 148

kürzester Weg 17, 90

längster Weg 144, 148
Laufzeit 25
Liste 36

Matching 97
Matrix 15
Maximalflußproblem 11, 128
Maximumpaarung 97, 99
Minimalbaum 81
Minimaldauer 149
Minimalgerüst 82
modifizierte Adjazenzmatrix 176

Nachfolgerknoten 31
Netz 79, 116
Netzplanmodell 146
Netzwerk 79
Normaldauer 149
numerierte Graphen 157

Optimalwertfunktion 132
Ordnung 50
Ordnungssymbole 23
out-of-kilter 118

parallele Bögen 30
planarer Graph 31
Pointer-Implementierung 35
Potential 90, 108
Prüfer-Code 166

Rückkehrbogen 111, 150

schlichter Graph 16, 29
Schlinge 30
Schnitt 45, 128
schwach zusammenhängend 42, 161
Sohn 51
spannender Teilgraph 43
Spannung 106
Stabilität 132

Stabilitätsintervall 132
Stammbaum 13, 50
stark zusammenhängend 41, 161
Steinerbaum 81
Strom 104
Stützbogen 52
Stützgerüst 53

Teilgraph 43
Terminkreis 152
Testgraphen 154
Tiefensuche 86
Transportkostenminimierung 110

unabhängige Kante 97
ungerichteter Graph 30
unimodular 120
unnumerierte Graphen 157
Untergraph 43

Vater 50
Verfahren FAST 170
vollständiger Graph 13
Vorgang 145
Vorgängerknoten 31
Vorläufermatrix 19
Voronoi-Diagramm 79
Voronoi-Region 80

Wald 53
Weg 16, 161
Wegematrix 19
worst case 26
Wurzel 13, 49
Wurzelbaum 49

Zeitkomplexität 26
Zirkulation 104
Zufallsgraphen 154
zusammenhängend 41
Zyklenbasis 71
Zyklus 40

TEUBNER-TASCHENBUCH der Mathematik
Teil II

Mit dem „TEUBNER-TASCHENBUCH der Mathematik, Teil II" liegt eine vollständig überarbeitete und wesentlich erweiterte Neufassung der bisherigen „Ergänzenden Kapitel zum Taschenbuch der Mathematik von I. N. Bronstein und K. A. Semendjajew" vor, die 1990 in 6. Auflage im Verlag B. G. Teubner in Leipzig erschienen sind. Dieses Buch vermittelt dem Leser ein lebendiges, modernes Bild von den vielfältigen Anwendungen der Mathematik in Informatik, Operations Research und mathematischer Physik.

Aus dem Inhalt
Mathematik und Informatik – Operations Research – Höhere Analysis – Lineare Funktionalanalysis und ihre Anwendungen – Nichtlineare Funktionalanalysis und ihre Anwendungen – Dynamische Systeme, Mathematik der Zeit – Nichtlineare partielle Differentialgleichungen in den Naturwissenschaften – Mannigfaltigkeiten – Riemannsche Geometrie und allgemeine Relativitätstheorie – Liegruppen, Liealgebren und Elementarteilchen, Mathematik der Symmetrie – Topologie – Krümmung, Topologie und Analysis

Herausgegeben von
Doz. Dr.
Günter Grosche
Leipzig
Dr. **Viktor Ziegler**
Dorothea Ziegler
Frauwalde
und Prof. Dr.
Eberhard Zeidler
Leipzig

7. Auflage. 1995.
Vollständig überarbeitete und wesentlich erweiterte Neufassung der 6. Auflage der „Ergänzenden Kapitel zum Taschenbuch der Mathematik von I. N. Bronstein und K. A. Semendjajew".
XVI, 830 Seiten mit 259 Bildern.
14,5 x 20 cm.
Geb. DM 48,–
ÖS 375,– / SFr 48,–
ISBN 3-8154-2100-4

B. G. Teubner Stuttgart · Leipzig